教育部人文社会科学研究一般项目“少数民族传统生态文化与民族地区生态文明建设研究”（批准号：13YJA850021）结题成果

中南民族大学马克思主义学院学科建设经费资助

民族地区传统生态文化教育与生态文明建设

詹全友 著

Minzu Diqu Chuantong Shengtai Wenhua Jiaoyu Yu Shengtai Wenming Jianshe

中国社会科学出版社

图书在版编目（CIP）数据

民族地区传统生态文化教育与生态文明建设／詹全友著．—北京：中国社会科学出版社，2019.10

ISBN 978-7-5203-5140-9

Ⅰ.①民…　Ⅱ.①詹…　Ⅲ.①民族地区—生态文明—文明建设—研究—中国　Ⅳ.①X321.2

中国版本图书馆 CIP 数据核字（2019）第 209013 号

出 版 人　赵剑英
责任编辑　田　文
责任校对　张爱华
责任印制　王　超

出　　版　中国社会科学出版社
社　　址　北京鼓楼西大街甲 158 号
邮　　编　100720
网　　址　http://www.csspw.cn
发 行 部　010-84083685
门 市 部　010-84029450
经　　销　新华书店及其他书店

印　　刷　北京明恒达印务有限公司
装　　订　廊坊市广阳区广增装订厂
版　　次　2019 年 10 月第 1 版
印　　次　2019 年 10 月第 1 次印刷

开　　本　710×1000　1/16
印　　张　17.25
字　　数　255 千字
定　　价　86.00 元

凡购买中国社会科学出版社图书，如有质量问题请与本社营销中心联系调换
电话：010-84083683

序

2019年3月18日，习近平在主持召开学校思想政治理论课教师座谈会上强调："要坚持显性教育和隐性教育相统一，挖掘其他课程和教学方式中蕴含的思想政治教育资源，实现全员全程全方位育人。"[①] 虽然习总书记是针对学校思想政治理论课而言的，但对少数民族传统生态文化教育与民族地区生态文明建设也具有重要的指导意义。

早在1999年郑永廷教授就提出："所谓感染教育法，就是受教育者在无意识和不自觉的情况下，受到一定感染体或环境影响、熏陶、感化而接受教育的方法。感染教育法也可以叫隐性教育法。"[②] 关于隐性教育法，虽然研究者各有不同的说法，但有一点可以肯定，即它是与显性教育法相对而言的。隐性教育法是一种在教育过程中，采用"非正规"的教育方式（所谓"非正规"的方式是相对显性教育法符合一般公认标准的"正规"方式而言的，它不是人们已经司空见惯的教育方式，而是充分利用人们社会生活、日常生活中本身存在的方式，包括社会文化因素、组织管理、职业活动、人格影响等对人们进行教育的方式）让教育对象在无意识和不自觉的情况下接受教育的方法。[③] 隐性教育法主要包括教育目的的潜隐性及浸润功能、教育方式的"非正规"形式及弥散功能、教育内容的渗透性及合力功能、教

---

① 张烁：《用新时代中国特色社会主义思想铸魂育人 贯彻党的教育方针落实立德树人根本任务》，《人民日报》2019年3月19日。

② 郑永廷：《思想政治教育方法论》，高等教育出版社1999年版，第152页。

③ 向敏青：《思想政治教育工作的隐性教育法研究》，西南师范大学，硕士学位论文，2003年，第5页。

育对象接受的自主性及自我教育功能等四个方面。[①] 这些功能也说明隐性教育在少数民族传统生态文化教育中具有重要作用。

根据不同的活动方式和感染内容，可以把隐性教育法分为形象感染、艺术感染和群体感染。在感染教育中，教育客体受感染体的感染有两种不同的性质：顺向感染和逆向感染。当教育客体对感染的情感产生亲和、接受感染体的内容，称之为顺向感染；当教育客体对感染的情感产生对立、不接受感染体的内容，甚至对感染体鄙视和排斥，称之为逆向感染。在隐性教育过程中，就是要使教育客体对教育主体提供的感染教育产生感情上的“共振”，争取顺向感染发生，防止出现逆向感染。[②] 由此推论，在少数民族传统生态文化教育过程中，只有持续使教育客体获得顺向感染，才能有利于少数民族传统生态文化的保护传承，才能有利于加快民族地区生态文明建设步伐。

在我国古代和近代，统治阶级除使用显性教育外，也极其注重采用潜隐的方式，把教育内容和要求渗透到社会生活的各个方面和各个角落，并产生了一些有效的做法：祭祀活动与教化的紧密结合；以乡规民约、族规家训规导人；发挥民俗的教化作用；与美育相结合；身教示范、言行合一；发挥宗教的教化作用，等等。虽然朝代更替，但其中许多合理成分对今天教育方法的创新仍然具有十分重要的借鉴价值。[③] 同样，在我国古代和近代，民族地区经济社会发展极其落后，学校极少，甚至没有学校，因此，在少数民族传统生态文化教育过程中，家庭教育、社会教育和自我教育位居主要形式，隐性教育更是重要的教育方式。即使到现在，虽然民族地区经济社会有了较快的发展，但隐性教育在少数民族传统生态文化教育中的重要性不仅没有减少，反而有所增强。

综上所述，本书研究的教育形式，重点包括家庭教育、社会教育和自我教育；本书研究的教育方式是以隐性教育为主、显性教育为

---

① 向敏青：《思想政治教育工作的隐性教育法研究》，西南师范大学，硕士学位论文，2003 年，第 11—14 页。

② 郑永廷：《思想政治教育方法论》，高等教育出版社 1999 年版，第 153 页。

③ 向敏青：《思想政治教育工作的隐性教育法研究》，西南师范大学，硕士学位论文，2003 年，第 6—7 页。

辅；本书所指的教育主体，主要是指政府（出台相关政策等）、相关专家学者（专业指导与技术指导等）、相关传承人（原生态指导与行为示范等）、当地学校教师（显性教育与隐性教育等）、包括村组干部和工作人员在内的相关管理干部与工作人员（相关政策的执行与身体力行等）、家庭长辈或寨老（口口相传与行为示范等）、导游（对游客的提醒与行为示范等）等；本书所指的教育客体，主要包括当地村民、学生、相关企业、游客等；本书所指的教育内容，主要指少数民族传统生态文化，具体包括少数民族传统生态物质文化、少数民族传统生态制度文化和少数民族传统生态观念文化（主要包括价值观、技能和知识等三个层面）；教育目的或落脚点是：促进少数民族传统生态文化与民族地区生态文明建设协调发展、共赢未来。因此，本书虽然名为“民族地区传统生态文化教育与生态文明建设”，但重点是从隐性教育的角度，研究的是“少数民族传统生态文化与民族地区生态文明建设”。也正是由于这一缘故，在本书的所有三级标题中，笔者就没有刻意去强调“教育”一词。

到2018年4月19日，在全球50个重要农业文化遗产项目中，我国共有15个，而民族地区有5个半。5个分别是：云南哈尼稻作梯田系统（2010）、贵州从江侗乡稻鱼鸭系统（2011）、云南普洱古茶园与茶文化（2012）、内蒙古敖汉旱作农业系统（2012）、甘肃迭部扎尕那农林牧复合系统（2018年）；半个是：中国南方山地稻作梯田系统（包括崇义客家梯田、尤溪联合梯田、新化紫鹊界梯田、龙胜龙脊梯田，2018年）之龙胜龙脊梯田。由于时间的原因，课题组在2013—2017年9月重点调研了从江侗乡稻鱼鸭系统（2013年7月、2016年7月累计调研2次）、哈尼稻作梯田系统（2013年8月）、龙胜龙脊梯田（2016年7月）、普洱古茶园与茶文化（2016年8月）、敖汉旱作农业系统（2017年8月）。在具体写作过程中，本书重点以从江侗乡稻鱼鸭系统、哈尼稻作梯田系统、普洱古茶园与茶文化和敖汉旱作农业系统为分析对象。

本书主要有三大显著特点：一是第一次从全球重要农业文化遗产地传统生态文化的角度，在解读民族地区4个全球重要农业文化遗产传统生态文化的基础上，对它们与遗产地生态文明建设的互补关系、取得的成绩、存在的不足及对策进行了全面而较深入的研究。二是既有理论提升，更有案例分析；既有历时性梳理，更有共时性呈现，较好地把握和处理了理论与实践、纵向与横向的关系。同时，使用的资料较新，有最终定稿前几天的资料，使问题与对策体现出及时性、有效性。三是笔者的生态意识也得到升华、行为更加自觉。在开展课题调查与研究的时间里，笔者不仅利用教学的优势向学生介绍调研感想，宣传少数民族优秀传统生态文化、生态文明知识，而且身体力行，把生态文明建设落到实处，积极节约用水用电，主动关闭教学楼洗手间电灯及水龙头、教室空调及电灯等。

本书具体包括以下六章：

第一章，绪论。解读了本课题研究的理论和实际应用价值、目前国内外研究的现状和趋势；研究目标、研究内容、拟突破的重点和难点；研究思路和研究方法；选择全球重要农业文化遗产为重点研究对象的原因和创新之处。如在观点创新方面提出：全球重要农业文化遗产地政府大力组织劳动力外出务工，实际上是釜底抽薪之举，得不偿失，因为这些地方不同于非农业文化遗产地，它们负有重要的保护传承责任。如果缺乏足够的人手，就无法真正承担起保护传承的使命，也没有足够的人手建设生态文明。因此，应该采取比支持他们外出务工的力度更大的政策措施，全力支持遗产地村民就地就近就业。如可以采取“生态补偿标准 + 文物补偿标准 + 中国重要农业文化遗产补偿标准 + 全球重要农业文化遗产补偿标准 + N”之和甚至高于这一标准进行补偿。

第二章，少数民族传统生态文化与民族地区生态文明建设总论研究。少数民族传统生态文化与民族地区生态文明建设是互补关系，是相互依存的关系，而不是此消彼长、你死我活的对抗关系。同时，两者的最终目的都是一致的。在生态文明建设新时代，少数民族传统生态文化为民族地区生态文明建设添砖加瓦，民族地区生态文明建设为少数民族传统生态文化保驾护航；如果说民族地区生态文明为楼顶，那么少数民族传统生态文化就是脚基。民族地区生态文明建设过程，实际上就是保护少数民族优秀传统生态文化、去除少数民族传统生态文化的糟粕、建设当代少数民族优秀生态文化的过程。少数民族传统生态文化与民族地区生态文明建设的关系，实际上就是两者之间的耦合度问题。一般而言，可以分为三个层次或三个阶段：高级阶段是：少数民族传统生态文化与民族地区生态文明建设高度耦合，找到了最佳平衡点。这自然是最理性的状态，也是我们努力的方向。中级阶段是：大方向耦合，小领域磨合。低级阶段是：大方向磨合，小领域耦合。就目前乃至以后较长时间而言，少数民族传统生态文化与民族地区生态文明建设水平都处于中级甚至低级阶段，双方在这些时期都能找到带动对方发展的空间和路径。

第三章，云南红河哈尼稻作梯田系统与生态文明建设研究。一是分析了哈尼稻作梯田系统传统生态物质文化与生态文明物质建设。哈尼族早期的社会活动中尤为重视自己生存环境的选择，这种选择的基本模式就是寨子后山有茂密森林，寨子两边有常年不断的箐沟溪水流淌，通过开挖水渠将水引至寨中或寨脚，实现了森林—水源—村寨—梯田的良性生态循环机制。但是，由于人口迅猛增长，哈尼山区出现了许多村后无森林、田包村地围寨的现象。最根本的途径是恢复梯田周边的生态，确保哈尼梯田可持续发展。二是研究了哈尼稻作梯田系统传统生态制度文化与生态文明制度建设。哈尼梯田规模庞大、气势恢宏，内涵丰富，价值突出，既是风景区，也是生产区，更是生活区，是活态的遗产，既要保护也要发展，离生态文明制度建设要求还有较大差距，管理难度很大，保护管理工作依然任重道远，存在不少困难和问题。红河州各级有关部门和元阳县委、县政府要高度重视，突出哈尼梯田活态文化特征；要守住梯田红线，以品牌建设带动农业生产、文化传承与旅游观光共赢发展，带动当地贫困群众尽快脱贫致富；要持续加强环境卫生整治，铁腕治理私搭乱建，真正保护好、利用好、科学务实地管理好哈尼梯田。三是对哈尼梯田传统生态观念文化与生态文明观建设进行了研究。哈尼族经过无数代人接力式的艰苦奋斗，磨炼出了锲而不舍、坚忍不拔的精神，铸就了默默忍耐、乐于助人的性格，处理自己与梯田之间的关系的经验，对于新时代生态文明观建设具有重要作用。

第四章，对贵州从江侗乡稻鱼鸭系统与生态文明建设开展了研究。一是从江侗乡稻鱼鸭系统与生态文明建设的成绩。从江侗乡人尽管没有从理论的高度认识到稻鱼鸭系统的本质，但却从生产生活实践中领悟和体会到其对民族生存和发展具有的重要意义，他们延续着先民的生态智慧，利用稻鱼鸭系统具有的自组织能力，遵循“资源—农产品—废弃物—再生资源”的生产方式，是生态农业、循环农业的成功范例，对于新时代从江从源头上解决农业环境污染问题、建设美丽乡村、建设美丽家园、建设生态文明具有不可替代的重要价值。二是从江侗乡稻鱼鸭系统与生态文明建设存在的不足。首先，稻鱼鸭系统整体性保护传承不够，如稻——许多是杂交稻，非当地物种。鱼——鲤鱼还是，但孵化方式已经发生变化。鸭——一些品种非当地原生，孵化方式也发生变化。其次，制度体系有待完善。三是从江侗乡稻鱼鸭系统与生态文明建设路径。首先，进一步推进整体性保护传承，如保留传统种养方式、延伸生态产业链等。其次，架构大地区大环境大机制的立体格局，如联手行动——政府觉悟、大力培养培育领头人等。

第五章，研究了云南普洱古茶园与茶文化系统和生态文明建设。一是普洱古茶园传统生态物质文化与生态文明物质建设研究。首先，以云南大叶种茶为主要原料的普洱茶，生长和种植在澜沧江中下游的普洱市及周边地区。普洱市具有茶树原产地三要素：茶树的原始型生理特征；古木兰和茶树的垂直演化系统；为第三纪木兰植物群地理分布区系。因此，这一地区是世界茶树的起源地。其次，普洱古茶园的生态价值主要包括支持服务、供给服务、调节服务、多元共生等。再次，普洱古茶园传统生态物质文化是普洱生态文明物质建设的基础，生态文明物质建设为普洱古茶园传统生态物质文化保护传承提供保障。二是普洱古茶园与茶文化系统传统生态制度文化和生态文明制度建设。需要在普洱茶文化系统优秀传统生态制度文化的基础上，逐步架构一套适合当地生态文明建设的制度文化。首先，普洱古茶园与茶文化系统传统生态制度文化的危机主要表现在过度管理、过度保护、过度开发和缺乏监管机制等。其次，从政策法规、标准化建设、产品品牌、支持创新研究等方面入手，建立健全普洱古茶园与茶文化系统的生态制度。三是普洱茶文化系统传统生态观念文化和生态文明观建设。第一，普洱茶产区茶观念文化内涵丰富，包含了各民族与茶相关的信仰禁忌、风俗习惯、行为方式与历史记忆等文化特质及文化体系。此外，作为普洱茶农业系统的重要组成部分的传统文化，包括茶叶种植、采摘、加工和饮用的相关知识以及围绕茶形成的资源分配制度等，这些对普洱茶农业系统的传承和生态文明建设都具有重要意义。第二，生态文明建设促进普洱茶传统生态观念文化升级换代，如建成名副其实的古茶之乡、建成名副其实的民族文化之乡和建成名副其实的人好之乡。

第六章，对内蒙古敖汉旱作农业系统与生态文明建设进行了探讨。一是梳理了敖汉旱作农业系统的传统生态文化。敖汉旗是京津地区和环渤海经济圈重要生态屏障。从自然地理的角度分析，该地区地貌类型多样，生境复杂，具有较高的生物多样性。区域内丰富的动植物资源，既可以满足人们的生活需要，又为植物、动物的驯化提供了种类丰富的生物基因库。敖汉杂粮品质优良，营养丰富，尤其是粟和黍的营养价值突出。敖汉旱作农业系统的传统生态观念文化又为生物多样性及其生态特性的形成与发展提供了文化内涵，如流传在敖汉旗境内的耕技、庙会、祭敖包、祭星、撒灯以及民间的扭秧歌、踩高跷、呼图格沁（蒙古族傩剧）、跑黄河等活动，大都是为了祈求一年风调雨顺、五谷丰登和庆祝丰收。二是探讨了敖汉旱作农业系统传统生态文化与生态文明建设现状。近年来，随着各级政府的重视，在保护传承敖汉旱作农业系统优秀传统生态文化的同时，通过生态文明建设，在生态文明物质建设、制度体系建设及生态文明观提升等方面取得了突出成绩。与此同时，由于气候变化与社会变迁，敖汉旱作农业系统遭遇着生产力落后、市场竞争力差、传统文化流失、生物多样性和生态环境面临严重威胁等多重挑战。三是新时代敖汉旱作农业系统传统生态文化与生态文明建设的耦合研究。在物质文化建设方面，应当努力维护地理环境原貌、加大传统种质资源保护与传承力度、持续延伸以谷子为代表的杂粮产业链、进一步发展旅游休闲观光农业等；在制度文化建设方面，要积极完善相关法律法规、创新投入机制、完善考核评价机制、创新队伍建设机制等；在观念文化建设方面，要努力遵循知识传习规律、借助文化下乡活动、鼓励非物质文化遗产保护与传承、大力鼓励使用传统生产技术和耕作方式等。通过这些举措，进一步提升敖汉旱作农业系统传统生态文化与生态文明建设的耦合度。

由于本书是首次较系统地研究少数民族传统生态文化与民族地区生态文明建设，对相关问题的把握还不十分准确，调研时间、调研地点有限，加上笔者水平有限，难免存在诸多不足，敬请大家批评指正。

作　者

2019年3月

目　录

第一章 绪论

少数民族传统生态文化是少数民族在历史上创造性地适应和改造自然生态环境，而创造出来的物质文化和精神文化的总和。在少数民族传统文化这一系统中，少数民族传统生态文化不仅是其中的一个重要组成部分，而且位居核心地位。同时，少数民族传统生态文化也是我国传统生态文化的重要组成部分。生态文明是指人类遵循人、自然、社会和谐发展这一客观规律而取得的物质与精神成果的总和；是指以人与自然、人与人、人与社会和谐共生、良性循环、全面发展、持续繁荣为基本宗旨的文化伦理形态。生态文明建设是中国特色社会主义事业的重要内容，关系人民福祉，关乎民族未来，事关“两个一百年”奋斗目标和中华民族伟大复兴的中国梦的实现。

一 本课题研究的理论和实际应用价值、目前国内外研究的现状和趋势

（一）本课题研究的理论和实际应用价值

民族地区生态文明建设是对构成民族地区生态文明系统的内、外在要素及其相互作用形成的生态关系的建设。研究少数民族传统生态文化与民族地区生态文明建设具有重要的理论价值和实践指导作用。

1. 全面落实党关于“建设生态文明”精神的迫切需要。文明是人类文化发展的成果，是人类改造世界的物质和精神成果的总和，是人类社会进步的标志。人类文明大致经历了三个阶段。第一阶段是原始文明。约在石器时代，人们必须依赖集体的力量才能生存，物质生产活动主要依靠简单的采集渔猎，为时上百万年。第二阶段是农业文

明。铁器的出现使人类改变自然的能力产生了质的飞跃，为时一万年。第三阶段是工业文明。18世纪英国工业革命开启了人类现代化生活，为时300年。从要素上分，文明的主体是人，体现为改造自然和反省自身，如物质文明和精神文明；从时间上分，文明具有阶段性，如农业文明与工业文明；从空间上分，文明具有多元性，如非洲文明与印度文明。生态文明是指人类遵循人、自然、社会和谐发展这一客观规律而取得的物质与精神成果的总和；是指以人与自然、人与人、人与社会和谐共生、良性循环、全面发展、持续繁荣为基本宗旨的文化伦理形态。[①] 如果说农业文明是“黄色文明”，工业文明是“黑色文明”，生态文明就是“绿色文明”。

新中国成立以来尤其是改革开放以来，党和国家就非常重视生态环境建设，出台了一系列关于气候、土壤、空气、水资源等保护的政策法规，为生态建设保驾护航。2003年6月25日，中共中央、国务院发布《关于加快林业发展的决定》，明确提出“建设山川秀美的生态文明社会”[②]。这是党和国家的重要文件首次明确使用“生态文明”概念。2007年，党的十七大报告首次提出：“建设生态文明，基本形成节约能源资源和保护生态环境的产业结构、增长方式、消费模式。”还强调要使“生态文明观念在全社会牢固树立”。[③] 党的十七大报告提出的生态理论的内涵：资源节约，环境友好；转变经济发展方式；发展环保产业；建立新型消费模式。党的十七大报告提出的生态经济理论的特点是：一是体现了人们尊重自然、利用自然、保护自然、与自然和谐相处的文明形态，是党的科学发展观、和谐发展理论的进一步发展。二是“生态文明”要求在全社会大力倡导环境保护意识，构建生态文化，大力弘扬人与自然和谐相处的价值观，提倡从我做起，倡导绿色消费，形成节约消费光荣、挥霍浪费可耻的良好的社会

---

① 于成学：《生态产业链多元稳定与管理理论与实践》，中国经济出版社2013年版，第56—57页。

② 《中共中央 国务院关于加快林业发展的决定》，《中华人民共和国国务院公报》2003年第27期。

③ 胡锦涛：《高举中国特色社会主义伟大旗帜 为夺取全面建设小康社会新胜利而奋斗——在中国共产党第十七次全国代表大会上的报告》，《中国人大》2007年第20期。

风尚。[①]

党的十八大报告首次专章论述生态文明，首次提出“建设美丽中国”，并将建设生态文明提高到“关系人民福祉、关乎民族未来的长远大计”的高度，把生态文明建设纳入五位一体总体布局，融入经济建设、政治建设、文化建设和社会建设的各方面和全过程，实现中华民族永续发展。

党的十九大报告指出：“人与自然是生命共同体，人类必须尊重自然、顺应自然、保护自然。人类只有遵循自然规律才能有效防止在开发利用自然上走弯路，人类对大自然的伤害最终会伤及人类自身，这是无法抗拒的规律。我们要建设的现代化是人与自然和谐共生的现代化，既要创造更多物质财富和精神财富以满足人民日益增长的美好生活需要，也要提供更多优质生态产品以满足人民日益增长的优美生态环境需要。必须坚持节约优先、保护优先、自然恢复为主的方针，形成节约资源和保护环境的空间格局、产业结构、生产方式、生活方式，还自然以宁静、和谐、美丽。”[②] 党的十九大报告中关于生态文明建设的内容充满中国智慧，符合中国国情，为新时代树立起了生态文明建设的里程碑，为推动形成人与自然和谐发展现代化建设新格局、建设美丽中国提供了根本遵循和行动指南，也进一步明确了民族地区生态文明建设的目标和路径。

在新时代中，民族地区生态文明建设的重要性已越来越凸显。如果没有民族地区生态文明建设，全国生态文明建设成果就会大打折扣；如果民族地区生态文明建设搞得好，就会在源头上带动和促进全国的生态文明建设。这既是我国的地理环境使然，也与民族地区的传统文化、生产方式密切相关。因此，发挥少数民族传统生态文化的优势，实现传统与现代的有机融合，正是落实这些精神的具体体现。

2. 大力推动民族地区生态文明建设的迫切需要。我国各少数民族在特殊的自然生态环境影响下，通过长期的生产生活实践，形成了

---

① 多金荣：《县域生态经济研究》，中国致公出版社 2011 年版，第 24—25 页。

② 习近平：《决胜全面建成小康社会 夺取新时代中国特色社会主义伟大胜利——在中国共产党第十九次全国代表大会上的报告》，《人民日报》2017 年 10 月 28 日。

各具特色、内容丰富的传统生态文化，主要包括三类：少数民族传统生态物质文化、少数民族传统生态制度文化和少数民族传统生态观念文化（或称少数民族传统生态精神文化）。这些独特的传统生态智慧不仅可以帮助我们了解不同文化语境下人与自然的和谐亲密关系，而且有利于寻求解决新时代民族地区生态文明建设问题之路，以此推动民族地区生态文明和谐共生、良性循环、全面发展、持续繁荣。

3. 传承与创新少数民族传统生态文化的迫切需要。党的十八大报告强调，建设社会主义文化强国，关键是增强全民族文化创造活力。党的十九大报告进一步明确指出："文化是一个国家、一个民族的灵魂。文化兴国运兴，文化强民族强。没有高度的文化自信，没有文化的繁荣兴盛，就没有中华民族伟大复兴。要坚持中国特色社会主义文化发展道路，激发全民族文化创新创造活力，建设社会主义文化强国。""深入挖掘中华优秀传统文化蕴含的思想观念、人文精神、道德规范，结合时代要求继承创新，让中华文化展现出永久魅力和时代风采。""加强文物保护利用和文化遗产保护传承。"① 文化创造活力着眼于创新，但其内涵也离不开传承，是蕴涵传承的创新。传承是其基因，创新是其生命。没有传承，少数民族传统生态文化就没有积淀和底蕴，就会失去历史血脉；没有创新，少数民族传统生态文化就不能很好地与现实结合，就会失去时代精神。民族地区生态文明建设既要注重对少数民族传统生态文化内涵的传承，建设其传承体系，弘扬其思想精髓；又要在尊重命意传统和历史语境的前提下，以一种当代视野、前沿方法、世界眼光、未来关怀和问题意识来理解和把握少数民族传统生态文化，从中提炼、挖掘出新意蕴、新向度、新品格，使其在保持精华的基础上被赋予崭新的时代意义。

（二）目前国内外研究的现状和趋势

关于少数民族传统生态文化与民族地区生态文明建设，国内学者做了一些有益探索，与本课题相关的成果可概括为以下三个方面：

---

① 习近平：《决胜全面建成小康社会 夺取新时代中国特色社会主义伟大胜利——在中国共产党第十九次全国代表大会上的报告》，《人民日报》2017年10月28日。

1. 关于少数民族传统生态文化研究。随着生态问题的日益严峻和人们生态意识的增强，少数民族传统生态文化开始引起越来越多学者的关注，成果较丰富，如廖国强等著《中国少数民族生态文化研究》（云南人民出版社 2006 年版），系统研究了少数民族生产生活领域、制度和宗教中的生态文化以及朴素而深邃的生态伦理观等。宝贵贞在《少数民族生态伦理观探源》（《贵州民族研究》2002 年第 2 期）中认为，神话传说、宗教信仰、乡规民约和习惯法是少数民族生态伦理观形成的主要来源。王立平、韩广富的《蒙古族传统生态文化观探源》（《广西民族大学学报》2010 年第 7 期），具体分析了蒙古族生态文化的渊源。

2. 关于民族地区生态文明建设研究。党的十七大以来，生态文明建设研究成为我国一大热点，在这一背景下，民族地区生态文明建设研究也逐渐引起一些学者关注，并从不同层面进行了分析。以著作形式涉及相关研究的成果主要有：唐少卿、唐海萍著《生态文明建设与西北的持续发展》（甘肃人民出版社 2003 年版），主要围绕西北可持续发展中的自然资源问题、灾害和灾害经济以及生态环境工程建设等方面进行了论述。周泽超著《宁蒙陕甘四省（区）毗连区生态文明建设的研究》（宁夏人民教育出版社 2011 年版），结合宁蒙陕甘四省（区）毗连区的实际，提出了在这一地区构建生态文明的意义、目标、对策。论文研究方面，通过"读秀期刊网"输入"民族地区生态文明建设"关键词，发现 33 篇，代表性的有：郭京福、左莉《少数民族地区生态文明建设研究》（《商业研究》2011 年第 10 期），探讨了民族地区生态文明建设对策。唐华清《桂越边境大石山民族地区生态文明建设问题探析》（《广西社会科学》2011 年第 9 期）针对桂越边境民族地区生态文明建设既有紧迫性，也面临较大压力，建议充分利用中国—东盟自由贸易区合作进程加快的机遇，加强综合治理、标本兼治，发展生态经济，促进生态文明建设。

3. 关于少数民族传统生态文化与民族地区生态文明建设关系研究。薛达元著的《民族地区传统文化与生物多样性保护》（中国环境科学出版社 2009 年版），揭示了少数民族生态文化在生物多样性保护和生物资源持续利用方面的特别价值。廖国强在《中国少数民族生态观对可持续发展的借鉴和启示》(《云南民族学院学报》2001 年第 9 期)中认为，少数民族物质生态文化可以为农业林业可持续发展提供借鉴，精神生态文化可以为塑造与可持续发展战略相适应的“内源调节机制”提供借鉴。杨庭硕等著的《人类的根基：生态人类学视野中的水土资源》(云南大学出版社 2004 年版)，以西南少数民族地区的调查资料为依据，证明各民族文化中确实蕴含了较之于现代科技并不逊色的生态智慧和生态技能，地方性知识在维护人类生态安全上可以发挥极其重要的作用。吴丽娟的《东北少数民族生态文化变迁中的体系危机与维度转换》(《满族研究》2011 年第 1 期)，阐述了东北少数民族传统生态文化在当代工业文明下所面临的体系危机和变迁压力，并从生产方式位移—生态环境变异—生态文化变迁的三维转换模式出发，进而提出了能推动东北少数民族传统生态文化有效变迁的对策与建议。安颖在《少数民族生态文化之理性思考》(《野生动物》2008 年第 5 期)中认为，自然资源和生态环境是少数民族生态文化形成的生境和自然基础，各种文化生境的差异性孕育了生态文化的地域性和民族性，因此，有效保护少数民族生态文化的重要途径，就是保护与恢复其文化生境，只有这样，才能整体地和永久地保存生态文化的生命力。

但是，总体来看，上述研究资料大都以论文形式问世，专著较少；系统深入研究不够，理论总结少；研究内容不够全面，许多领域有待开辟；研究方法有待改进，多以定性研究为主；普遍存在“两张皮”现象，专题研究几乎是空白。因此，对其耦合运行展开系统研究，不仅具有重要历史和现实意义，而且必将成为国内外学者关注的一大热点。

二 本课题的研究目标、研究内容、拟突破的重点和难点

(一) 研究目标

生态文明是人类社会发展的必由之路。生态文明是一种高级的文明形态，它不仅追求经济、社会的进步，而且追求生态进步，是一种

人类与自然协同进化、经济社会与生物圈相互促进的文明。目前，总的说来，民族地区生态文明建设方向更加明确、思路更加清晰、措施更加有力，呈现出良好的发展态势。但是，我们必须清醒地认识到，民族地区生态文明建设还处于有利条件与不利因素并存、成效明显与问题突出并存的局面，形势依然严峻，任务依然艰巨。据此，本课题拟从系统梳理少数民族传统生态文化入手，深刻剖析当前民族地区生态文明建设的紧迫性和发展历程，在总结民族地区生态文明建设基本经验和基本规律的基础上，重点探讨在新的时代背景下如何在理论和实践、深度和广度上进一步深化民族地区生态文明建设，以推动其不断取得新成效。

（二）研究内容

加快民族地区生态文明建设步伐，从理论与实践的结合上，就必须明确新的历史条件下民族地区生态文明建设为什么要建设、实现什么样的建设、怎样建设和建设为了谁、建设依靠谁等根本性问题，具体来说，重点解决以下三个问题：

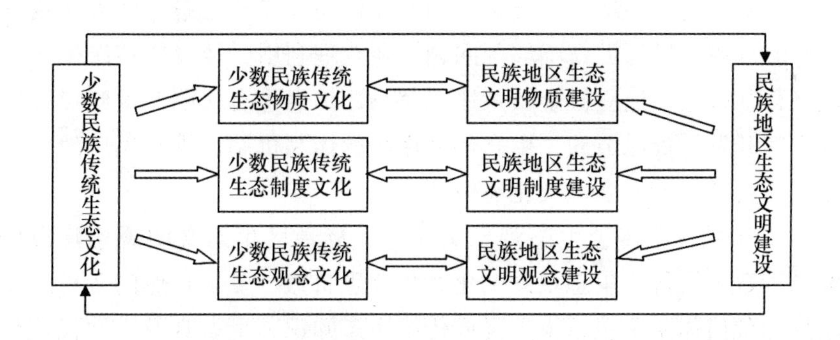

1. 少数民族传统生态物质文化与民族地区生态文明物质建设研究。少数民族传统生态物质文化意指适应自然、与自然和谐相处的各种生产生活用具、物质生产手段和消费方式等。[①] 如维吾尔族的生态

① 姜爱：《近10年中国少数民族传统生态文化研究述评》，《北方民族大学学报》（哲学社会科学版）2012年第4期。

物质文化具有适应性、实用性、稳定性等特征；云南少数民族传统刀耕火种农业中蕴含的朴素而深刻的生态智慧，如哈尼族的梯田文化；黔东南苗族民居在自然和谐的生态观念、因地制宜的规划原则、就地取材的节能手段、可持续开发的建筑构造四个方面所体现的科学性及合理性。这些少数民族传统生态物质文化对于民族地区生态文明物质建设具有重要启示作用。据此，应制订民族地区“三区”（自然保护区、生态功能区、生态脆弱区）规划，确定优化开发区、重点开发区、限制开发区和禁止开发区；既整体保护民族地区的生态环境，合理开发其森林、土地、矿产等资源，又为少数民族传统生态文化传承和生态文明建设提供强大的物质保障。

2. 少数民族传统生态制度文化与民族地区生态文明制度建设研究。少数民族传统生态制度文化意指维护生态平衡、保护自然环境的社会机制、社会规约和社会制度，主要包括蕴藏着生态思想、理念的少数民族习惯法、族规家法、古代法等。[①] 其与民族地区环境资源保护存在着相互制约、相互依存的内在关系，如贵州苗族环境习惯法为保护苗族地区优美的自然环境起到了跨越历史时空的基础作用。为此，针对目前民族地区生态文明制度建设还存在缺乏系统政策法规支持、管理体制机制创新不够等问题，在合理利用少数民族传统生态制度文化基础上，建立健全政策法规体系，加强生态文明制度建设，健全空间开发、资源节约、生态环境保护的体制机制，推动民族地区形成人与自然和谐发展现代化建设新格局。

3. 少数民族传统生态观念文化与民族地区生态文明观念建设研究。少数民族传统生态观念文化意指尊重自然、爱护自然的各种思想情感和价值体系，包括少数民族传统生态知识、生态观及少数民族传统文化，如宗教信仰、神话传说、民间艺术、谚语格言中的生态意识等。[②] 如北方少数民族的原始宗教萨满教在其体系中有一套调适生态平衡、协调人与自然以及植物之间和谐关系的生态调控机制；蒙古族

---

① 姜爱：《近10年中国少数民族传统生态文化研究述评》，《北方民族大学学报》（哲学社会科学版）2012年第4期。

② 同上。

神话传说、英雄史诗、宗教信仰、风尚习俗中体现了丰富的生态文化观；佤族传统生态观的本质属性是将自然视为有生命的个体，表现为对于动植物的亲情、对于大自然的感恩意识以及利用资源的责任体系三个层次；土家族生产型、宗教型、规约型、隐喻型四类传统生态知识。为此，必须全面吸纳少数民族传统生态观念文化精华，提升民族地区所有社会成员的生态文化教养，增强节约意识、环保意识、生态意识，形成合理消费的社会风尚，营造爱护生态环境的良好风气。

具体来说，本课题分绪论、少数民族传统生态文化与民族地区生态文明建设总论、云南哈尼稻作梯田系统与生态文明建设、贵州从江侗乡稻鱼鸭系统与生态文明建设、云南普洱古茶园与茶文化及生态文明建设、内蒙古敖汉旱作农业系统与生态文明建设六个部分进行比较系统的研究。

总之，民族地区生态文明建设，必须以习近平新时代中国特色社会主义思想为指导，必须深入贯彻党的十九大精神，解放思想、实事求是，牢牢把握和坚持社会主义先进文化前进方向；不仅涉及社会的各阶层、各方面、各行业，而且不同时期有不同目标、内容和要求，有所侧重；既要搞好顶层设计，明确方向、目标和任务，又要采取有效措施，扎实推进；遵循少数民族生态文化发展的客观规律，一手抓少数民族传统生态文化传承，一手抓民族地区生态文明建设，实现两者的有机统一，做到两手抓、两加强，双轮驱动；既形成完善的少数民族生态文化创新体系，推动少数民族文化全面协调健康发展，又为走向社会主义生态文明新时代做出新的更大贡献。

（三）拟突破的重点和难点

1. 重点。以习近平新时代中国特色社会主义思想为指导，坚持以人民为中心的发展思想，坚持以满足各少数民族群众日益增长的美好生活需要为出发点和落脚点的原则，以求真务实的态度，对民族地区生态文明建设的困难和问题进行系统梳理，从少数民族传统生态文化中汲取营养，以创新思路寻求治本治标办法，提出一整套较为完整的应对之策，这是本课题研究的重点。

2. 难点。一是由于对少数民族传统生态文化与民族地区生态文明建设的专题研究内容不多，研究成果也较零散，因此，不仅资料搜集工作难度较大，而且研究中要有所突破，尤其是要进行理论上的概括和升华，如何准确把握也有较大难度。二是必须深入民族地区进行脚踏实地调查，只有这样，在探讨新时代民族地区生态文明建设对策时，才有针对性，而在这方面也要作艰苦的努力。

三　本课题的研究思路和研究方法

（一）研究思路

1. 研究路径。主要从两条路径开展研究，一是社会调查，在此基础上开展学理探讨。通过在民族地区的全球重要农业文化遗产地访谈相关干部、群众的基础上，发掘关于少数民族传统生态文化与民族地区生态文明建设口述史料、文献资料等；通过案例分析、数据归纳等方式得出人们的相关看法。二是理论的分析，通过课题组专家和成员的理论分析（包括文献统计分析），归纳出少数民族传统生态文化与民族地区生态文明建设的主要成绩、存在的不足，并提出针对性强的解决办法，进一步凸显本课题研究的意义以及对后续问题研究的价值。通过这样的设计和构想，旨在使理论与实践结合起来，使我们的理论逻辑更加严密，学理性更强；以较大面积而又有代表性的社会调查说话，也使我们的研究紧扣社会现实。

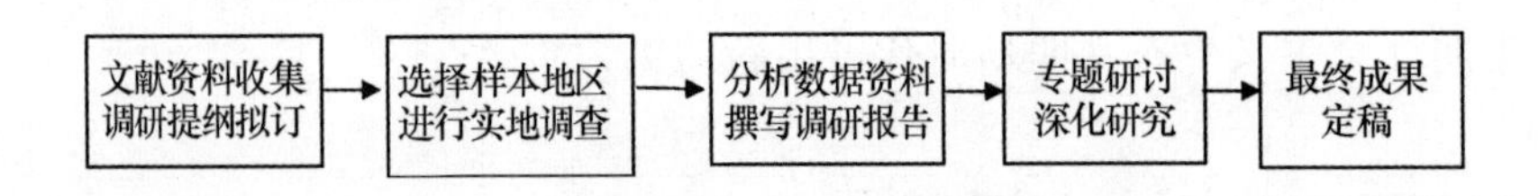

2. 研究框架。本课题采取“333”模式开展研究。第一个“3”代表的是从少数民族传统生态物质文化与民族地区生态文明物质建设、少数民族传统生态制度文化与民族地区生态文明制度建设、少数民族传统生态观念文化与民族地区生态文明观念建设进行研究。第二个“3”的意思是从过去、现在、未来开展分析。第三个“3”即是从成绩、问题、对策入手进行研究，力求在新时代推进民族地区经济

社会发展过程中，达成少数民族传统生态文化保护传承与民族地区生态文明建设双赢的目的。

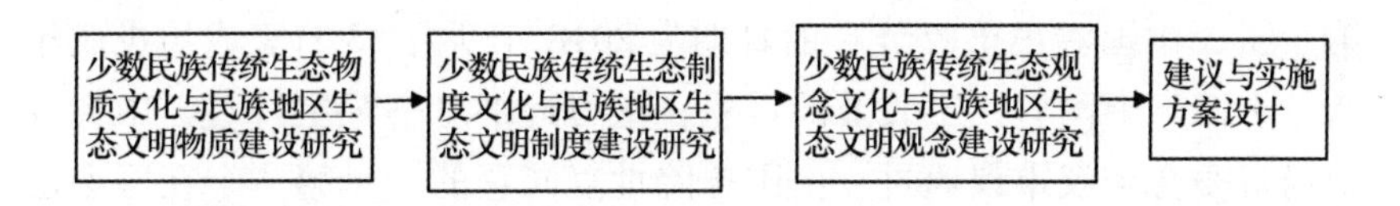

（二）研究方法

1. 本课题贯彻落实党的十九大精神，运用民族学、教育学、文化学、生态学、政策学等理论与方法，运用文献研究法、历史研究法，系统研究少数民族传统生态文化，归纳特色，探索规律。

2. 运用辩证分析法、比较分析法等，历史地、实事求是地分析民族地区生态文明建设历程，总结经验，找出不足。

3. 运用实地调查法、系统论方法，深入民族地区调研，用开放和改革的眼光，不断研究新情况，解决新问题，坚持继承与创新的统一，形成自己的研究特色。

四　本课题选择全球重要农业文化遗产为重点研究对象的原因和创新之处

（一）本课题选择全球重要农业文化遗产为重点研究对象的原因

之所以选择全球重要农业文化遗产作为重点研究对象、对遗产地进行重点调研，主要有以下三个理由：

1. 党和国家高度重视的需要。2013 年 12 月 23 日，习近平总书记在中央农村工作会议上指出："农耕文化是我国农业的宝贵财富，是中华文化的重要组成部分，不仅不能丢，而且要不断地发扬光大。"[①] 我国有着悠久灿烂的农耕文化历史，加上不同地区自然与人文的巨大差异，创造了种类繁多、特色明显、经济与生态价值高度统一的农业文化遗产。2017 年全国"两会"期间，有 45 名人大代表提

① 中共中央文献研究室编：《十八大以来重要文献选编》上，中央文献出版社 2014 年版，第 678 页。

出设立丰收节的有关建议。2018 年 6 月 7 日，国务院关于同意设立“中国农民丰收节”的批复，同意自 2018 年起将每年农历秋分设立为“中国农民丰收节”，具体工作由农业农村部商有关部门组织实施。第一届“中国农民丰收节”的日期为 2018 年 9 月 23 日，农历戊戌年八月十四。中国农民丰收节的设立，是习近平总书记主持召开中央政治局常委会会议审议通过，由国务院批复同意的，是第一个在国家层面专门为农民设立的节日。从文化现实看，在国家层面上设立一个全民族共同参与、共庆丰收的节日，有助于更好传承和展示中华优秀农耕文化，凝练生成重视农业、尊重农民、庆祝丰收的新时代先进文化。[①] 如 9 月 23 日上午，广西龙胜各族自治县龙脊镇小寨村瑶族同胞身着节日盛装，开展民族服饰巡游、红瑶服饰制作工艺展示等民俗活动，与中外游客一起欢庆节日。

2018 年 9 月 21 日，习近平总书记在主持中共中央政治局就实施乡村振兴战略进行第八次集体学习时强调，我国拥有 13 亿多人口，不管工业化、城镇化进展到哪一步，城乡将长期共生并存。要坚持农业现代化和农村现代化一体设计、一并推进，实现农业大国向农业强国跨越。要在资金投入、要素配置、公共服务、干部配备等方面采取有力举措，加快补齐农业农村发展短板，不断缩小城乡差距，让农业成为有奔头的产业，让农民成为有吸引力的职业，让农村成为安居乐业的家园。要推动农业农村经济适应市场需求变化、加快优化升级、促进产业融合，加快推进农村生态文明建设、建设农村美丽家园，弘扬社会主义核心价值观、保护和传承农村优秀传统文化、加强农村公共文化建设、提高乡村社会文明程度，推进乡村治理能力和水平现代化、让农村既充满活力又和谐有序，不断满足广大农民群众日益增长的美好生活需要。习近平强调，实施乡村振兴战略，首先要按规律办事。在我们这样一个拥有 13 亿多人口的大国，实现乡村振兴是前无古人、后无来者的伟大创举，没有现成的、可照抄照搬的经验。我国农耕文明源远流长、博大精深，是中华优秀传统文化的根，要在实行自治和法治的同时，注重发挥好德治的作用，推动礼仪之邦、优秀传

① 李达仁：《中国农民丰收节，让全社会共享丰收快乐》，《村委主任》2018 年第 10 期。

统文化和法治社会建设相辅相成。①

《人民日报》2018 年 9 月 27 日刊发了《中共中央 国务院印发〈乡村振兴战略规划（2018—2022 年）〉》（以下简称《规划》），在“特色保护类村庄”方面，《规划》提出：“历史文化名村、传统村落、少数民族特色村寨、特色景观旅游名村等自然历史文化特色资源丰富的村庄，是彰显和传承中华优秀传统文化的重要载体。统筹保护、利用与发展的关系，努力保持村庄的完整性、真实性和延续性。切实保护村庄的传统选址、格局、风貌以及自然和田园景观等整体空间形态与环境，全面保护文物古迹、历史建筑、传统民居等传统建筑。尊重原住居民生活形态和传统习惯，加快改善村庄基础设施和公共环境，合理利用村庄特色资源，发展乡村旅游和特色产业，形成特色资源保护与村庄发展的良性互促机制。”②

《规划》在第二十三章就弘扬中华优秀传统文化进行了专门部署，提出：立足乡村文明，吸取城市文明及外来文化优秀成果，在保护传承的基础上，创造性转化、创新性发展，不断赋予时代内涵、丰富表现形式，为增强文化自信提供优质载体。同时提出了三大任务：一是保护利用乡村传统文化。二是重塑乡村文化生态。三是发展乡村特色文化产业。③

中国的重要农业文化遗产是指中国人民在与所处环境长期协同发展中世代传承并具有丰富的农业生物多样性、完善的传统知识与技术体系、独特的生态与文化景观的农业生产系统，包括由联合国粮农组织认定的全球重要农业文化遗产和由农业部认定的中国重要农业文化遗产。④ 2012 年，农业部正式启动中国重要农业文化遗产的发掘和保护工作，从而使中国成为世界上第一个开展国家级农业文化遗产评选

---

① 《把乡村振兴战略作为新时代“三农”工作总抓手 促进农业全面升级农村全面进步农民全面发展》，《人民日报》2018 年 9 月 23 日。

② 《中共中央 国务院印发〈乡村振兴战略规划（2018—2022 年）〉》，《人民日报》2018 年 9 月 27 日。

③ 同上。

④ 闵庆文、张碧天：《中国的重要农业文化遗产保护与发展研究进展》，《农学学报》2018 年第 1 期。

与保护的国家。2013 年 5 月 21 日，公布的第一批中国重要农业文化遗产有 19 个；2014 年 5 月 29 日，公布的第二批中国重要农业文化遗产有 20 个；2015 年 11 月 17 日，公布的第三批中国重要农业文化遗产有 23 个；2017 年 6 月 28 日，公布的第四批中国重要农业文化遗产有 29 个。2018 年 7 月 30 日，农业农村部办公厅发布了《关于开展第五批中国重要农业文化遗产发掘工作的通知》，规定各省级农业农村行政管理部门上报材料的截止日期是 2019 年 4 月 1 日。这样，2013—2017 年，先后分四批共认定 91 项中国重要农业文化遗产。2019 年，将公布第五批中国重要农业文化遗产名单，估计还是在 20—30 个之间。

2. 全球重要农业文化遗产濒危性。全球重要农业文化遗产具备多重特征，主要有活态性、动态性、适应性、复合性、战略性、多功能性、可持续性、濒危性等八个方面[①]，而濒危性是保护的前提。

全球重要农业文化遗产地常因现代农业发展、社会观念的转变面临发展的威胁。由于面临自然灾害、气候变化、生物入侵等自然因素的负面影响，以及技术的快速发展和由此而引起的文化与经济生产方式的变化，农业文化遗产以及作为其存在基础的生物多样性和社会文化正在受到严重威胁。人们过分关注农业生产力的发展，强调专业化的生产与全球市场的作用，追求最大的经济效益，忽视系统外部性特征以及行之有效的适应性管理策略，导致了不可持续的生产方式的盛行和对自然资源的过度利用，以及生产力水平的下降，带来了生态安全的风险，丧失了相关的知识和文化体系，造成了生态恶化—经济贫困—文化丧失—社会动荡的恶性因果。如“近半个世纪以来，全球化、经济一体化的滚滚浪潮对梯田文明造成了巨大的冲击，使这一古老文明遭遇了有史以来的最大挑战，许多梯田被人们抛弃，许多文化濒临灭绝”[②]。梯田文明面临的境地是如此，其他农业文化遗产也是如此结局。比较而言，梯田的物质形态保留相对完整，梯田的精神形态消失就比较严重。正是在这样的背

① 闵庆文：《农业文化遗产及其保护》，《农民科技培训》2012 年第 9 期。

② 史军超：《红河宣言——保护与发展梯田文明全球宣言》，《红河探索》2010 年第 6 期。

景下，2002 年 8 月，全球重要农业文化遗产（GIAHS）动态保护与适应性管理项目才应运而生。濒危性是遗产保护的动力之一，主要包括以下六个方面：

一是遗产地濒危。农业文化遗产的物质部分是不可移动的，是有着特定空间范围的田园设施。如果这个遗产地遇到侵害或污染，它具有的遗产价值也就不存在。如河流改道冲毁了一个古桑园，工业化造成的酸雨破坏了古茶园系统，等等。还有人为的侵害，如城市扩建、道路交通基建等占用或毁损了遗产地。

二是传承条件濒危。农业文化遗产需要不间断地进行生产运营。当这种运营不能持续进行时，传承的条件就遇到濒危。如遗产地村庄的劳动力外出务工或者搬迁进城，遗产地农村被规划改变为其他生产用途，等等。

三是传统生物物种的濒危。农业文化遗产的活态性是由其中的传统品种传承的，当这些物种或品种发生了改变，这个遗产也就濒危。如引入了新品种，原有的品种严重退化，品种的自然杂交或混杂，严重病虫害侵害，果园树龄老化，等等。

四是传统技能技艺濒危。农业文化遗产还具有很多非物质文化遗产的属性，如传统的“一穗传”品种提纯复壮技术、传统的作物栽培和动物饲养技术，有机肥的沤制和施用技术，传统食品的加工技术，以及与这些技术或生产活动相关的风俗习俗，如果没有代际之间的传承人，就出现了文化断裂的濒危。

五是遗产的价值认同濒危。我国是文明古国和农业古国，遗存的农业文化遗产非常多。如果没有广泛的遗产价值认同，特别是遗产地的居民群众没有保护意识，这些遗产就遇到了濒危。

六是开发保护失度的濒危。这是相反方向的濒危。开发过度，保护过度，也会对遗产造成侵害。[①]

正因为上述原因，全球重要农业文化遗产才需要强力保护传承。联合国粮农组织原助理总干事穆勒认为：“农业文化遗产绝对不是关乎过去，而是为我们解决未来的农业发展问题提供更多选择。入选

① 曹幸穗：《农业文化遗产的“濒危性”》，《世界遗产》2015 年第 10 期。

'全球重要农业文化遗产'并非目的本身，而是一个新的起点，它正式开启了我们对于属地内农业文化遗产的保护行动，意味着我们需要为保护和利用遗产承担更大的责任，践行更多的义务。"①

3. 全球重要农业文化遗产本身的生态特性。全球重要农业文化遗产是世界各地劳动人民在长期的历史发展过程中，根据各地的自然生态条件，创造、发展出的传统农业生产系统和景观，这些特殊的农业系统和景观为农民世代传承并不断发展，保持了当地的生物多样性，适应了当地的自然条件，产生了具有独创性的管理实践与技术的结合，深刻反映了人与自然的和谐进化，持续不断地提供了丰富多样的产品和服务，保障了食物安全，提高了生活质量。既具有重要的文化价值、景观价值，又具有显著的生态效益、经济效益和社会效益，特别是对于当今人类社会协调人与自然的关系、促进经济社会可持续发展显得弥足珍贵。

按照联合国粮食及农业组织（简称联合国粮农组织、FAO）的定义，全球重要农业文化遗产是指："农村与其所处环境长期协同进化和动态适应下所形成的独特的土地利用系统和农业景观，这些系统与景观具有丰富的生物多样性，而且可以满足当地社会经济与文化发展的需要，有利于促进区域可持续发展。"②

到2018年4月19日，遗产项目从2005年的首批5个增加到20个国家50个项目，涵盖了沙漠绿洲、山地梯田、农林复合、古树群落、稻鱼共生及其他特色农业系统。这些系统具有5大基本特征：一是农民目前仍在使用，可提供保障当地居民粮食安全、生计安全和社会福祉的物质基础。二是具有遗传资源与生物多样性保护、水土保持、水源涵养等多种生态服务功能和景观生态价值。三是蕴含生物资源利用、农业生产、水土资源管理、景观保持等方面的本土知识和技术。四是拥有深厚的历史积淀和丰富的文化多样性，在社会组织、精神、宗教信仰和艺术等方面具有文化传承的价值。五是在长期人与自

---

① 袁正、闵庆文：《云南普洱古茶园与茶文化系统》，中国农业出版社2015年版，第112页。

② 同上书，第143页。

然交互中形成了独特的景观。①

在50个项目中，我国总共有15个，居世界各国之首，而民族地区有5个半。5个分别是：云南哈尼稻作梯田系统（2010）、贵州从江侗乡稻鱼鸭系统（2011）、云南普洱古茶园与茶文化（2012）、内蒙古敖汉旱作农业系统（2012）、甘肃迭部扎尕那农林牧复合系统（2018）；半个是：中国南方山地稻作梯田系统（包括崇义客家梯田、尤溪联合梯田、新化紫鹊界梯田、龙胜龙脊梯田，2018）之龙胜龙脊梯田。巧合的是：这5个半的全球重要农业文化遗产所属县都是国家级贫困县。

由于时间的原因，课题组在2013—2017年9月重点调研了贵州从江侗乡稻鱼鸭系统（2013年7月、2016年7月累计调研2次）、云南哈尼稻作梯田系统（2013年8月）、龙胜龙脊梯田（2016年7月）、云南普洱古茶园与茶文化（2016年8月）、内蒙古敖汉旱作农业系统（2017年8月），本书的许多资料来自于课题组成员的调研所得。

我国的全球重要农业文化遗产是农业文明的缩影，也是农村生态文明建设的先驱。2002年世界遗产委员会为纪念《保护世界文化和自然遗产公约》30周年而通过的《世界遗产布达佩斯宣言》中所指出的“努力在保护、可持续性和发展之间寻求适当而合理的平衡，通过适当的工作，使世界遗产资源得到保护，促进社会经济发展和提高社区生活质量做出贡献”。对中国的全球重要农业文化遗产保护同样具有指导作用。

在全球重要农业文化遗产动态保护与适应性管理的理念下，农业生态文明建设中所蕴含的各项内容能够得到有效的体现，将为新时代农业生态文明建设探索出一条可行的道路。如“梯田，作为一个在世界上分布广泛、文化深厚的农业生态体系，是人类在数千年历史长河中的伟大文明创造。梯田凝聚了人类无数辛勤劳动和创造智慧，充分展现了人与自然高度融合的理念，维护着生物多样性与文化多样性，

① 农业农村部国际交流服务中心：《全球重要农业文化遗产概览（一）》，http://journal.crnews.net/ncgztxcs/2018/dssq/hq/99194_20180709105954.html。

提供着优良的生态服务功能，具有可持续发展的特征，因而是各梯田民族与国家精神文明的象征和骄傲。千百年来，梯田不但是建构人类文明圣殿的基石，而且至今仍然养活着全球众多的人口；它不仅满足了人们物质生活的需要，而且是人类的精神家园”“梯田文明是一个全息化的价值系统，它除了提供人们赖以生存的粮食之外，更有着科学、文化、历史、哲学、宗教、生态、美学等等方面的价值，从而为任何一种文明无以替代。特别需要提出的是，梯田文明的本质是它的亲和性，即人与自然的亲和、人与人的亲和。梯田文明的亲和性足以缓解不同族群、不同国家、不同文明间的冲突和对抗，因而古老的梯田文明具有巨大的现代意义和深远的未来意义”①。

当然，我们不能只利用其名气、仅看重其现有资源而过度使用，更重要的是，针对其处于危险的境地而持续地开展保护传承工作，这才是全球农业文化遗产命名部门最大最终的目的，也是全球重要农业文化遗产的最终最好的归宿。

全球重要农业文化遗产的生态与环境价值主要表现在两个方面：一是具有较高的农业生物多样性，可以产生各种良好的生态效益并提供优质的种质资源。基于田间试验，对稻田传统共作方式的生态效益分析结果表明，稻鱼、稻鸭、稻鱼鸭共作方式能够很好地控制稻田病虫草害，提高土壤微生物活性，改变水稻生长形状，提高水稻产量；产生更加复杂的营养结构，提高生态系统稳定性。二是能够提供水土保持、水资源涵养、气候调节、提高土地肥力、减少农业面源污染等生态系统服务。② 实际上，全球重要农业文化遗产还有多重价值：一是经济与生计价值。遗产地丰富的生物资源、良好的生态条件和浓郁的地域特色，保障了当地居民的营养与食物安全，赋予遗产地独特的景观美学价值，有利于发展替代产业增加农民收入。二是社会与文化价值。全球重要农业文化遗产包含丰富的文化内涵，特别是乡规民约、风俗习惯、民间文化等，是增进人与人、人与自然、人与社会和

---

① 史军超：《红河宣言——保护与发展梯田文明全球宣言》，《红河探索》2010 年第 6 期。

② 闵庆文、张碧天：《中国的重要农业文化遗产保护与发展研究进展》，《农学学报》2018 年第 1 期。

谐的基础，也是保护生态环境和生物多样性的文化基础，是发展休闲农业与生态旅游的资源基础。同时，农作物种质资源是农业和社会经济可持续发展的重要保障。三是科研与教育价值。全球重要农业文化遗产系统中蕴藏着许多尚未被人们充分认识的科技秘密，而使其成为开展科学研究的“天然实验室”。对于这样一类典型的社会—经济—自然复合生态系统，需要多学科综合研究，并在研究过程中推进学科的融合。四是推广与示范价值。全球重要农业文化遗产是合理利用自然资源和保护文化多样性的杰出典型，能为现代农业提供宝贵的耕种和管理经验，为可持续农业提供示范案例。而农业文化遗产价值认识与保护理念的示范与推广，更推动了国内与国际农业文化遗产保护事业的发展。① 全球重要农业文化遗产的这些价值，都能够为我国生态文明建设提供动力与资源。

（二）本课题创新之处

1. 研究视角创新。本课题首次从全球重要农业文化遗产传统生态文化的角度，在解读民族地区 4 个全球重要农业文化遗产传统生态文化的基础上，对遗产地生态文明建设的互补关系、取得的成绩、存在的不足及对策进行了全面而较深入的研究。

2. 研究内容创新。课题组负责人和成员经过较长时间的积累，研究内容非常熟悉，对研究前沿动态相当了解，因此，研究内容有诸多创新和突破，具有原创性。

以是否有利于民族地区生态文明建设为标准，少数民族传统生态文化大致可以分为两大部分：有利于民族地区生态文明建设的少数民族传统生态文化、不利于民族地区生态文明建设的少数民族传统生态文化。

少数民族传统生态文化与民族地区生态文明建设的关系，实际上就是两者之间的耦合度问题。一般而言，可以分为三个层次或三个阶段：高级阶段是：少数民族传统生态文化与民族地区生态文明建设高

---

① 闵庆文、张碧天：《中国的重要农业文化遗产保护与发展研究进展》，《农学学报》2018 年第 1 期。

度耦合，找到了最佳平衡点。中级阶段是：大方向耦合，小领域磨合。低级阶段是：大方向磨合，小领域耦合。就目前乃至以后较长时间而言，少数民族传统生态文化与民族地区生态文明建设水平都处于中级甚至低级阶段，而双方在这些时期都能够找到带动对方发展的空间和路径。

全球重要农业文化遗产地政府大力组织劳动力外出务工，实际上是釜底抽薪之举，得不偿失，因为这些地方不同于非农业文化遗产地，它们负有重要的保护传承责任。如果缺乏足够的人手，就无法真正承担起保护传承的使命，也没有足够的人手建设生态文明。因此，应该采取比支持他们外出务工的力度更大的政策措施，全力支持遗产地村民就地就近就业。如可以采取“生态补偿标准 + 文物补偿标准 + 中国重要农业文化遗产补偿标准 + 全球重要农业文化遗产补偿标准 + N”之和甚至高于这一标准进行补偿，毕竟保护传承具有多重功能。目的是让核心区的村民不用为了脱贫致富而外出务工，留在本地也照样能够脱贫致富。

第二章　少数民族传统生态文化与民族地区生态文明建设总论

少数民族传统生态文化与民族地区生态文明建设是互补关系，是相互依存的关系，而不是此消彼长、你死我活的对抗关系。同时，两者的最终目的都是一致的。在生态文明建设新时代，少数民族传统生态文化为民族地区生态文明建设添砖加瓦，民族地区生态文明建设为少数民族传统生态文化保驾护航；如果说民族地区生态文明为楼顶，那么少数民族传统生态文化就是脚基。少数民族传统生态文化与民族地区生态文明建设的关系，实际上就是两者之间的耦合度问题。一般而言，可以分为三个层次或三个阶段：高级阶段是：少数民族传统生态文化与民族地区生态文明建设高度耦合，找到了最佳平衡点。中级阶段是：大方向耦合，小领域磨合。低级阶段是：大方向磨合，小领域耦合。就目前乃至以后较长时间而言，少数民族传统生态文化与民族地区生态文明建设水平都处于中级甚至低级阶段，双方在这些时期都能够找到带动对方发展的空间和路径。

一　少数民族传统生态文化与民族地区生态文明建设概述

少数民族传统生态文化是少数民族在历史上为适应和改造自然生态环境，而创造出来的物质文化和精神文化的总和。在少数民族传统文化这一系统中，少数民族传统生态文化位居核心地位。民族地区生态文明建设是对构成民族地区生态文明系统的内、外在要素及其相互作用形成的生态关系的建设。少数民族传统生态文化与民族地区生态文明建设具有一致性、互补性。

（一）少数民族传统生态文化概论

1. 少数民族传统生态文化的定义与分类。虽然文化的定义与分类多种多样，暂无一致的意见，但就系统论角度看，笔者赞成把文化分为三个层面的观点：物质文化、制度文化、观念（精神）文化。就文化内部构成要素看，文化有一个完整的生态链。文化如同宝塔，物质文化处在宝塔的最底层，支撑着宝塔的其他两层。没有物质文化，宝塔就缺少根基，就会轰然倒地。当然，如果只有物质文化，宝塔也不能称其为宝塔，文化也就没有更深的内涵。制度文化居于宝塔的中间，起着连通上下的作用，没有它的存在，观念文化也就没有合法性身份，得不到保障；观念文化处于宝塔的顶端，在物质文化、制度文化的强有力支撑下发挥其独特的作用。

英国哲学家罗素有一句名言，人类自古以来就有三个敌人，其一是自然，其二是他人，其三是自我。通俗来说，人类要生存与发展，必须要处理好自身与自然、他人、自我三者之间的关系。其中，人与自然的关系处于基础地位。对此，美国著名生态人类学家内亭曾经说："人类与自然的相互关系肯定是人们最永久关心的实际问题，人类最初的知识也是用于处理人与自然界的关系。"① 我国作为一个地域辽阔、历史悠久的多民族国家，独特的自然环境和历史进程孕育出各少数民族不同的生态文化。少数民族传统生态文化既包括各少数民族对人与自然关系的形而上思考和认识，也包括各少数民族对人与自然关系的实践的、经验性感知，更包括居住在特定自然生态条件下的各少数民族，在谋取物质生活资料时由客观的自然生态环境和主观的社会经济活动的交互作用，而形成的生态文化类型和模式，因此，"大体来说，中国少数民族生态文化也应包括或可解析为三个层面，即观念（意识、思想）的层面、制度层面（体制、习惯、习俗等）

---

① R. McC. 内亭、张雪慧：《文化生态学与生态人类学》，《世界民族》1985 年第 3 期。

和物质的层面"①。"在一种广泛的意义上，我们可以说，中国少数民族的传统生态文化是少数民族在一定的自然生态条件下创造性地适应和改造自然生态环境而创造出来的物质文化和精神文化的总和"②。

笔者非常赞同袁国友先生的上述观点，在本书中所使用的少数民族传统生态文化定义与分类，皆与之保持一致。即少数民族传统生态文化是少数民族在历史上为适应和改造自然生态环境，而创造出来的物质文化和精神文化的总和。实际上，在一定的历史条件和一定的生产力水平下，少数民族传统生态文化是一种能够保持民族地区经济、社会、资源和生态之间协调发展的文化模式。在少数民族传统文化这一系统中，少数民族传统生态文化不仅是其中的一个重要组成部分，而且位居核心地位。同时，少数民族传统生态文化也是我国传统生态文化的重要一"翼"（另外一"翼"是汉族传统生态文化）。

2. 少数民族传统生态文化的主要内容。一是少数民族传统生态物质文化。"皮之不存，毛将焉附"。没有少数民族传统生态物质文化这张"皮"，少数民族传统生态制度文化、少数民族传统生态观念文化这两根"毛"就没有依附之地。从实质上说，少数民族传统生态物质文化是少数民族传统生态文化的主体、载体和实体，其他制度和观念两个层面的传统生态文化都只是物质层面的传统生态文化的反映和概括。根据少数民族传统生态文化的物质表现形式，大体分为三种类型，即采猎型生态文化、农耕型生态文化和畜牧型生态文化。

采猎型生态文化是一种完全直接依赖自然资源（野生动植物）维持生计的文化类型。从纵向看，它可以说是几乎所有民族在其历史发展的初期都曾经历过的一种文化类型，农耕型和游牧型生态文化都是在采猎型生态文化基础上发展起来的。从横向看，在大多数民族已经进入农业社会甚至工业社会后，仍有许多少数民族继续沿袭和保持着采猎型生态物质类型，如北方的赫哲族、鄂温克族。由于采猎型民族

---

① 袁国友：《中国少数民族生态文化的创新、转换与发展》，《云南社会科学》2001年第1期。

② 同上。

是全面地并且是直接地以自然界存在的动植物资源为生，因此，采猎型民族生态文化所存在的地区大都是自然资源极为丰富的地区，也是在自然生态系统上自成一体的地区。从物质生产水平来说，以采猎为主要物质生产方式的民族，生产力发展水平一般也处于较低的层次和水平。正因为如此，采猎型生态文化虽然完全依赖动植物资源为生，但却并不存在竭泽而渔的现象，对自然生态环境没有显著的负面影响，保持着一种低层次的人与自然协调发展的状态。

农耕型生态文化是大多数少数民族特别是南方少数民族传统的物质文化类型。由于历史原因，从事农耕物质生产方式的少数民族大多居住在高原山地或丘陵丛林地区，也有少部分居住在河谷平坝地区。由此，少数民族农耕生态物质文化类型又分山林刀耕火种型农业、山地林粮兼作型农业、丘陵稻作型农业、梯田稻作型农业、坝区稻作型农业、绿洲灌溉型农业等多种形态。从这些类型可以看出，少数民族的农耕文化与各个民族所居住的自然生态环境具有密切的关系，表现出了鲜明的生态环境特色。与采猎型文化相比，农耕型文化对自然生态环境的影响无疑较大，以刀耕火种农业为例，在各种农耕型生态文化形态中，其对自然生态环境的影响最大，也被人们认为是一种粗放的破坏自然生态环境的落后生产方式，但尹绍亭先生对云南西双版纳地区刀耕火种农业生产方式进行深入考察和研究后指出，刀耕火种是一种“森林孕育的农耕文化”。所以，刀耕火种生产方式并没有带来当地自然生态系统的崩溃，而是与之保持着一种相生相克的动态平衡关系。刀耕火种如此，其他农耕文化形态也莫不如此。正因为这样，在少数民族农业区，人类的物质生产活动与自然生态系统之间基本上维持着一种良性循环关系。

畜牧型生态文化同样是少数民族尤其是北方和西北地区少数民族一种重要的物质文化类型。传统畜牧型生态文化建立在天然草场的基础上，只要天然草场不因各种自然原因（旱灾、雪灾等）而受到影响，畜牧型生产方式就能够得以维持和延续。传统的畜牧生产是通过调整畜群数量、结构和转场（游牧）等方式来解决的，传统畜牧业实际上也就是“逐水草而居”的游牧业。游牧是传统畜牧业对生态环境的一种最好的适应和利用方式，而蒙古包、毡房等都是游牧生态文化的重要表现和重要内容。[①]

二是少数民族传统生态制度文化。我国各少数民族历史上都有许多成文的或不成文的制度、规定，都包含大量生态文化的内容，而且从中可以发现，许多少数民族对自然生态环境和自然生态资源的科学保护和合理利用。许多少数民族都有保护森林生态环境和森林资源的制度、规定，特别是对与民族的生存发展息息相关的护寨林、水源林、风水林等的保护更是明确而严格。如贵州省黎平县潘老乡长春村的侗族村民在清朝同治年间立碑保护森林，碑文写道："吾村后有青龙，林木葱茏，四季常青，乃天工造就之福地也。为子孙福禄，六畜兴旺，五谷丰登，全村聚集于大坪饮生鸡血酒盟誓：凡我后龙山马笔架山上一草一木，不得妄砍，违者，与血同红，与酒同尽。"[②]

在云南少数民族中自古以来就形成了大量有关水的利用、水源保护及管理的规范，对于水环境保护起到了非常重要的作用。一是在各民族中都有很多传统的习惯法或明文规定，不许砍伐水源林，不许在水源林中放牛、放马等。在过去西双版纳的很多法规中，都有关于水渠、水设施等的管理以及水分配的规定，详细规定了水渠等设施保护、水量分配的责任人以及水设施管理修复要分担的责任、对破坏水设施的处罚等，这些规范对于有序使用水资源、保护水设施起到了积极的作用。在绿春县骑马坝的傣族中，20 世纪 50 年代以前的法规规定了对于破坏水源林的人要进行不同的处罚，如毁坏水源林及沟渠要按照情节轻重按 33、66 的数额进行惩罚。33 即罚 33 斤肉、33 斤米、33 斤酒，66 惩罚即罚 66 斤肉、66 斤米、66 斤酒，这些惩罚对于破坏水源的人来说是一个极大的负担，也约束了人们的行为。[③] 二是水设施的管理。在傣族传统社会里，灌溉系统的管理是一项极其重要的任务。20 世纪 50 年代以前，每个村寨都有一名专职的管理者（水官）来管理灌溉系统的运作，负责水的调配。根据傣族的历史文献记

---

① 袁国友：《中国少数民族生态文化的创新、转换与发展》，《云南社会科学》2001 年第 1 期。

② 同上。

③ 郑晓云：《水文化与生态文明——云南少数民族水文化研究国际交流文集》，云南教育出版社 2008 年版，第 14 页。

载，这一制度曾延续了数百年之久。如景洪地区100多年前就已经开凿了12条人工沟渠，并由此形成了一套完整的灌溉体系。12位官员受当地统治者的指派去管理这12条沟渠，每年春耕之前，村民们都会被组织起来修补这些沟渠。在水渠修好后，将举行一个庆典仪式来祭祀水神并检查沟渠的修缮状况。检查结束后，人们将在佛寺里或佛塔旁举行一个庆典仪式，以表达对水神的崇敬、感激之情。同时，水源调配在傣族社会是一项非常重要的工作。每年在农业生产活动开始之前，村里的水官将分配灌溉用水，每户所分到的灌溉用水的份额取决于其家中所拥有的稻田数及人口数。①

三是少数民族传统生态观念文化。观念层面的少数民族传统生态文化，即少数民族对于人与自然关系的形而上思考和认识。② 历史上，少数民族传统生态观念文化的内容极为丰富，并持续发生着巨大的作用。

第一，宗教信仰。人类对自然的认识，经历了一个漫长的发展历程。对万物众生的敬畏和想象，是中国人认识自然的起点。日本民俗学家伊藤清司曾将《山海经》中的空间划分为内部世界和外部世界，前者指人类的生活空间，与之相对的即外部世界，二者相对独立、互为依存。对人类而言，外部世界充满两面性：一方面，那里有人类繁衍依存的珍奇物种、矿石资源，治病救人、驱魔消灾的良药，以及可供装饰祭仪的美玉，在善神瑞鸟引领下，人类试探性地一次次走进外部世界，获取生活资源，拓宽活动范围；另一方面，那里又为“怪力乱神”所主宰，连山川木石都是超自然的存在，栖居其中的动物在外形、叫声上均异于内部世界，成为时刻危及人类生存的妖魔化身。在虔诚仰慕并企图利用大自然之余，人类对神秘而又神圣的未知世界充满了敬畏。循着对善灵瑞兽的正面想象，人类赋予自身走向自然的合法性和心理慰藉，对怪力乱神的负面想象，又恰如其分地给予人类种种约束，避免因过度索取而对自

---

① 郑晓云：《水文化与生态文明——云南少数民族水文化研究国际交流文集》，云南教育出版社2008年版，第23页。

② 袁国友：《中国少数民族生态文化的创新、转换与发展》，《云南社会科学》2001年第1期。

然造成严重破坏。[①]

我国各少数民族原始文化中不乏对宇宙、自然、生态的科学认知，并达到了那一特定阶段的顶峰，尽管这种认知常常通过神灵系统为中介。西南各少数民族的原始哲学和原始神话对宇宙的起源、人的起源作了臆测般解说，今人看来仍不得不佩服其朴素直观的辩证思维光芒。如对世界本源的认识，对天地人三界的秩序的认识，原始人类心目中的世界，是充满奇幻色彩、充满神性的世界，这个世界又有序而平衡，人类及天地万物各得其所，各有相属。人在宇宙中的位置，人与自然所达到的奇妙和谐状态，都通过原始神话和创世史诗展露无遗。这方面著名的神话及史诗有：拉祜族的《牡帕密帕》、傣族的《巴塔麻嘎捧尚罗》等。云南各少数民族原始哲学的母题，大多是天地人的本源及其相互关系，又主要通过一系列《创世记》之类的原始神话表现出来。通过大量的神话及史诗可以发现，云南各少数民族原始哲学思想中存在着明显的先产生宇宙天地而后生成人类的认识顺序，几乎所有创世神话、史诗的首篇都讲到了宇宙、世界乃由气、声、云雾之类物质构成并演化，开天辟地确立了宇宙的大环境大秩序之后才产生人类及万物，人类或抟土而成，或由蛋生，或自瓜出。李国文先生认为，云南少数民族人类起源说中的一个重要内容便是自然生人说，并列举了气生人、水生人与五行生人三种类型。[②]

云南许多民族的生态观都具有以原始宇宙观为基础，以神灵观念尤其是自然崇拜、禁忌为主干及以一系列习惯法、村规民约为外在形式的特征。同时，这些独特的生态观又是与各自的生计方式如刀耕火种、梯田耕作、旱地轮作、坝区稻作、畜牧等相适应的。其生态观因而又服从于整个文化系统，从人与自然协调发展的角度发挥其功能。傣族作为典型的百越民族后裔，具有近水而居、从事稻作等独特文化习惯，其生态观宛如一首水与森林、水稻、孔雀、大象相融汇的交响

① 王文超：《民间文化中的生态观》，《光明日报》2017年8月4日。

② 李国文：《天地人——云南少数民族哲学窥秘》，云南人民出版社1992年版，第121页。

诗，人们至今还为傣族先民创造的适度开发自然的措施叫好。西双版纳的基诺族在当时人口、耕地较为协调时，实施着能让土地、森林周期性开发利用与休养相结合的轮歇套种制度。当这两个民族的文化处于自我封闭状态时，都力求达到与自然的平衡状态，保持着对自然界适度的开发规模。傣族生态观认为：有了森林才有水，有了水才有田，有了田才有人。民间流传着人类跟随金马鹿寻找乐土的传说，金鹿看中的地方，一定富饶肥沃。因此，人类要爱护自然，爱护动物。因为有朝一日动物没有了，也就说明不再适宜人类居住。傣族民间的寨神勐神崇拜、大青树崇拜、寨心树崇拜都传递了奉土地为至上神的信息。其他如彝族在高寒山区抑农扬牧的生计方式，藏族以系统的佛教哲学谨遵天条，不轻易改变自然面貌等也是在其传统生态哲学支配下的规范行为，是积先民千万年生活经验或屡遭自然报复后的明智之举。①

第二，传统民俗。传统民俗主要包括传统祭祀活动、传统节日等。如各个少数民族的传统节日极其丰富，著名的传统节日主要有：蒙古族的那达慕、傣族的泼水节、彝族的火把节、白族的三月街、藏族的酥油花灯节、苗族的花山节等。由于一些少数民族信仰伊斯兰教，所以出现相同的重大节日，如古尔邦节等。

第三，传统耕作方式。采猎型生态文化的少数民族都是靠采集野生植物，猎取野生动物和捕鱼来获取食物，劳作方式就非常简单；农耕型生态文化的少数民族大多居住在高原山地或丘陵丛林地区，也有少部分居住在河谷平坝地区。由此，少数民族的农耕生态文化类型又分山林刀耕火种型农业、山地林粮兼作型农业、丘陵稻作型农业、梯田稻作农业、坝区稻作型农业、绿洲灌溉型农业等多种形态。如内蒙古赤峰市敖汉旗的旱作农业保持了连续的传承，时至今日还有古老的耕作方式、耕作工具和耕作机制。同时，为了适应当地干旱少雨的气候条件，敖汉旱作农业系统形成了一系列的传统农业节水肥力保持以及病虫害防治等生态技术。畜牧型生态文化的少数民族依靠天然草场，开展的是“逐水草而

① 黄泽：《试论民族文化的生态环境》，《广西民族研究》1998 年第 2 期。

居”的生产方式。

第四，传统饮食文化。历史上，我国各个少数民族创造了丰富多样的饮食文化，至今仍然发挥着巨大的作用。藏族以青稞等制作的糌粑和酥油、青稞酒等作为主要食品；傣族常见的竹筒饭，即香竹糯米饭，傣语称“考澜”，又称“埋毫澜”。考澜是用当地的一种特殊翠竹，汉人将其称之为香竹。香竹糯米饭就是用香竹做炊具，糯米做原料。制好的香竹糯米饭带着竹子和糯米的香味，入口软糯爽口，极具特色。

3. 少数民族传统生态文化评述。一是评价标准。有学者认为，少数民族传统生态文化毕竟属于原始文化和民族文化阶段，人与自然只是简单的对应关系，首先是天文、地质、生物、气候诸因素的综合作用决定了各地域各民族文化的盛衰。其次是生计方式的选择，受制于自然，靠天吃饭，易遭自然规律引发的灾难。原始民族只能以神灵观念、禁忌和习惯法来维系人与自然的平衡。因此，原始文化和民族文化阶段的生态系统是简单对应的、封闭分割的、低开发度和受神灵支配的系统，而科学文化所最终应达到的生态系统应是开放交流的、高开发度的张扬人类生态理性的富于人道主义的生态系统，这个生态系统不能遏止人类前进的步伐，但应融入更多理性的自觉的生态平衡意识。[①] 那么，新时代评价少数民族传统生态文化的标准是什么？虽然有各种评判标准，笔者还是以是否有利于民族地区生态文明建设为标准。这样，少数民族传统生态文化大致可以分为两大部分：有利于民族地区生态文明建设的少数民族传统生态文化、不利于民族地区生态文明建设的少数民族传统生态文化。

二是正确的态度。目前，有两种对立的观点值得警惕：第一，陷入“一好百好”的误区。认为少数民族传统生态文化都是少数民族优秀传统生态文化，都值得弘扬。如有学者提出：“人类学者、文化学者、民俗学者们的大量研究报告显示：被视为‘落后’的少数民族，他们的文化相当接近于‘生态文明’，这种文化事实上与当地的生态环境相安无事地共生了数百上千年。这样成就的背后，必然有相

---

① 黄泽：《试论民族文化的生态环境》，《广西民族研究》1998 年第 2 期。

当深刻地认识和成熟的技术体系。"[①] 实际上，南方少数民族在历史上广泛盛行一种"先占优先"原则，即谁先占有（多以打草标、茅标作为标志），谁即享有优先耕种、砍伐的权利，只要先占人不放弃，其他人便不得耕种、砍伐。在施行先占优先原则的地区，极易发生"公有地悲剧"，土地、森林为村寨公有，凡村寨成员均可自由开垦、砍伐，这对生态的破坏是不容低估的。水源林、寨神林、神山林等特种林（宗教林），则不实行先占优先原则，即个人不能占有，而是以村寨为单元进行管护。同时，南方少数民族习惯法中对森林的保护大多是对不实行先占优先原则的特种林的保护，因而对森林生态系统的保护往往是局部性的而非整体性的。[②]

第二，陷入"一糟百糟"的误区。这种观点只看到少数民族传统生态文化存在的不足和问题，就片面地认为少数民族传统生态文化都是糟粕，都值得抛弃。如有学者提出："所谓现代'原始生态智慧'，指的是那些以探索建立人与自然和谐相处、实现可持续发展为目标、关注生态环境问题的学者们，在反思传统发展观的过程中，通过观察和分析，发现并认为：在当前仍然延续着传统生计方式的人类群体的生产和生活中，存在着丰富的、最能体现人与自然和谐相处的知识与经验。这些知识与经验被视为可资当代人在反思过去对环境的破坏行为作参照，对未来的发展进行科学规划作借鉴。又因为持有这些知识和经验的人类群体主要分布于城市以外的边远乡村，而且都处于前工业化时代的发展水平，所以被冠以'原始生态智慧'。但是，深入分析这一神话被创造的过程及原因，不难发现：这一神话的意义，主要在于它可以满足那些想象着建构人与自然和谐相处的人们的精神需要，但是对于解决当下人类生存与发展中所面临的环境危机而言，这一神话并不具有实际仿效价值或现实指导意义，因为创造这一神话的思想者们忽略了人类开展生产活动的目的，同时也忘却了人类内在的对更美好、更丰富物质生活的本能追求。"最后他认为："结合历史

---

① 王中宇：《社会系统与生态系统——观察生态问题的另类视角》，《新华文摘》2010年第13期。

② 廖国强、何明、袁国友：《中国少数民族生态文化研究》，云南人民出版社2006年版，第88页。

的、文化认知史的视角审视这一现代神话，可以说这一神话仅只是人们在面对种种现实发展困境时，在精神上对过去美好历史的一种追忆，而且这样的表述实际上是脱离现实状况的一种理想化的、不具有现实借鉴意义的‘鸵鸟政策’式的话语。”[①] 笔者认为，该学者除对“原始生态智慧”缺乏深刻而全面的了解外，还有“一棍子”打死之嫌。

正确的态度应该是：留旧扬新。传承少数民族优秀传统生态文化，发展适合新时代民族地区要求的少数民族生态文化。民族地区以前的发展与现在的发展不可同日而语，新时代民族地区生态环境压力与古代也不可同日而语，这就决定了少数民族传统生态文化是1.0版，理由是：基本上是农业文明的产物；影响范围相对较小；带有强烈的宗教色彩。现代生态文化是2.0版，理由是：生态文明的产物；影响范围极广，甚至影响到地球外的星球；治理体系和治理能力现代化水平明显提高。没有1.0版，就没有2.0版。1.0版是前提，是基础；2.0版是发展，是结果。

（二）民族地区生态文明建设概述

1. 生态文明的定义与分类。文明是人类文化发展的成果，是人类改造世界的物质和精神成果的总和，是人类社会进步的标志。人类文明大致经历了三个阶段。第一阶段是原始文明。约在石器时代，人们必须依赖集体的力量才能生存，物质生产活动主要依靠简单的采集渔猎，为时上百万年。第二阶段是农业文明。铁器的出现使人类改变自然的能力产生了质的飞跃，为时一万年。第三阶段是工业文明。18世纪英国工业革命开启了人类现代化生活，为时300年。从要素上分，文明的主体是人，体现为改造自然和反省自身，如物质文明和精神文明；从时间上分，文明具有阶段性，如农业文明与工业文明；从空间上分，文明具有多元性，如非洲文明与印度文明。[②]

---

① 王东昕：《解构现代“原始生态智慧”神话》，《云南民族大学学报》（哲社版）2010年第4期。

② 于成学：《生态产业链多元稳定与管理：理论与实践》，中国经济出版社2013年版，第56—57页。

生态文明是指人类遵循人、自然、社会和谐发展这一客观规律而取得的物质与精神成果的总和；是指以人与自然、人与人、人与社会和谐共生、良性循环、全面发展、持续繁荣为基本宗旨的文化伦理形态。[①] 生态文明是在对工业文明带来严重生态安全问题进行深刻反思基础上，逐步形成和推进的一种文明形态，其要义是尊重自然、顺应自然、保护自然，实现人与自然和谐共生。[②] 如果说农业文明是“黄色文明”，工业文明是“黑色文明”，生态文明就是“绿色文明”。

生态文明的产生是基于人类对于长期以来主导人类社会的物质文明的反思，自然资料的有限性决定了人类物质财富的有限性，人类必须从追求物质财富中解脱出来，追求精神生活的丰富，才可能实现人的全面发展，这无疑将使人类社会形态发生根本转变。生态文明是农业文明、工业文明发展的一个更高阶段。从狭义角度讲，生态文明与物质文明、精神文明和政治文明是并列的文明形式，是协调人与自然关系的文明。在生态文明理念下的物质文明，将致力于消除经济活动对大自然自身稳定与和谐构成的威胁，逐步形成与生态相协调的生产生活与消费方式；在生态文明理念下的精神文明，更提倡尊重自然、认知自然价值，建立人自身全面发展的文化与氛围，从而转移人们对物欲的过分强调与关注；在生态文明理念下的政治文明，尊重利益和需求多元化，注重平衡各种关系，避免由于资源分配不公、人或人群的斗争以及权力的滥用而造成对生态的破坏。生态文明是对现有文明的超越，将引领人类放弃工业文明时期形成的重功利、重物欲的享乐主义，摆脱生态与人类两败俱伤的悲剧。[③]

2. 生态文明建设的国家战略。新中国成立以来尤其是改革开放以来，党和国家出台了一系列关于保护空气、土壤、水资源等政策法规。2007 年，党的十七大报告首次提出：“建设生态文明，基本形成节约能源资源和保护生态环境的产业结构、增长方式、消费模式。”

---

① 于成学：《生态产业链多元稳定与管理：理论与实践》，中国经济出版社 2013 年版，第 57 页。

② 余谋昌：《适应生态文明的哲学范式转型》，《人民日报》2017 年 11 月 27 日。

③ 于成学：《生态产业链多元稳定与管理：理论与实践》，中国经济出版社 2013 年版，第 57 页。

还强调要使“生态文明观念在全社会牢固树立”①。党的十八大报告首次专章论述生态文明，首次提出“建设美丽中国”。强调把生态文明建设放在突出地位，并融入经济建设、政治建设、文化建设、社会建设各方面和全过程，实现中华民族永续发展。

生态文明建设是中国特色社会主义事业的重要内容，关系人民福祉，关乎民族未来，事关“两个一百年”奋斗目标和中华民族伟大复兴的中国梦的实现。2015 年 4 月 25 日，中共中央、国务院专门发布《关于加快推进生态文明建设的意见》，共 9 个部分 35 条，这是继党的十八大和十八届三中、四中全会对生态文明建设作出顶层设计后，中央对生态文明建设的一次全面部署。

党的十九大报告关于生态文明建设的论述，一是丰富发展了社会主义生态文明观。首先，报告提出的“人与自然是生命共同体”发展了马克思主义关于人与自然关系的理论，不仅明确了人类是自然的一部分，更进一步强调了人与自然的共生关系。其次，我党站在大历史、大文明层面，对生态与文明的关系进行了鲜明阐释，把生态文明作为人类文明的重要组成部分，丰富和发展了马克思主义生产力思想。报告再次强调的“绿水青山就是金山银山”的绿色发展理念，更新了关于生态与资源的传统认识，打破了简单把发展与保护对立起来的思维束缚，指明了实现发展和保护内在统一、相互促进和协调共生的方法论，为生态文明建设提供了根本遵循。

二是深化了对生态文明建设的认识。第一，生态文明建设的重大意义。报告进一步强调“生态文明建设是中华民族永续发展的千年大计”，是实现中华民族伟大复兴的中国梦的重要内容，并把生态文明建设纳入开启新征程的新目标。同时，首次提出社会主义现代化强国的目标，在党的十八大提出的“富强民主文明和谐”的基础上加上“美丽”二字，表明我党站在中国特色社会主义全面发展和中华民族永续发展的战略高度来深化认识和大力推进生态文明建设。第二，生态文明建设的系统观。党的十九大报告明确要求“统

---

① 胡锦涛：《高举中国特色社会主义伟大旗帜 为夺取全面建设小康社会新胜利而奋斗——在中国共产党第十七次全国代表大会上的报告》，《中国人大》2007 年第 20 期。

筹山水林田湖草系统治理”，比以往增加了一个“草”字，将“草”与“山水林田湖”系统治理统筹起来，是对自然世界认识的又一大进步。我党从自然生态要素的空间系统性和生态环境保护的时间系统性两个维度，形成了生态文明建设的系统观，表明推进生态文明建设，必须按照生态系统的整体性、系统性及其内在规律，统筹考虑自然生态各要素，进行整体保护、系统修复、综合治理。第三，生态文明建设的国际视野。党的十九大报告反复强调要“为全球生态安全作出贡献”，要“积极参与全球环境治理，落实减排承诺”。这表明我国在推进国内生态文明建设的同时，推动生态文明和绿色发展理念走出去，既为发展中国家提供了可资借鉴的模式和经验，也将对国际环境与发展事业产生重要影响。第四，关于生态文明建设的新部署。党的十九大报告中提出的推进绿色发展、着力解决突出环境问题、加大生态系统保护力度、改革生态环境监管体制等路径，抓住了当前存在的主要矛盾，找准了生态文明建设攻关的着力点。①

乡村兴则国家兴，乡村衰则国家衰。我国人民日益增长的美好生活需要和不平衡不充分的发展之间的矛盾在乡村最为突出，我国仍处于并将长期处于社会主义初级阶段的特征很大程度上表现在乡村。全面建成小康社会和全面建设社会主义现代化强国，最艰巨最繁重的任务在农村，最广泛最深厚的基础在农村，最大的潜力和后劲也在农村。为此，《人民日报》2018 年 9 月 27 日刊登了《中共中央 国务院印发〈乡村振兴战略规划（2018—2022 年）〉》（以下简称《规划》）。《规划》提出：“坚持人与自然和谐共生。牢固树立和践行绿水青山就是金山银山的理念，落实节约优先、保护优先、自然恢复为主的方针，统筹山水林田湖草系统治理，严守生态保护红线，以绿色发展引领乡村振兴。”到 2022 年，农村人居环境显著改善，生态宜居的美丽乡村建设扎实推进。到 2035 年，农村生态环境根本好转，生态宜居的美丽乡村基本实现。到 2050 年，

① 杨丽坤：《学习党的十九大报告关于生态文明建设新论述》，《政工学刊》2017 年第 12 期。

乡村全面振兴，农业强、农村美、农民富全面实现。[①] 在“优化农业生产力布局”上，《规划》提出：“西北、西南地区和北方农牧交错区加快调整产品结构，限制资源消耗大的产业规模，壮大区域特色产业。青海、西藏等生态脆弱区域坚持保护优先、限制开发，发展高原特色农牧业。”[②]

《规划》还在第六篇专门就建设生态宜居的美丽乡村进行了部署：一是推进农业绿色发展。以生态环境友好和资源永续利用为导向，推动形成农业绿色生产方式，实现投入品减量化、生产清洁化、废弃物资源化、产业模式生态化，提高农业可持续发展能力。二是持续改善农村人居环境。以建设美丽宜居村庄为导向，以农村垃圾、污水治理和村容村貌提升为主攻方向，开展农村人居环境整治行动，全面提升农村人居环境质量。三是加强乡村生态保护与修复。大力实施乡村生态保护与修复重大工程，完善重要生态系统保护制度，促进乡村生产生活环境稳步改善，自然生态系统功能和稳定性全面提升，生态产品供给能力进一步增强。[③]

3. 民族地区生态文明建设的重要性。一是生态位置的独特性。党的十九大报告开启了我国生态文明建设的新时代，民族地区生态文明建设也步入前所未有的新阶段。我国共有 55 个少数民族、155 个民族自治地方，少数民族人口占全国总人口的 8.5%，民族自治地方面积占全国国土总面积的 64%。同时，少数民族所处的地区，基本上是我国的重要生态安全屏障，也是生态环境优越的地区。所以，民族地区生态文明建设不仅关系到民族地区各个方面的发展，对国家的发展产生重大影响，而且也对相邻国家和地区产生重要影响。如西藏处于高海拔地区，缺氧、高寒使得这里的生态比其他地区要脆弱很多，而保护好西藏的生态不仅仅是对西藏的环境负责，它还关系到其他下游地区乃至整个亚洲。内蒙古横跨“三北”、毗邻八省，是我国北方面积最大、种类最齐全的生态功能区，其生态状况不仅关系到全

---

① 《中共中央 国务院印发〈乡村振兴战略规划（2018—2022 年）〉》，《人民日报》2018 年 9 月 27 日。

② 同上。

③ 同上。

区各族群众的生存发展，也关系到东北、华北、西北乃至全国的生态安全。青藏高原位于中国西南部，包括西藏和青海两省区全部，以及四川、云南、甘肃和新疆等四省区部分地区，总面积约260万平方公里，大部分地区海拔超过4000米。青藏高原被誉为“世界屋脊”“地球第三极”“亚洲水塔”，是珍稀野生动物的天然栖息地和高原物种基因库，是中国乃至亚洲重要的生态安全屏障，是中国生态文明建设的重点地区之一。[①] 贵州地处长江、珠江上游，是“两江”流域重要的生态屏障。青海是长江、黄河、澜沧江的源头，有“中华水塔”的美誉。云南是长江上游重要生态屏障，拥有全流域11.5%的森林面积和15.6%的森林蓄积。[②]

二是生态形势的严峻性。尽管从生态环境部与中国科学院联合开展的“全国生态状况变化（2010—2015年）遥感调查评估”结果看，我国生态状况总体呈现改善趋势，但目前一些地方在快速推进工业化和城镇化的过程中，重经济发展、轻生态保护，片面追求经济增长速度和城市扩张规模，生态空间被大量挤占、自然生态系统质量偏低和生态持续退化等问题没有得到根本性改变，生态安全形势依然严峻。[③] 2015年11月12日，世界自然基金会与中国环境与发展国际合作委员会共同发布的最新一期关于中国生物多样性和自然资源需求的研究报告显示，目前，全国仅剩青海和西藏两个省区仍维持生态盈余。[④] 如广西素有“八山一水一分田”之称，环境承载力十分有限。宁夏地处我国东部季风区与西北干旱区的过渡地带，地貌特征大体可分为山、沙、川三种类型。南部山区沟壑纵横、水土流失严重；中部沙区干旱少雨、风大沙多；北部引黄灌区沙化、盐碱化问题突出。新疆地处我国西北部的干旱区，是我国面积最大的省份，生态环境十分脆弱，荒漠生态系统和高山生态系统一旦被破坏，不仅很难治理和恢复，也会给绿洲生态系统带来灭顶之灾。虽然新疆总面积166万余平

① 《中共中央 国务院印发〈乡村振兴战略规划（2018—2022年）〉》，《人民日报》2018年9月27日。

② 顾仲阳、张莹：《念好“山字经”唱活“林草戏”》，《人民日报》2018年9月2日。

③ 张蕾：《给全国生态状况“问诊把脉”》，《光明日报》2018年10月8日。

④ 刘鹏、青海：《生态先行 绿色惠民》，《光明日报》2015年12月9日。

方公里，但适于人居住的绿洲面积只有7.07万平方公里。[①] 同时，与古代比较，当前民族地区生态文明建设面临前所未有的问题：污染面积（范围）大、污染程度深、污染种类多、污染主体广。

三是生态文明水平有待提升。2015年，生态文明状况总指数得分排前10位的省域是浙江、江苏、重庆、广东、福建、云南、天津、辽宁、广西、黑龙江，得分在85.76到79.68之间。其中，6个位于我国的东部沿海地区，表明经济比较发达的地区生态文明状况相对其他区域也较好。民族八省区中，仅云南（第六）、广西（第九）排前10位。2014—2015年，我国大部分省域生态文明状况呈上升趋势，总体进步率为1.50%，其中，进步率排名前10位的省域是江苏、海南、内蒙古、陕西、江西、湖南、贵州、湖北、广东、重庆，在3.56%到1.67%之间。民族八省区中，仅内蒙古（第三）、贵州（第七）排前10位。

六大领域状况。其一，我国各省生态空间水平差距较大，2015年，得分居于前10位的省域中，民族八省区没有一个。

其二，生态经济状况与经济发展水平呈正相关性（相关性系数为0.430），说明经济发展水平高的地区，发挥其经济、科技优势，在能源资源节约、污染减排等方面取得了较好成效，具有较高水平。北京、浙江、天津、重庆、云南（第八，民族八省区中仅有的一个）5个省域不但得分较高，进步率也位于前10名之列；贵州省虽然得分排名较后，但进步率最大，为2.69%；西藏第三，云南第九。2010—2015年，我国生态经济发展总体处于提升状态，但2015年与2014年比出现略微的降低，主要是由于个别省域得分降低导致的。

其三，生态环境领域与生态空间领域得分呈现弱的正相关性，相关性系数为0.159，一些生态空间布局较好的地区，生态环境也相对较好，表明环境质量改善与生态安全保障在一定程度上得益于良好的生态系统服务功能和优化的空间开发格局。除生态空间外，生态环境领域得分与其他领域得分均呈现一定的负相关性，显示出部分地区经

---

① 杜力洪·阿不都尔逊：《推进生态文明建设大美新疆》，《新疆经济报》2012年12月25日。

济社会发展与资源环境保护之间的矛盾仍未完全消除。生态环境领域得分居前10位的省域中，民族八省区有5个，分别是西藏（第一）、云南（第三）、贵州（第七）、广西（第八）、内蒙古（第九），以中西部地区居多。进步率中，仅宁夏排名第七。

其四，生态生活领域与生态经济领域得分呈现良好的正相关性，相关性系数为0.448，表明发展生态经济对于提升区域生态生活水平起到了重要作用。该领域、进步率分别排名前10位的省域中，民族八省区没有一个。

其五，生态文化领域2015年得分位列前10位的省域中，仅广西排在第十位。近年来，各省生态文化领域得分大都呈现上升趋势，表明生态文化建设正逐步受到重视，工作力度不断加大。进步率中，广西、内蒙古列前10位。

其六，2015年生态制度领域指数得分居于前10位的省域中，民族八省区有4个：内蒙古（第二）、青海（第三）、广西（第八）、贵州（第十），得分在98.60到82.75分之间。省域间差距明显，其中，北京、内蒙古、青海3省得分明显高于其他省域。由于生态制度分领域指标“生态文明制度建设”主要是对十八届三中全会后所提出的各项生态文明建设制度作评估，与2014年相比，2015年大部分省域该指标有较大的提高，而指标“生态保护与治理投资”的变化情况则与国家和地方当年的政策有关。与2014年相比，2015年全国几乎所有省域均呈进步态势，其中，内蒙古变化率高达41.88%，排在第一，贵州（第五）、宁夏（第七）、新疆（第九）等变化率也在10%以上，表明党的十八大以来生态文明制度建设进程加快，成效突显。①

四是少数民族传统生态文化存在的不足。总体上说，虽然少数民族传统生态文化是一种能够自我调适、具有可持续发展特征的生态文化，但也存在一些缺陷。其一，少数民族传统物质生产方式中，也存在对自然生态环境采取竭泽而渔式的掠夺式开发的传统和习惯，这种情况以流动性较强的游牧民族和游耕民族表现最为突出。其二，少数民族传统生态文化类型和生态文化模式是建立在一定的生产力水平和

---

① 《中国省域生态文明状况评价报告（2017）》，《中国生态文明》2017年第6期。

一定的经济活动规模下的，在这种生产力水平和经济活动规模下，人类物质生产活动与自然生态环境之间维持着一种低水平、低层次的脆弱平衡，一旦生产力发展水平和经济活动规模超过这种层次和水平，这种脆弱的平衡状态必然要被打破，生态危机的出现也就难以避免。也就是说，当人口数量急剧增加、人类改造自然的能力进一步提高、经济规模在广度和深度上都大为拓展的情况下，如果人们的生产生活活动没有科学的现代生态观的指导及在这种生态观指导下建立起高效的生产体系和经济体系，民族地区的传统生态文化必将走向崩溃。[①]这就是目前西部生态形势严峻一个基本成因。

（三）少数民族传统生态文化与民族地区生态文明建设的关系

1. 少数民族传统生态文化对民族地区生态文明建设的影响。新生态学分支学科“生态复杂性”的奠基人、美国加利福尼亚大学河滨分校生态学终身教授、美国人类生态研究院院士、普利高津金奖获得者（2015年）李百炼先生认为，绿水青山不是简单意义上的“有山有水”，而是指拥有健康功能的整个生态系统：良好的生态承载力、良好的生态系统关系、良好的生态可持续性等。古代中国，农业经济占据了经济的主体，是广大人民赖以生存的命脉，是传统文化的基础，农业经济的延续性表达了以农耕为基础的中华文明的生命力。时至今日，中国农业依然继承着传统农业文明的精华，传承着多种多样的农业生产关系、生物多样性、传统知识、生产技术、农业工程、农业景观和农业文化。这些农业遗产是中国传统农业的缩影，是传统文化的“遗址”，是农业文明的载体，也是当代生态农业的智慧源泉。在国家大力倡导生态文明建设的今天，农业生态文明建设绝不仅仅是农业生产系统的生态化建设，而是以农业为基础的人类群体的生态意识的觉醒，是现代农业的生态化道路。[②] 由此可见，在民族地区生态文明建设过程中，少数民族传统优秀生态文化不仅具有特殊作用，而且能够

---

① 袁国友：《中国少数民族生态文化的创新、转换与发展》，《云南社会科学》2001年第1期。

② 袁正、闵庆文：《云南普洱古茶园与茶文化系统》，中国农业出版社2015年版，第117—118页。

发挥并正在发挥着更大的作用。

一是助力生态文明建设弯道超车。少数民族传统优秀生态文化保存比较完整，民族地区工业化水平总体不高，特别是乡村，一些地方还处于工业文明初期，也就是说，在没有被严重污染之前，就可以弯道超车，直奔生态文明建设新时代。这里有个现象值得注意，对于生态而言，如果把农业分为原始农业、传统农业、现代农业，并不是说现代农业的生态就是最好。但如果把生态农业分为原始生态农业、传统生态农业、现代生态农业，那么，现代生态农业就处于最高层次，属于现代生态经济的重要组成部分，不仅集中了前面两个层次的所有优点，还根据现代化对农业的要求，创新和丰富了生态内容。不过，虽然理论上可以说现代生态农业最为先进，但民族地区乡村的生态形势千差万别，加上各个少数民族由于居住地域的辽阔性、生态类型的多样性和复杂性以及历史发展进程的多样性和不平衡性，各个少数民族生态文化的内涵和特色也各不相同或不尽相同，现代生态农业不可能在每个地方都适用。套用一句俗话，适合的才是最好的。民族地区乡村也需要多层次的生态农业体系。如果有的地方适合原始生态农业，就不要勉强推行传统生态农业、现代生态农业；如果有的地方适合传统生态农业，就不要强行推进现代生态农业。即使一个地方，也可能有多种生态农业形态并存发展。所以，选择什么样的生态农业，首先应该根据民族地区各地的生态形势而定，不能只考虑经济效益，不能图方便快捷，更不能一刀切，盲目或匆匆上马许多不适合本地的所谓“生态项目”。而项目是否真正生态，也没有进行长期的研究与实验，实际上并不是真正意义上的生态项目。

二是助力生态经济。依据中国生态文明研究与促进会于 2017 年 12 月 3 日发布的《中国省域生态文明状况评价报告（2017）》，关于生态文明建设的六大领域（生态空间、生态经济、生态环境、生态生活、生态文化、生态制度）看，少数民族传统生态文化在民族地区生态文明建设中，都能够发挥巨大的、无可替代的作用。如在生态经济方面，少数民族传统生态文化与民族地区民生问题的解决、经济社会的发展，并不存在悖论，可以相辅相成。如《中共中央 国务院关于打赢脱贫攻坚战的决定》强调：“坚持扶贫开发与生态保护并重。”一般来说，两者是互补关系。一旦矛盾，首先是保护生态。不能打着“扶贫”之名，行破坏之实。库布其的生态变迁值得引以为戒。历史上的库布其并非千里沙漠，据《诗经》记载，早在3000多年前的西周时期，库布其就出现了朔方古城。此后千百年间，因过度放垦开荒，再加上干冷多风的气候，才逐渐变成不毛之地。近几十年来，从“禁止开荒”“保护牧场”，到把“五荒地”划拨到户、鼓励农牧民种树种草；从启动类型多样的生态保护工程，到实施生态移民、禁牧休牧等，坚持生态优先、保护优先，大力推进生态文明建设，库布其持续恶化的生态环境终于实现了好转。库布其绿化面积达3200多平方公里，创造生态财富5000多亿元，带动当地群众脱贫超过10万人，被联合国环境规划署确定为“全球沙漠生态经济示范区”。只有找到“生态、经济、民生”的利益平衡点，才能激发治沙动力、积累治沙财力，实现可持续治沙。“增收又增绿，治沙又治穷”，库布其走出了一条生态与经济并重的防沙治沙之路。联合国环境规划署执行主任埃里克·索尔海姆说：“在库布其，沙漠不是一个问题，而是被当作一个机遇，当地将人民脱贫和发展经济相结合。我们需要这样的案例为世界提供更多治沙经验。”库布其的“绿富同兴”的生态经济学更发人深思。改变发展思路，让绿水青山充分发挥经济社会效益，就能实现百姓富与生态美的同频共振。[①] 与此同时，在找到“生态、经济、民生”利益平衡点的过程中，还可以保护传承少数民族优秀传统生态文化。

三是助力生态旅游。第一，民俗文化生态旅游。民俗文化生态旅游是以民族传统文化为背景的生态旅游。随着社会发展和人们回归自然的热潮，在许多传统文化保存比较完好的民族地区，村民所利用的野生蔬菜、野生水果、以植物为原材料的工艺品和其他装饰品等都是来自外界旅游者感兴趣的内容。在云南掌握传统造纸技术的人越来越少，传统造纸技术对外界来说更是一种古老的传说。挖

① 张凡：《“绿富同兴”的生态经济学——库布其治沙的思考（上）》，《人民日报》2018年8月15日。

掘这些传统民俗文化的旅游价值，对发展当地经济具有很重要的意义，生态旅游不但有助于保护自然生态，而且能促进跨文化交流，不同民族之间相互学习和相互尊重，促进民族团结，同时也是保留这些传统民俗文化的重要途径。第二，生物文化景观旅游。文化多样性在很大程度上依赖于生物多样性，生物多样性为人类提供了大量的物质以建立社会生活方式。这种生物多样性和文化多样性相互依存的关系在许多少数民族地区产生了明显的人文景观，从“圣林”“神树”，各式的“庭园植物”，以及其他的信仰文化共同组成了各地相异的景观系统，具有独特的民族生物文化内涵，又被称为生物文化景观系统。除了传统的宗教信仰保护下来的诸如“圣林”和“神山”等森林和自然景观在发展当地生态旅游方面的作用和意义外，其他与植物资源相关的传统知识和文化也是发展当地经济、开发当地旅游资源的一个重要方面。①

2. 民族地区生态文明建设对少数民族传统生态文化的作用。一是保护传承。任何民族文化都不可能孤立地传习和“冻结”式的保护。事实是，少数民族传统生态文化不仅处在一种历时性的“传统”中，而且处在一种共时性的“生境”中。对于历时性的传统，不应该看作一个单向延续的“线”，而应把它看作与现代和未来的种种发展可能相交叉的“网”；其共时性的“生境”，也不会是一个封闭的单一的“点”，而是一种能和相关文化相关生态互相影响或互相作用的动态系统。②

作为民族地区生态文明建设的重要传统资源，民族地区生态文明建设过程中，保护传承少数民族传统生态文化是义不容辞的责任。实际上，保护利用的过程，也是生态文明建设的过程。在为少数民族传统生态文化保驾护航方面，民族地区生态文明建设至少可以有三大作为：一是消除少数民族传统生态文化的消极的一面。二是为少数民族优秀传统生态文化保护传承作开路先锋，扫清障碍，创造一个良好的氛围。三是就民族地区生态文明建设而言，少数民族优秀传统生态文

① 裴盛基、淮虎银：《民族植物学》，上海科学技术出版社 2007 年版，第 267—268 页。

② 王清华：《梯田文化论——哈尼族生态农业》，云南大学出版社 1999 年版，第 4—5 页。

化保护传承，本身就是其的一个重要组成部分。因此，民族地区生态文明建设过程，就是保护少数民族优秀传统生态文化、去除少数民族传统生态文化的糟粕、建设当代少数民族优秀生态文化的过程。

少数民族传统生态文化保护，即是保护少数民族优秀传统生态文化，就是保护对生态文明建设有利的物质文化、制度文化、观念文化等；少数民族传统生态文化利用，就是在保护少数民族优秀传统生态文化的基础上，去除对生态文明建设不利的物质文化、制度文化、观念文化等；少数民族传统生态文化发展，就是在保护少数民族优秀传统生态文化、去除少数民族传统生态文化的糟粕的基础上，建设新时代少数民族优秀生态文化。

少数民族传统生态文化保护利用发展的问题，实际上是“一体三翼”的问题。“一体”，少数民族传统生态文化保护利用发展的问题，根本上就是管理的问题。“三翼”：保护的问题，重点是保护到什么程度（保护与破坏的界线）、如何保护、谁来保护等三大问题。利用的问题，重点也是利用到什么程度才科学（适度利用与过度利用的标准）、如何利用、谁来利用等三大问题。发展的问题，重点也是发展什么、如何发展、谁来发展等三大问题。进一步讲，无论是“一体”，还是“三翼”，都离不开主体与客体的问题，即人与物的问题。就历时性看，少数民族传统生态文化保护利用发展都离不开论证、实施、评估、调整等环节，而每个环节都离不开主体与客体的问题。但是，主体方面，存在越位与缺位的问题。巨大的经济利益显现的情况下，地方政府、企业、个人就容易越位，造成破坏；反之，经济利益不大或暂时无法显现的情况下，地方政府、企业、个人就容易缺位，造成的破坏反而较小，生态自生自灭。因此，必须加强事前项目论证的管理。一是就时间上看，要进行至少2年以上的科学论证。由于这一阶段关系到保护利用的大局全局，一定不能马虎；地方政府特别是“一把手”也不能为了自己的政绩就见钱眼开，不经过长时间论证就仓促上马。否则，一旦被破坏，就是灾难性的，不能做历史的罪人。二是就参与主体看，首先，以每个村民的意见为准。他们出生于斯，成长于斯，生产生活于斯，对于保护利用，他们最有发言权，一定要尊重他们保持原来生产生活方式的意愿。其他各个主体一定不能越组代庖，尤其是当地政府及其他相关部门。

二是创新发展。农耕文化本身就是第一产业的直接产物，因此，产业发展、产业融合，才能最终让民族地区的群众真正共享到发展的成果。在充分发挥原有生态功能的前提下，进行全方位展拓；在弥补原有功能不足的情况下，进行全方位升级。如农业文化遗产的保护强调多方参与，惠益共享，而政府主导、科技支撑、社区参与是多方参与的基本思路。

当前，要警惕打着"生态农业""生态旅游"之旗号，干一些破坏生态环境的勾当。此外，由于种种原因，关于生态文明的概念与相关内涵一直存在争议，没有一个统一的、可操作性的标准，导致在实践中出现各种偏差。如一是误认为生态文明建设就是注重观赏性，就种一种或几种观赏性强的植物，定期清除其他所谓的杂草杂树，忽略其最基本的生物多样性及生态性特点。二是误以为生态文明建设就是栽名贵树种、花卉，为此，不顾实际情况，不惜重金购买，栽入自己管辖范围的土地上，殊不知既破坏了这些名贵树种、花卉原生地的生态，而且成活率极低。

美籍华裔科学家李百炼先生的观点值得借鉴：应从复杂系统的科学分析入手，通过全球范式的改革、促进人与自然和谐的政策、创新、生态教育和价值观培养等四个方面的努力，优化法律、政策、金融、生态工程与修复技术等来实现综合目标，任何单一的方法或工具来解决当今生态环境问题都有其局限性。在当前中国经济结构调整和转型的变革过程中，应以系统的概念探索建立一套新的支持并促进低碳、生态可持续的金融体制，将创新、环保与生态规划整合到一个自然资源可持续治理的框架中，建立科学的生态补偿机制，使得每个利益相关方都能在生态保护、修复和环保产业发展中获利。在生态保护、修复过程中应采用"师法自然"的生态修复方法，将生态理念贯穿始终，通过模拟自然，尤其是地形、地貌、水文、生态，构建人与自然和谐系统，依靠自然、人工促进的生态修复过程，建立生态自净化系统、河流生态系统和生物多样性系统，依靠水动力、土壤、植物、微生物等四大核心要素，最大限度削减污染，产生生态红利。如美国纽约饮用水供应系统选择由生态学家综合 25 年景观生态学分析提出的耗资14亿美元投资生态系统保护和修复一劳永逸解决城市供水方案，而非选择投资60—80亿美元修建且每年再花费5亿美元运营费的污水处理厂方案。李百炼院士提出的系统的科学分析、“师法自然”等观点与方法，实际上也暗合了少数民族优秀传统生态文化的基本内容。

二　少数民族传统生态物质文化与民族地区生态文明物质建设

少数民族传统生态物质文化在为民族地区生态文明建设提供优良的物质条件外，其与少数民族传统生态制度文化、少数民族传统生态观念文化最大的区别就是，它的许多方面都具有不可再生性的特点，一旦毁灭或用尽，就不可能再生。这就要求民族地区在推进生态文明建设过程中，要全力保护好利用好这些稀有资源。

（一）少数民族传统生态物质文化对民族地区生态文明物质建设的作用

物质支持是基础。与少数民族传统生态制度文化、少数民族传统生态观念文化比较，少数民族传统生态物质文化不仅最为丰富，留下也最多，为民族地区生态文明物质建设提供了良好的基础，而且至今仍然发挥着巨大作用（使用价值、观赏价值、经济价值等）。

1. 传统灌溉工程的功能。2018年8月，国际灌排委员会第六十九届国际执行理事会全体会议公布了2018年（第五批）世界灌溉工程遗产名录，我国的都江堰、灵渠、姜席堰、长渠4个项目全部申报成功。[①] 秦始皇兼并六国后，为统一岭南，特命监御史禄督率士兵、民夫在今广西桂林兴安境内的湘江与漓江之间修建一条人工运河，以转运粮饷。公元前214年，灵渠凿成通航。灵渠联结湘江与漓江，贯通长江和珠江两大水系，成为连接中原与岭南的重要纽带，构成了遍布华东华南的水运网。灵渠干渠包括北渠、南渠两段。北渠长3.25

---

① 赵永平：《我国四处工程入选世界灌溉工程遗产》，《人民日报》2018年8月15日。

公里，导水仍入湘江下游。南渠长 33.15 公里，穿越分水岭流入漓江。尽管兴建时间先后不同，但互相关联，成为灵渠不可缺少的组成部分。2000 多年来，灵渠一直是岭南地区与中原交通往来的战略要道，也是历史悠久的灌溉工程。20 世纪 30 年代，桂黄公路和湘桂铁路相继通车后，灵渠才完成水运的历史重任，转而主要肩负起水利灌溉的新使命。灵渠的灌溉方式主要有自流和提水两种，渠堤上的水涵就是灵渠自流灌溉的引水口。在渠低田高的地方，则普遍使用筒车、龙骨水车等提水灌溉，20 世纪 60 年代则改为水轮泵提水灌溉。在一些渠段建有堰坝来壅高水位、控导水流，一方面能够蓄引渠水自流或提水灌溉，同时还留有船只通行的“堰门”。后来随着灵渠水运功能的消失，这些堰坝也转变为完全的灌溉工程。千百年来，灵渠为桂北地区的农业发展奠定了基础。目前，灵渠总灌溉面积达 6.5 万亩，灌区覆盖兴安县的 5 个乡镇、186 个自然村，受益人口 5.9 万多人。灌区除种植水稻外，还有葡萄、柑橘、草莓等经济作物，农业年产值约 13.16 亿元。[①]

再如云南大理、丽江等地的白族、纳西族充分利用水环境修筑了农业灌溉系统，同时将居住环境、社会生活与水深深地融合在一起，创造了人与水共生的景观，凡是到过丽江古城的游客，无不对古城中条条清澈溪流与座座古老的建筑巧妙融合的景观叹为观止。这种水文化是各民族在社会发展中形成的对水的充分认识及利用的结果，是各民族留给当代的一份丰厚的文化财富。对各少数民族水文化与水的社会史的认识，不仅有助于开发利用各民族的传统智慧、总结水环境变迁的历史经验教训、加深对于可持续发展观的认识，也将对世界水文明作出一份特殊的贡献。[②]

2. 提供了许多用于生态恢复的绿色能源植物。云南热带地区普遍种植作为绿篱和边缘土地作物的膏桐是一种潜在的现代能源替代植物，原为热带美洲的常绿灌木或小乔木，约在 200 多年前引入我国，

---

① 周仕兴：《灵渠：贯通长江珠江两大水系》，《光明日报》2018 年 8 月 19 日。

② 郑晓云：《水文化与生态文明——云南少数民族水文化研究国际交流文集》，云南教育出版社 2008 年版，第 2 页。

首先在云南热带地区种植，很可能与小乘佛教传入这一地区有关。这种灌木的种子干燥后可以直接燃烧照明，也可以榨油点灯，同时还是很好的寺院和村落的围篱植物，具有牲畜不吃、少有病虫发生、容易种植管护等优点。中国科学院西双版纳热带植物园在20世纪70年代进行过一些研究工作，发现膏桐种子油具有代替柴油的巨大潜在价值。目前，小桐子已被国家列为重点能源植物进行产业化开发和推广。民间有关能源植物的传统知识不仅对挖掘新能源植物有重要的指导意义，而且对燃料植物资源的保护和可持续利用都有一定的指导价值。西双版纳人工种植铁刀木林的传统可称为发展绿色能源植物的典范，在56个民族中仅有西双版纳的傣族对薪材树种进行传统栽培，虽然傣族居住在森林更新过程迅速的热带地区，但铁刀木为当地傣族人民提供了能源所需，同时起到了保护森林的作用。从经济观点看，作为薪材栽培的铁刀木有许多优点，不仅有容易栽培和管理的特点，而且也便于砍伐、运输和储存。新萌发枝生长的速度极快，少有昆虫和动物危害。此外，铁刀木燃烧性能非常好，可以产生可观的热量。铁刀木是极好的能源植物，作为薪材栽培对保护西双版纳的自然植被、改善生态景观和提供能源均有重要的贡献。铁刀木的幼叶和花均为当地人民喜爱之蔬菜，在西双版纳栽培的铁刀木以薪材利用为主，有时也供蔬菜用。过去，西双版纳只有傣族人民传统栽培，近年来当地其他民族群众也学习傣族这一传统经验进行人工种植铁刀木，并被引入相似生态区作为公路行道树种植。①

3. 具有巨大的经济价值。这方面的例子不胜枚举，如枸杞，其果谓“枸杞子”，是宁夏最著名的特产之一。“天下枸杞出宁夏，中宁枸杞甲天下”。中宁县位于宁夏中部，作为宁夏枸杞的发源地和核心产区，素有“中国枸杞之乡”的美称，中宁枸杞有约4000年的文化传承史和1000余年的人工栽培史。中宁枸杞好，其中尤以舟塔乡上桥村的枸杞为最佳。该村土地由清水河冲积形成，土壤中富含碱性物质，对枸杞的生长特别有利，种出的枸杞果大、粒饱、营养价值高。宁夏民间俗称枸杞为“茨”，枸杞园为“茨园”，种植枸杞的农

---

① 裴盛基、淮虎银：《民族植物学》，上海科学技术出版社2007年版，第263—264页。

民为“茨农”。针对技术研发能力不足的短板，中宁县积极引进高科技企业、对接科研院所，枸杞糖肽制备等一批新技术先后获得专利，大大丰富了枸杞产品形态，也大幅提高了产品附加值。产品种类已由以前4大类20余种发展到2018年上半年的7大类40余种，枸杞加工转化率达25%。截至2017年底，中宁县枸杞种植面积达20万亩，干果产量4.82万吨，综合产值39.7亿元。“中宁枸杞”区域品牌价值达172.88亿元人民币，多次荣膺“最受消费者喜爱的中国农产品区域公用品牌”，荣登“2017中国百强农产品区域公用品牌”榜。枸杞已经成为中宁的地域符号、主导产业、文化象征，力争2020年底产业综合产值突破200亿元。[①] 中宁枸杞种植与文化系统始于唐、兴于宋、扬于明、盛于今，从明成化三年中宁枸杞被列为“国朝贡果”以来，一直保持着枸杞家族中的最好品质和最高荣耀。经清华大学、中国医科大学及相关研究机构多次检测化验，在中国枸杞家族中，只有中宁生长的枸杞所含铁、锌、锂、硒、锗等微量元素全国第一，18种氨基酸总量全国第一，与人体健康密切相关的6种氨基酸含量最高，枸杞蛋白多糖含量全国第一，防癌有效成分及胡萝卜素含量达500ppm，高于其他产地枸杞90%以上。[②]

灯盏花在云南民间用于治疗瘫痪已有上千年历史，灯盏花素为以灯盏乙素为主含少量灯盏甲素的混合物，具有扩张脑血管、降低脑血管阻力、增加脑血流量、对抗血小板聚集等作用，由于临床效果显著，灯盏花素被列为全国中医院急诊科治疗心脑血管疾病的必备中成药。到2018年初，中国科学院天津工业生物技术研究所与云南农业大学灯盏花团队合作，成功从灯盏花基因组中获得灯盏花素合成途径中的关键基因，并在酿酒酵母细胞中成功构建灯盏花素全合成的人工细胞工厂，实现了灯盏乙素、灯盏甲素的全合成，该生物合成技术有望将灯盏花素从种植提取转为可持续工业化生产，成本数量级下降，为中药现代化提供新模式。[③]

---

① 万玛加、高平、王建宏：《宁夏中宁枸杞的千年古今》，《光明日报》2018年9月20日。

② 王海荣：《守望枸杞家园》，《光明日报》2018年9月20日。

③ 杨倩：《我科学家实现灯盏花素人工生物合成》，《人民日报》2018年2月6日。

4. 助力民族地区乡村生态环境建设。农耕时代，民族地区绝大多数地区属于乡村，而少数民族传统生态物质文化基本上产生与传承于民族地区乡村，由此，其在助力民族地区美丽乡村建设中大有可为、应有可为、必有可为，而且已经或正在发挥作用。现阶段，我国民族地区经济发展水平不同，民族地区农村人居环境整治的条件也不一样。在推进农村人居环境整治工作中，各地应充分结合自身条件，利用少数民族传统生态物质文化，探索出一些因地制宜的好做法好经验，开展农村陈年垃圾集中清理行动，解决“垃圾堆、垃圾沟、垃圾坡”等突出问题。

（二）民族地区生态文明物质建设对少数民族传统生态物质文化的影响

1. 保护。生态产品具有非竞争性和非排他性的特点，是一种与生态密切相关的、社会共享的公共产品。根据其公共性程度和受益范围的差异，进一步可将其细分为纯生态公共品和准生态公共品，前者指具有完全意义的非排他性和非竞争性的、对全国范围乃至全球生态系统都有共同影响的社会共同消费的产品，通常由政府提供，如公益林建设、退耕还林还草、荒漠化防治、自然保护区设置等生态恢复和环境治理项目；后者介于纯生态公共产品与生态私人产品之间，如污水处理、垃圾收集。[①] 少数民族传统生态物质文化对于民族地区生态文明物质建设具有重要的基础性作用，据此，一是应整体保护民族地区的生态环境，合理开发森林、土地、矿产等资源，为少数民族传统生态文化传承和生态文明建设提供强大的物质保障。二是处理好现代垃圾。在民族地区农业生产中，农药使用之后如何处置包装废弃物，一直备受关注。由于缺乏专业的回收处置机构，农药包装废弃物面临无处可去的尴尬；因为监督机制的不完善，造成农药垃圾无人问津的处境。田间地头、灌溉沟渠随处可见的各类农药包装废弃物，不仅严重污染了土壤和水体，更对农民生产生活造成不良影响。另外，在传统民族地区是没有塑料垃圾的，而现在在民族地区乡村随处可见。这

---

① 陈清：《加快探索生态产品价值实现路径》，《光明日报》2018 年 11 月 2 日。

就需要妥善处理这些垃圾，以免威胁到少数民族传统生态物质文化的生存。

2. 促使物质生产方式升级换代。从直接因果关系看，民族地区经济发展的落后和生态状况的恶化都是由于民族地区物质生产方式的落后和物质生产水平低下所造成。为此，必须改变少数民族传统的粗放型、低效型的物质生产方式，走一条集约型、效益型、科技型、环保型的经济发展道路，这条道路实际上就是以科技为动力、以市场为导向、以效益为中心、以可持续发展为目标的生态经济发展道路。从具体经济发展类型来说，在今后很长时期，民族地区的产业类型仍将是农田和畜牧业，然而这并不意味着少数民族传统粗放式的农业生产方式和畜牧业生产方式就不能实现生态化、产业化和高效化。通过科技导入和饲养方式的改变，传统畜牧业也完全可以发展成为现代的高效化、生态化的畜牧业，而这些都是少数民族传统物质生产方式现代转换中具有革命性意义的发展和变革。从农业来说，民族地区各地对发展生态农业都进行了许多积极的探索和实践，取得了一些成功经验，形成了一些具有推广应用意义的发展类型和模式。从畜牧业来说，建设高效的生态型畜牧业同样是必需且是可行的。建设生态型畜牧业的关键是要解决好草场保护和建设与牲畜发展之间的关系，尤其是要解决好当前十分严重的草场超载问题，从而既维护和保持好草场所具有的巨大生态功能和价值，又发挥出草场应有的经济价值。为此，必须改变现有的畜牧业经营方式，建立起集约化经营的畜牧业生产体系。同时，积极推进草地畜牧业产业化发展，大力发展饲草料加工产业，实现饲料生产的产业化和绿色畜产品精细加工产业化。[①]

三　少数民族传统生态制度文化与民族地区生态文明制度建设

党的十九大报告提出要加强文化遗产保护传承，2018 年中央一

---

① 袁国友：《中国少数民族生态文化的创新、转换与发展》，《云南社会科学》2001 年第 1 期。

号文件提出“切实保护好优秀农耕文化遗产，推动优秀农耕文化遗产合理适度利用”。制度文化主要包括两大部分：一是政策法规、乡规民约等。二是实施的组织机构，包括领导、监督、评估、奖罚等。民族地区生态文明治理现代化包括治理体系现代化与治理能力现代化两个方面。为此，针对目前民族地区生态文明制度建设存在缺乏系统政策法规支持、管理体制机制创新不够等问题，在合理利用少数民族传统生态制度文化基础上，建立健全政策法规体系，加强生态文明制度建设，健全空间开发、资源节约、生态环境保护的体制机制，推动民族地区形成人与自然和谐发展的新格局。

（一）少数民族传统生态制度文化是民族地区生态文明建设的重要制度资源

制度支持是保障，目前，少数民族传统生态制度文化传承下来的最少，得到执行的也不多。不过，传统治理方式的高效性特点倒是值得借鉴。因此，大力吸收少数民族传统优秀治理方式，让生态文明制度得到彻底落实。目前，制度优势明显，落实存在短板，目前乃至今后较长时间里，亟须解决的是治理能力现代化的问题。如河长制虽然在全国建立起来，但“真抓实干”，真正落实到位，既需要借助生态文明制度力量，少数民族传统村规民约也可以发挥巨大的互补作用，形成自上而下与自下而上的合力治理格局。

“少数人靠觉悟，多数人靠制度”。保护生态环境必须依靠制度、依靠法治，这已成为推进生态文明建设的广泛共识。党的十八大以来，污染防治力度之大、制度出台频度之密、监管执法尺度之严、环境质量改善速度之快前所未有。从印发《关于加快推进生态文明建设的意见》《生态文明体制改革总体方案》等宏观层面纲领，统筹生态文明建设全局；到实施“史上最严”的新环保法，陆续出台《大气污染防治行动计划》《水污染防治行动计划》《土壤污染防治行动计划》等中观层面制度，生态环保执法监管力度空前；再到推行河（湖）长制、禁止洋垃圾入境、开征环保税等微观层面安排，覆盖生态保护神经末梢。实现环境治理现代化，既需要实现治理体系的现代化，善于进行顶层设计、更加注重建章立制，也需要实现治理能力的现代化，着力提升治理效能、更加注重制度实施。这就需要从“治理体系”和“治理能力”两个方面突破：一方面，要解决体制不健全、制度不规范、法规不严密等问题，加快制度创新、增加制度供给；另一方面，强化制度执行，让制度成为刚性的约束和不可触碰的高压线。既有最严格制度、最严密法治，又有最刚性执行、最扎实落地，才能真正实现环境治理现代化，确保生态文明建设行稳致远。①

云南省委最近向全省上下提出了一个十分响亮的口号——“把云南建设成为中国最美丽的省份”。毋庸讳言，目前，云南距离建设中国最美丽省份之要求还有很大差距。从2018年6月中央环保督察回头看的情况分析，主要存在四大问题：一是对生态环境保护工作要求不严。一些地区“靠山吃山、靠水吃水”的资源依赖思想严重，利用河流湖泊、自然生态等景色优势违规开发建设的情况较多。二是高原湖泊治理保护力度仍需加大。九大高原湖泊规划治理项目总体进展缓慢，星云湖、杞麓湖、异龙湖水质目前仍为劣Ⅴ类，洱海流域、滇池流域、牛栏江流域均有一大批村庄应建而未建成污水处理设施。异龙湖周边还有数千亩耕地尚未完成退耕还湖工作。湖泊周边违规开发现象突出，存在“边治理、边破坏”和“居民退、房产进”现象。三是重金属污染治理推进不力。目前仍有12个历史遗留重金属污染综合治理工程尚未建成。四是自然保护区和重点流域保护区违规开发问题时有发生。如2013年以来，有企事业单位违反自然保护区条例，在大山包黑颈鹤国家级自然保护区缓冲区建成有机生态实验农场养殖场，在保护区核心区建成2处旅游设施。针对上述违规建设问题，有关地方政府和部门监管、整改不力，导致相关问题至今仍然存在。有鉴于此，要想实现“云南最美”，就必须勇于担当，以超乎常规的信心、决心和举措、力度，对上述违法违纪违规行为决不姑息，真正做到动真格、敢碰硬。所谓“动真”，就是要真抓实干，就是拿出实实在在的措施，让口号切实变成全省4700万各族人民的实际行动，一一落到实处。所谓“碰硬”，就是进行更严格的执法，在查处和打击

---

① 盛玉雷：《实现环境治理现代化——守护我们的蓝天绿水③》，《人民日报》2018年7月9日。

环保“老大难”问题时决不敷衍塞责，决不心慈手软。[①]

（二）民族地区生态文明制度建设对少数民族传统生态制度文化的发展

1. 建立健全生态文明制度体系。民族地区生态文明制度建设的实现，如果仅仅依靠继承和保留少数民族传统生态制度文化是不可能实现的，必须从内容和形式上实现对少数民族传统生态制度文化的超越和转换。从内容上说，少数民族传统生态文化中的有关制度和规定毕竟是在当时生产力水平和科技水平都较低的情况下对人与自然关系的朴素认识的反映，虽然具有一定程度的科学性，也包含着一定的科学内容，但从总体上看，与现代人们对人与自然生态相互关系的认识相比，与现代情况下人们面临的生态问题的艰巨性、严重性、特殊性和复杂性相比较，少数民族传统生态制度文化的内容都是远远满足不了民族地区生态文明建设要求的。因此，必须在继承少数民族传统生态制度文化合理内容的基础上，实现对少数民族传统生态制度文化内容的发展和超越。从形式上说，少数民族传统生态制度文化除少数部分具有成文法典的形式外，大多数是以乡规民约和风俗习惯的形式体现出来，与生态文明制度建设所要求的规范性、系统性和准确性都有较大距离。为此，少数民族现代生态制度文化必须按照生态文明制度建设的要求，进一步提高制度文化的水平和层次。[②]

十三届全国人大一次会议审议通过的《中华人民共和国宪法修正案》，将宪法序言第七自然段一处表述修改为：“推动物质文明、政治文明、精神文明、社会文明、生态文明协调发展，把我国建设成为富强民主文明和谐美丽的社会主义现代化强国，实现中华民族伟大复兴。”[③] 其中“生态文明”“美丽”等新表述，不仅对我国生态环境建设具有重大意义，也为普通老百姓守住绿水青山、创造美好生活提供了宪法保障。宪法作为我国根本法，不仅为我国环保事业发展提供了

---

① 任维东：《实现“美丽目标”还需动真碰硬》，《光明日报》2018 年 8 月 11 日。

② 袁国友：《中国少数民族生态文化的创新、转换与发展》，《云南社会科学》2001 年第 1 期。

③ 《中华人民共和国宪法修正案》，《人民日报》2018 年 3 月 12 日。

根本遵循，蕴藏于其中的宪法精神也能反哺保护实践，凝聚更广泛的社会共识。“生态文明”入宪，也就不单是宪法意义上的法律确认，更彰显着中华文明对于美好生活、个人发展等人类重大命题的认识和理解。[①] 早在2016年底，中共中央办公厅、国务院办公厅印发《关于全面推行河长制的意见》，明确提出在2018年底全面建立河长制。按照党中央、国务院安排部署，水利部会同有关部门多措并举、协同推进，地方各级党委、政府担当尽责，真抓实干，全国31个省（自治区、直辖市）在2018年6月底前全部建立河长制，比中央要求的时间节点提前了半年。[②] 速度之快，执行力之实，范围之广，是少数民族传统生态制度文化无法达成的。站在国家战略的高度，全域进行治理，这是以前无法做到的。毕竟少数民族传统生态制度文化是碎片化的、区域性的，无法形成对全国的影响。

生态文明制度体系建设反过来也保护传承少数民族传统生态制度文化，如2014年5月21日，农业部办公厅《关于印发〈中国重要农业文化遗产管理办法（试行）〉的通知》，《中国重要农业文化遗产管理办法（试行）》共有21条。2015年8月28日，农业部正式公布《重要农业文化遗产管理办法》，共有28条，包括总则、申报与审核、保护与管理、利用与发展、监督与检查、附则等六章，重点在总则、保护与管理、利用与发展等三章，内容更加完善。可见，重要农业文化遗产的保护利用的政策法规、策略等也是在摸索中逐步完善。《重要农业文化遗产管理办法》第二条明确规定了重要农业文化遗产的定义与类型：“本办法所称重要农业文化遗产，是指我国人民在与所处环境长期协同发展中世代传承并具有丰富的农业生物多样性、完善的传统知识与技术体系、独特的生态与文化景观的农业生产系统，包括由联合国粮农组织认定的全球重要农业文化遗产和由农业部认定的中国重要农业文化遗产。”显然，主要是从生态角度保护传承。第三条规定了保护利用的方针与原则：“重要农业文化遗产管理，应当遵循在发掘中保护、在利用中传承的方针，坚持动态保护、协调发展、多

① 于文轩：《生态文明入宪，美丽中国出彩》，《人民日报》2018年4月17日。

② 鄂竟平：《推动河长制从全面建立到全面见效》，《人民日报》2018年7月17日。

方参与、利益共享的原则。”这一规定是非常全面的，如果不折不扣地得到执行，我国的重要农业文化遗产的生态功能就能够得到较充分的发挥。

当然，《重要农业文化遗产管理办法》也存在诸多不足，这与其管理部门级别太低有极大关系。如第二十六条规定：“因保护和管理不善，致使遗产出现下列情形之一的，重要农业文化遗产所在地应当及时组织整改：（一）重要农业文化遗产所在地的农业景观、生态系统或自然环境遭到严重破坏，相关生物多样性严重减少的；（二）重要农业文化遗产所在地的农业种质资源严重缩减，农业耕作制度发生颠覆性变化的；（三）重要农业文化遗产所在地的农业民俗、本土知识和适应性技术等农业文化传承遭到严重影响的。”第二十七条规定：“中国重要农业文化遗产受到严重破坏并产生不可逆后果的，或者遗产所在地因资源环境发生改变提出不宜继续作为中国重要农业文化遗产的，由农业部撤销中国重要农业文化遗产认定。全球重要农业文化遗产的撤销，由农业部提请联合国粮农组织决定。”在第二十七条中，除了撤销认定外，并没有其他处罚。应该说，这一处罚并没有什么威慑力，不利于重要农业文化遗产的生态保护。应在实施任何项目之前，预留一定时间对生态的消极影响开展比较充分的评估，不能按照主观想象、领导意志拍板。因为一旦实施，对生态的消极影响就无法挽回，即使严厉追责也于事无补。

关于对遗产地农民补贴、补偿及共享机制的问题，《重要农业文化遗产管理办法》第十一条规定：“通过补贴、补偿等方式保障重要农业文化遗产所在地农民能够从遗产保护中获得合理的经济收益……”第二十一条特别规定：“对重要农业文化遗产的开发利用，应当尊重遗产所在地农民的主体地位，充分听取农民意见，广泛吸收农民参与，建立以农民为核心的多方参与和惠益共享机制。”① 至于补贴、补偿及共享机制的具体标准、如何实施等，则没有更加详细的规定。显然，如果这些问题不解决，就很难留住中青年村民。目前，

---

① 《重要农业文化遗产管理办法》，http：//www. moa. gov. cn/gk/tzgg_ 1/gg/201509/t20150907_ 4818823. htm。

遗产地的中青年要么在外求学，要么在外务工，留在本地的极少。对于中年人来讲，主要是养家糊口、过更好生活的压力。而对于青年人来讲，一是每个人尤其是青年人都有从众心理，见同村伙伴外出打工特别是好朋友的邀请，就容易动心。二是农村季节性劳动强度大（插秧期间、收割期间；耕作与维护十分艰辛等）、生产周期长、经济效益回报周期较长（庄稼只有收割脱粒，鱼鸭只有长大，并销售成功后才能变成现金，外出务工基本上一个月就可以拿到现金报酬）且不高（至少比外出务工的收入低）。三是农村除有些季节性娱乐活动外，一般一到晚上就没有娱乐活动、宵夜活动，更不可能逛“街”。这对于充满好奇心的青年人来说，自然就没有什么吸引力。四是交通不便。虽然近年来国家非常重视民族地区基础设施建设，交通条件大为改善，但对于一些民族地区乡村来说，到城镇的交通还是没有住在城镇方便。

全球重要农业文化遗产最大的特点是“人与自然共同创作”，它的保护与发展离不开作为当事人的原住民。如果离开了他们，保护传承与生态文明建设也是一句空话。民族地区的全球重要农业文化遗产地（民族地区5个半的全球重要农业文化遗产所属县都是国家级贫困县）为了贫困户脱贫就大力组织劳动力外出务工，实际上是釜底抽薪之举，得不偿失，因为这些地方不同于非农业文化遗产地，它们负有重要的保护传承责任。如果缺乏足够的人手，就无法真正承担起保护传承的使命，也没有足够的人手建设生态文明。关于“拓宽转移就业渠道”方面，《乡村振兴战略规划（2018—2022年）》就明确提出：“增强经济发展创造就业岗位能力，拓宽农村劳动力转移就业渠道，引导农村劳动力外出就业，更加积极地支持就地就近就业。”[①] “更加积极地支持就地就近就业”，显示出政策的长远眼光。

笔者认为，可以采取这样的措施：一是分为核心区（遗产区）、缓冲区（发展区），根据规定，大量服务设施如宾馆、服务中心等

---

① 《中共中央 国务院印发〈乡村振兴战略规划（2018—2022年）〉》，《人民日报》2018年9月27日。

只能建在缓冲区，这样，核心区来自设施方面的投资就极少甚至为零。游客实际上并不是奔缓冲区而来，而是为了观赏核心区。这样，就涉及缓冲区对核心区村民的补偿问题。如果都作为政府财政收入，村民无法直接享受到补偿，其保护传承积极性肯定大打折扣。对于全球重要农业文化遗产核心区的村民，应该以直补为主，非核心区的村民，间补为主。这样，村民才有保护传承的主动性、积极性。

二是核心区的各级地方政府、国家层面乃至国际相关组织的补偿。应该给予相应的补偿，以鼓励其保护传承的积极性。在这里，应该以各级地方政府、国家层面的补偿为主，遗产地省级及以下地方政府，应该在财政收入中，提取一定比例直接补偿遗产地为了保护传承作出的牺牲。具体补偿标准，可以采取“生态补偿标准＋文物补偿标准＋中国重要农业文化遗产补偿标准＋全球重要农业文化遗产补偿标准＋N”之和甚至高于这一标准进行补偿，毕竟保护传承具有多重功能。目的是让核心区的村民不用为了脱贫致富而外出务工，留在本地也能脱贫致富，这样，他们才有较高的保护传承积极性。

三把对贫困户的所有政策都扩展到核心区的所有村民，鼓励他们抱团保护传承。

《重要农业文化遗产管理办法》第十九条规定：“县级以上人民政府农业行政主管部门应当鼓励和支持重要农业文化遗产所在地农民通过挖掘遗产的生产、生态和文化价值、发展休闲农业等方式增加收入，积极拓展遗产功能，促进遗产所在地农村经济发展。”如果仅仅依靠发展旅游来带动村民保护传承的积极性，应该是本末倒置。旅游开发，最终受益的是投资者、少数村民，大多数村民受益不多，而且保护传承积极性也不高，因为他们往往片面地认为，受益非保护传承带来的，而是旅游开发带来的。同时，外力不能帮倒忙，一定要把生态价值放在第一位。如果外力是投资者，一般会把经济价值作为第一位，对生态价值比较忽视。如果外力是生态领域的相关研究专家，就会把生态价值作为第一位；如果外力是水产领域的相关研究专家，也容易把经济价值放在第一位。

贾治邦先生认为：“绿水青山可以带来金山银山，但金山银山买不到绿水青山。"[①] 笔者对“金山银山买不到绿水青山”的观点不敢苟同，民族地区许多地方尤其是农村并不缺乏绿水青山，但就是暂时没有办法变成金山银山，才成为贫困县、贫困村。民族地区的一些乡村，基础设施建设较差、人居环境也没有得到较大改善，这就需要金山银山进入才行。同时，绿水青山要变成金山银山，一是要有相应的赢利模式作为支撑。从地方实际情况看，为绿水青山设计赢利模式主要面临两大困难：第一，生态环境属于公共品，其消费不排他，难以收费。第二，环境消费属于文化或精神消费，计价困难。经济学处理此类问题的办法是寻找委托品或载体，将那些不能计量或计价的商品（服务）借助委托品去交易。让绿水青山变成金山银山，就需要找到委托品。按照经济学原理，只要明确界定产权（碳排放权），洁净空气便可借助碳排放指标进行交易。可见，各种生态要素需要先找到委托品，才能最终形成赢利模式。按照这一思路，特色山水可以委托到特色农产品上。二是各级政府应积极作为，如加大乡村基础设施建设力度，不然路桥不通，即便山再青、水再绿，游客进不去，生态产品出不来，农民也得不到较好的收益。三是进一步推行用土地经营权进行抵押贷款，给农民更多资金支持，调动其投身生态环境保护、生态产品生产的积极性。[②]

2. 加大研究的投入。目前，不仅学界有许多问题没有彻底搞清楚，地方政府与村民也无所适从，出现被动应付的情况。如少数民族传统生态文化保护传承到什么程度，才算真正的保护传承？如何保护传承？生态文明的标准是什么？如何建设生态文明？相关组织与专家学者应给出一个可操作性的标准，便于地方政府与村民保护传承，并开展生态文明建设，要不然就是一笔糊涂账，或者公说公有理婆说婆有理，各行其是，导致保护传承、生态文明建设的方向出现偏差，路径出现失误。因此，应该针对重要农业文化遗产出台专门政策，支持相关单位和个人开展研究。如从地方到国家，尤其是遗产地各级政

① 贾治邦：《深化对绿水青山就是金山银山理念的认识》，《人民日报》2017 年 9 月 10 日。

② 王东京：《绿水青山怎样成为金山银山》，《人民日报》2018 年 9 月 10 日。

府，在各级基金项目中，采取单列的方式，向国内外招标，鼓励专家学者开展系统而长期的独立研究，着力培养一批可持续的研究团队。强调独立研究的原因是，让他们的研究全过程公平公正，结论并不是投某方所好，最终目的是为保护传承服务。强调可持续，是鉴于目前只有零星专家学者开展研究的现状，目的是一旦现有专家学者退休，能够有更多更好的专家学者接力下去。

研究过程中，不能“一好百好”，认为全球重要农业文化遗产地都是生态的，自然只生产生态产品。应当定期组织国内外相关专家学者，对全球重要农业文化遗产核心区的土质、水质、空气、产品的品质等生态性进行全面摸底和检测，一是找出它们是真正生态地及生态产品的科学依据。二是发现存在的生态问题，以便有针对性的治理。

四　少数民族传统生态观念文化与民族地区生态文明观建设

少数民族传统生态观念文化，就属性看，也可以分为两大类：少数民族优秀传统生态观念文化、少数民族糟粕传统生态观念文化。民族地区生态文明观建设过程中，既要传承和吸取少数民族优秀传统生态观念文化，也要去除少数民族传统生态观念文化的糟粕，以建立符合新时代要求的生态文明观。

（一）少数民族传统生态观念文化对民族地区生态文明观建设的支持

各少数民族在原始文化和民族文化阶段形成的生态哲学思想尽管被蒙上宗教神灵的外衣，却一直是人与自然环境融为一体互利互助的典范，而当今科学技术过于注重手段而偏废总体文化理念和终极目标的做法，只能望其项背。科学文化所标榜的现代文明想要达到前者那样的平衡状态，尚需时日。当然，在开放的生产力高度发达而又以对自然界的强力开发为特征的科学文化阶段，要重铸人与自然和谐发展的新的生态观，难度要大得多，因为它所面临的毕竟不同于前者在一个个相对封闭、独立的地球生物圈中达到的低生产力水平的生态平衡。[①] 因此，更应充分挖掘少数民族优秀传统生态观念文化，使其成为生态文明建设中重要的伦理标准和思想资源。

我国每个少数民族的传统生态文化，在认识自然、协调人与自然的关系方面，都有精彩纷呈的多样化表达和有效探索的实践经验，其中，尊重、保护自然，是各民族最朴实的认知，这种积极主动地顺应、尊重、保护自然的生态意识，悄无声息地指引着人们的日常行为，采取多种方式调节人与自然关系的行为模式和生态启示，与当今国家生态文明建设的精神理念相契合，值得挖掘、继承和弘扬。全面系统地分析研究少数民族生态智慧中认识自然的角度、人与自然关系的处理方式，整合各民族的传统文化资源，借鉴、传承其中合理的因素，丰富、完善生态文明建设的思想理论，以强大的凝聚力、创造力，在全社会形成参与氛围，共同探索绿色生态文明之路。[②]

此外，许多少数民族优秀传统生态观念文化，实际上都是纯生态产业，开发潜力极大，值得大力挖掘。1982 年，民族考古学家汪宁生先生考察云南省沧源县一个叫勐角的村寨，在其后来所著的《西南访古卅五年》一书中记道："（勐角村）附近有一小山，树木葱郁，称'龙色勐'，为全勐之'神林'。无人敢进，故树木得以保存完好。内有植物达 2000 种，野生植物考察队数次来此研究，此一生态环境竟赖宗教活动得以保护。"[③] 除云南各少数民族有神林信仰外，贵州毕节百里杜鹃是国家 5A 景区，绵延 125. 8 平方公里，是迄今为止已查明的世界上面积最大、种类最多、保存最完好的原始杜鹃林。每年花期，漫山遍野的杜鹃花竞相开放，蔚为壮观，大量游客慕名而来。在毕节聚居的彝族人自古就与花草树木有着特殊情感，认为树木是生命的起源，并把索玛花（杜鹃花的彝语名）视作族花，有祭祀索玛花神的习惯，这也是百里杜鹃能够保存至今的重要原因。[④] 少数民族传统生态观念文化还可以产生巨大的经济效益，只要好好挖掘，就能

---

① 黄泽：《试论民族文化的生态环境》，《广西民族研究》1998 年第 2 期。

② 孟荣涛：《弘扬传统文化中科学的生态理念》，《内蒙古日报》2016 年 5 月 27 日。

③ 汪宁生：《西南访古卅五年》，山东画报出版社 1997 年版，第 247 页。

④ 吕慎、李丹阳：《生态脱贫看毕节》，《光明日报》2018 年 7 月 8 日。

够在生态经济发展上助民族地区生态文明建设一臂之力。

（二）民族地区生态文明观建设利于保护传承少数民族传统生态观念文化

1. 坚守“一观一心”。虽然少数民族传统生态文化中包含着许多科学的、辩证的自然生态观的思想因子，也即包含着许多科学、合理的成分，但从严格的意义上来说，少数民族传统的自然生态观毕竟是一种直观、朴素的、经验性的前科学时代的自然观，按现代科学的实证性和精确性要求来看，少数民族传统生态观念文化是不可能对人与自然之间的复杂关系作出全面、准确的科学解释和说明的。[①] 所以，生态文明建设应将少数民族传统生态观念文化视为精神源泉和内在动力，注重并发扬各民族传统生态文化中合理、优秀的内容，把可行的实践经验与可持续发展观、绿色生态理念相结合，增强节约环保意识，树立正确的生态自然观，普及生态伦理道德教育，进一步提升人们的生态文化素养，探寻社会发展需要的生态保护模式。[②]

为此，就要坚守“一观一心”。“一观”是指坚决树立生态价值至上的观念。随着我国社会主要矛盾的转化，生态环境在人民群众生活幸福指数中的权重不断提高，人民群众从过去“盼温饱”到现在“盼环保”、从过去“求生存”到现在“求生态”，期盼享有更加优美的生态环境。习近平总书记立足发展新阶段和人民新期待，指出良好生态环境是最公平的公共产品，是最普惠的民生福祉；环境就是民生，青山就是美丽，蓝天也是幸福；发展经济是为了民生，保护生态环境同样也是为了民生；既要创造更多的物质财富和精神财富以满足人民日益增长的美好生活需要，也要提供更多优质生态产品以满足人民日益增长的优美环境需要。[③] 在经济价值、生态价值与社会价值方面，以前是经济价值为主，社会价值第二，生态价值第三；进入新时代，村民吃饭用住已经完全解决，就应该坚决坚持生态价值第一的原

---

① 袁国友：《中国少数民族生态文化的创新、转换与发展》，《云南社会科学》2001年第1期。

② 孟荣涛：《弘扬传统文化中科学的生态理念》，《内蒙古日报》2016年5月27日。

③ 陈润儿：《满足人民日益增长的优美生态环境需要》，《人民日报》2018年9月3日。

则。"一心"是指一定要有敬畏心理。虽然信仰的万物有灵有诸多弊端，但其对自然的敬畏、尊重理念至今也不过时，值得遵循。如果没有敬畏，就不会尊重，更不会去尽可能保护。一些民族地区把古代生态禁忌上升为政策法规，虽然赋予了其合法性的身份，但使人少了敬畏甚至恐惧、害怕心理，产生的效果就大打折扣，甚至可能肆意妄为、无所顾忌。虽然法制再完善，但毕竟没有身边的敬畏那么有力量，而且有的行为也构不成犯罪。如就民族地区生态文明建设而言，许多少数民族传统祭祀活动非常有益，并不是"糟粕"，一是农耕文化的重要组成部分，二是娱乐性极强，三是能够产生较好的经济效益，因此，应该保护传承，而不应该弃之不用，任其消失。

2. 系统开展面向所有人的生态文明教育。一是学校进行系统教育。2017 年 1 月 10 日，国务院出台的《国家教育事业发展"十三五"规划》提出："增强学生生态文明素养。强化生态文明教育，将生态文明理念融入教育全过程，鼓励学校开发生态文明相关课程，加强资源环境方面的国情与世情教育，普及生态文明法律法规和科学知识。广泛开展可持续发展教育，深化节水、节电、节粮教育，引导学生厉行节约、反对浪费，树立尊重自然、顺应自然和保护自然的生态文明意识，形成可持续发展理念、知识和能力，践行勤俭节约、绿色低碳、文明健康的生活方式，引领社会绿色风尚。"[①] 2018 年 6 月 16 日，中共中央、国务院联合发布的《关于全面加强生态环境保护 坚决打好污染防治攻坚战的意见》在"构建生态环境保护社会行动体系"中专门指出："把生态环境保护纳入国民教育体系和党政领导干部培训体系，推进国家及各地生态环境教育设施和场所建设，培育普及生态文化。"[②] 把"培育普及生态文化"纳入教育培训体系，成为一项基本国策。为此，必须全面吸纳少数民族传统生态观念文化精华，提升民族地区所有社会成员的生态文化素养，增强节约意识、环保意识、生态意识，形成合理消费的社会风尚，营造爱护生态环境的

---

① 《国务院关于印发国家教育事业发展"十三五"规划的通知》，http://www.gov.cn/zhengce/content/2017－01/19/content_5161341.htm。

② 《中共中央 国务院关于全面加强生态环境保护 坚决打好污染防治攻坚战的意见》，《人民日报》2018 年 6 月 25 日。

良好风气。

目前，我国绝大多数人的生态文明意识较低，主要表现在三个方面。首先，生态知识知晓率低。相关部门曾发布一份调查报告，受访者对14个生态文明知识的平均知晓数量是9.7项，全部了解的仅1.8%。其次，生态保护践行度差。不少人即使有一定的生态文明意识，也经常出现“知行不一”的情况。再次，生态保护的义务感弱。“你认为环保谁应该负主要责任”，大多数受访者认为是政府部门，只有极少数人认为自己做得不够。造成生态文明意识薄弱的原因是多方面的，主要原因之一是缺乏系统、规范、科学的生态文明教育。学校教育而言，我国生态文明的专业研究还很不够，生态文明意识培养的教育教学不到位，师资队伍与课程、教材体系不匹配，教学过程中重知识灌输、轻行为训练；社会舆论方面，对于生态文明教育的宣传尚有欠缺，一定程度上也造成公众生态文明意识不足、知识不够，不能内化于心、外化于行。[①] 这些问题在民族地区也普遍存在。笔者调研发现，民族地区青年与小孩中，了解传统生态文化的人已经不多，学校即使开设有传统文化的课程，但基本上也不讲传统生态文化，即使知道但付诸行动的也已不多。实事求是地讲，目前，观念型的少数民族传统生态文化往往存在于著作中、口头上、仪式中，在日常生活中的作用不大，乱扔垃圾、乱倒污水习以为常。

2016年7月25日，笔者在广西兴安灵渠调研时就发现，河道上有不少乱扔的塑料袋、塑料碗、牛奶盒、矿泉水瓶、香烟盒、香烟头等废弃物，有的垃圾存在的时间已经不短，也没有见人捡拾或打捞。虽然红底白字的警示牌上书“禁止游泳”四个大字，但仍然有一些当地男青年、儿童视而不见，开怀畅游，也无人制止。尽管说“环境你不爱，美景不常在”，但真正践行的人还是没有想象的多。7月26—27日，在广西龙脊梯田调研时，虽然看见“严禁乱丢垃圾”的警示语，也有专人打扫卫生、捡拾游客留下的废弃物，但不时还是发现一些漏网之“鱼”。

2017年8月21日，笔者在从青海西宁到青海湖的路上，吃午餐

---

① 朱永新：《加强生态教育 助力美丽中国》，《人民日报》2018年8月17日。

时，导游（大学本科毕业）竟然问要不要点湟鱼（青海裸鲤，俗称湟鱼），说餐馆有售，一盘100—300元左右。笔者说湟鱼不是禁止捕捞吗？怎么有卖的？并一口回绝，导游才没有继续推荐。后来，笔者竟然发现餐馆确实在售卖湟鱼，而餐馆外面就张贴有《青海省人民政府关于继续对青海湖实行封湖育鱼的通告》：封湖育鱼期为2011年1月1日—2020年12月31日。在青海湖，虽然有“文明旅游 请勿乱扔弃物”“保护地质环境 建设大美青海”等提示语，但也无法阻止少数游客乱扔废弃物的习惯。8月22日上午，在去茶卡盐湖的路上，经过橡皮山海拔3817米处时，一钢制牌子上书“爱护环境光荣 乱扔垃圾可耻”，可牌子下面就一些垃圾（白色塑料袋、红色塑料袋等）。8月22日下午，在茶卡盐湖，虽然青海茶卡盐湖文化旅游发展股份有限公司于2017年7月28日专门张贴“尊敬的广大游客：为保护茶卡盐湖景区生态及环境卫生，维护景区良好秩序，禁止景区内外售卖鞋套，禁止游客携带鞋套进入景区、严禁穿鞋套下湖”，虽然湖内一些木牌上张贴的红纸也打印有“保护盐湖生态 请勿穿鞋套下湖”13个白色大字，但一些游客（男女老少都有）无视规定，仍穿着塑料鞋套下湖，工作人员即使玩手机，也没有一人前去劝阻；一些游客的废弃物如塑料鞋套、矿泉水瓶、香烟头也到处乱扔。笔者还观察到一个细节：一位青年工作人员用夹子从地上夹起一个白色塑料袋，准备放进垃圾桶。由于不小心，白色塑料袋掉在地上，他准备再夹，不料白色塑料袋竟然被风慢慢吹到盐湖里。虽然可以下去捡拾，但他还是放弃了，任由白色塑料袋在湖面漂浮。北晚新视觉网2018年8月3日也报道，很多游客无视景区内部的垃圾桶，将穿过的鞋套随地乱扔。据环卫工人介绍，为了清理这些垃圾，他们从早上6点开园起工作，一直到晚上10点。早在2015年就有帖子吐槽说，很多游客到茶卡盐湖游玩，下湖拍照，阻碍了盐湖里的卤水结晶，破坏了湖体生态。8月23日，在生态极其脆弱的国家级自然保护区沙岛，笔者竟然看见一位中年妇女（游客）在路边采挖蒲公英，一边走一边还清理枯叶，看样子是准备带回去享用。

在民族高校中，就笔者调研发现，一些学生既没有多少传统生态文化的知识，也没有多少现代生态文化的知识，更没有付诸行动。绝大多数教师有一些传统生态文化的知识，也有一些现代生态文化的知识，但一些教师也没有付诸行动。首先，关于洗手间的电灯，笔者就做了一个实验。2018 年 6 月 28 日晚上 10∶15 分，笔者离开办公楼 5 楼时，把男女洗手间的电灯都关了再离开。次日早上 8∶10 分左右过去，发现保洁员把男洗手间的电灯打开了，但离开时没有关灯，笔者离开时也故意没关，而当时 5 楼有 4 个教师进出洗手间。1 个小时后，笔者去洗手间发现电灯还没有关闭，离开时就顺手关上了。在做课题这几年里，5 楼男女洗手间的电灯 97% 都是笔者关的。其次，教师办公室的电灯。几位党员教师白天（外面阳光灿烂）、晚上在办公室一个人也都开四盏灯（有两个开关）。再次，教室电灯、空调的问题。教室里，下课后，电灯、空调基本上没有学生主动关的，而且空调的温度极低，有的开到 16 度。问学生，你们在宿舍开空调吗？学生回答，一般不开。笔者追问：为什么？学生回答：要出电费。学生如此，许多教师也是如此。一到办公室，首先是开空调，而且还开窗子；以前没有安装空调就首先开电风扇。夏天温度同样开得极低，且是大功率柜机空调，冬天温度则尽量开得最高。也就是说，自己不出任何费用的电灯、空调，大多数师生都抱无所谓态度，随便开，尽量开，尽量享受，反正不用白不用，陷入“有且免费即用”的思维怪圈。自己掏钱则比较注意，尽量节俭，当然也是被迫节俭。

加强生态文明教育，关键是要充分发挥学校教育的基础性作用。首先，要重视学校教育的系统性优势，优化学校生态课程的内容和教学方法。中小学幼儿园阶段，应以渗透生态环境保护意识和行为习惯训练为主；高等院校的课程教育中，应把生态文明意识教育纳入必修课程，同时还应担负起生态文明研究的任务，确保生态文明意识培育的先进性和时代性。其次，加强生态教育的师资队伍建设，把生态文明纳入生命教育等课程内容，聘请生态领域的专家对授课教师进行岗前培训，夯实教师的生态理论基础，提升其知识扩展能力，保证教学效果。同时，所有学科教师要关注生态动向，紧跟形势，不断提升自身的生态素养。[①] 所以，不仅要对中小学生、幼儿园小孩进行系统的

① 朱永新：《加强生态教育 助力美丽中国》，《人民日报》2018 年 8 月 17 日。

环保教育，并纳入升学考试，培养生态“小公民”，更应该对大学师生进行环保教育，培养生态“大公民”“老公民”。

笔者小学到大学，就没有学过专门的生态课程。在2018年最新修订的《思想道德修养与法律基础》教材中，仅在“第六章 尊法学法守法用法”之“第一节 社会主义法律的特征和运行”“二、我国社会主义法律的本质特征”有这么一段话：“生态文明建设方面，我国法律倡导尊重自然、顺应自然、保护自然的理念，引导形成节约资源和保护环境的空间格局、产业结构、生产方式、生活方式，推动绿色发展，促进人与自然和谐共生。”

在2018年最新修订的《马克思主义基本原理概论》教材中，仅在“第三章 人类社会及其发展规律”之“第一节 社会基本矛盾及其运动规律”“一、社会存在与社会意识”中有以下两个自然段：

> 自然地理环境是人类社会生存和发展永恒的、必要的条件，是人们生活和生产的自然基础……
>
> 自然生态平衡对社会生活起着重要作用。合理地利用自然资源，保护生态平衡，是社会得以正常发展的必要条件……坚持人与自然和谐共生，建设生态文明，是中华民族永续发展的千年大计。我们要从自己做起，像爱护眼睛一样爱护生态环境，形成绿色、低碳、环保的生活方式，创造良好生产生活环境，建设美丽中国。①

在2018年最新修订的《毛泽东思想和中国特色社会主义理论体系概论》教材中，在“习近平新时代中国特色社会主义思想”中，涉及生态文明建设的内容相对较多，主要集中在三处：在“第八章 习近平新时代中国特色社会主义思想及其历史地位”之“第二节 习近平新时代中国特色社会主义思想的主要内容”之“二、坚持和发展中国特色社会主义的基本方略”中有一段：“坚持人与自然和谐

① 本书编写组：《马克思主义基本原理概论（2018年版）》，高等教育出版社2018年版，第107—108页。

共生。建设生态文明是中华民族永续发展的千年大计。必须树立和践行绿水青山就是金山银山的理念，坚持节约资源和保护环境的基本国策，像对待生命一样对待生态环境，统筹山水林田湖草系统治理，实行最严格的生态环境保护制度，形成绿色发展方式和生活方式，坚定走生产发展、生活富裕、生态良好的文明发展道路，建设美丽中国，为人民创造良好生产生活环境，为全球生态安全作出贡献。”[①] 在“第十章‘五位一体’总体布局”之“第一节　建设现代化经济体系”之“一、贯彻新发展理念”中有一段：“绿色是永续发展的必要条件。人类发展活动必须尊重自然、顺应自然、保护自然，否则就会遭到大自然的报复，这个规律谁也无法抗拒。绿色发展，就是要解决好人与自然和谐共生问题，坚定走生产发展、生活富裕、生态良好的文明发展道路，加快建设资源节约型、环境友好型社会，形成人与自然和谐发展现代化建设新格局，推进美丽中国建设。”[②] 在该章有“第五节　建设美丽中国”专节共6页论述生态文明建设。

二是对党员、干部深入开展培养培训工作。利用各级党校、干部学院，重点培养培训各级各部门的干部、党员，尤其是乡村干部。如2015年春湟中县县委组织部与青海省广播电视大学合作，由湟中县广播电视大学承办开设湟中县农村社区干部学历提升大专班，全县首期77名农村社区干部，接受为期两年半的农村行政管理专业大专教育，这在青海属于首创。作为家族祖祖辈辈冒出的第一个大学生，土门关乡后沟村支书祁永彦在大专班的农村环境保护课程中也颇受启发，迅速动员村民整治村容村貌、植花种草、村道绿化，成为远近闻名的示范样板，不仅为本村赢得了全县现场观摩会的机会，更在观摩会上当场获批涉及资金200多万元的高原美丽乡村建设项目。[③]

三是社会力量（企业、社会组织等）要积极参与其中，发挥自身优势，丰富宣传教育的多样性，构筑与网络、动漫、影视、新媒体相结合的创新宣传模式，最终形成制度化、多元化、系列化、全方位、

① 本书编写组：《毛泽东思想和中国特色社会主义理论体系概论（2018年版）》，高等教育出版社2018年版，第187页。

② 同上书，第208页。

③ 姜峰：《69名村官 学了啥？有啥用?》，《人民日报》2017年6月26日。

持久性宣传教育，提升宣教效果。

四是倡导绿色生活方式。传播绿色发展理念，引导人们树立勤俭节约的消费观，形成以绿色消费、保护生态环境为荣，以铺张浪费、加重生态负担为耻的社会氛围。德国学者提出了生态包袱概念，即每单位产品重量所需要的物质投入总量。例如，一个 10 克重的金戒指，生态包袱是 3500 公斤；一件 170 克重的汗衫，生态包袱是 226 公斤；等等。在生态系统最下游减少一个单位的产品消耗，不但可以减少大量资源投入，而且可以减少数十倍、数百倍甚至数千倍的污染排放，这对于保护生态环境、实现可持续发展意义重大。从更深层次看，绿色生活方式是一种文明生活方式。从“光盘”行动到低碳出行，再到新颖时尚的绿色消费，绿色生活方式对于个人而言，折射出现代人的文明素养；对于社会来说，照鉴着现代社会的文明品质，意味着社会成员懂得自我规约、懂得尊重公共空间、懂得人与自然和谐，标注着社会文明水准。①

五是行动上彻底落实。一天，一家巴西企业的野外作业人员在位于巴西东南部的丘陵地带清理施工现场的树木时，突然发现树上有个鸟巢，企业聘请的环境工程师立刻下令封锁现场，直到巢中的卵全部孵化成小鸟飞走后才重新开工。为此，该项目停工前后长达 33 天。如此重点保护的鸟儿，并不是濒危或稀有物种，是一种名为“红腿叫鹤”的涉禽，生活在南美多国，比较常见。既然如此，为何要兴师动众、停工这么久？环境工程师给出的答案是：鸟儿不干涉人类的自由，人类也没有权力随意干涉鸟儿的自由。换位思考，这个答案就特别容易理解。鸟巢是鸟儿产卵和育雏的“产房”和“育儿房”，施工现场的机器轰鸣声无疑会惊吓到鸟妈妈和雏鸟。若擅自对鸟巢进行迁移或拆除，很可能会直接伤害到鸟儿的性命！生活在同一片蓝天下，造物主并没有赋予人类肆意剥夺其他动物生存繁衍的权力。② 试想一下，如果我国每个企业的环境工程师都能够像巴西该企业的环境工程师一样尽职尽责，生态环境的压力肯定会越来越小。

---

① 王干：《以系统思维推进生态文明建设》，《人民日报》2018 年 2 月 9 日。

② 陈效卫：《各美其美 美美与共》，《人民日报》2018 年 7 月 20 日。

3. 保护传承少数民族优秀传统农耕方式与大力发展现代生态种植技术并举。一是少数民族优秀传统农耕方式，虽然其生产效率较低，但由于生态功能极高，又与现代生态技术有极大互补性，因而极具推广价值，应该通过各种方式保护传承。如石漠化灾变区的生态恢复是学术界公认的头等难题，目前的救治思路主要取准于土层深厚、水土资源稳定环境的民族文化，但其对灾变后的荒草灌丛生态系统适应能力低下，救治成效也不理想。为此，应将救治思路取准于能适应灾变区的民族文化。在我国喀斯特石漠化灾变最严重的贵州省麻山地区，苗族还在使用的传统复合种养生计具有作物系统配置、最小环境改动和缺环弥补三大特点，既能利用蜕变后的缺土少水环境，又能规避生态脆弱环节（日照下高温辐射极为强烈；地表出露的土壤极为稀缺等）。据文献记载，麻山苗族在当地连续生息的时间已经超过了7个世纪。在漫长岁月中，他们的生态文化对石漠化灾变的荒草灌丛生态系统形成了顽强的适应能力，形成了自己独特的“复合种养生计”模式，即该生计没有明确界定农、林、牧、狩猎、采集的界限。大到整个民族，具体落实到每个家族甚至每个家庭，其生计方式都表现为农、林、牧、狩猎、采集的有机整合，甚至产品也是农、林、牧、狩猎、采集复合经营的产物。因而，即使经历了数百年的岁月，还能稳定地在这里定居。近年来，社会经济还有了明显的发展。由于这样的复合生计是针对石漠化灾变后的灌丛荒草生态系统发育出来的，因此，只需从中归纳其核心内容，再辅以必要的现代技术支持，就能提出一套灾变救治的文化对策，并最终实现石漠化带的生态恢复使命。此前的生态恢复工作不理想，关键是思路有问题，没有把生态恢复作为系统工程去对待，没有发挥当地村民的聪明才智和主观能动性。①

民族地区村民把生物多样性的利用和保护融为一体，在社区开展生物多样性保护工作，必须充分把握这一特点，把利用和保护有机结合起来，通过社区参与的方法，找出把利用和保护结合起来的切入点和实施途径。20世纪90年代初，由麦克阿瑟基金会资助的一个生物

---

① 田红：《喀斯特石漠化灾变救治的文化思路探析——以苗族复合种养生计对环境的适应为例》，《中央民族大学学报》（哲学社会科学版）2009年第6期。

多样性保护项目，由中国科学院昆明植物研究所民族植物学研究室在云南楚雄市紫溪山自然保护区周边彝族社区红墙村实施，通过有社区群众代表参加的参与式计划，以提高粮食产量、修建小水窖、推广节柴灶为切入点，同时恢复民族传统文化，保护森林和文化关键种如马缨花，发展果树种植，开展生态旅游等活动，经过6年的努力，使这个有2000多人口的山地彝族社区彻底摆脱了贫困，发展了农业经济，天然森林植被得到有效的保护，森林面积维持在60%以上。①

根据人与环境植物相互作用的观点，一般而论，传统农业的技术方法是科学而合理的。由于近代人口增长过快，世界商品经济的飞速发展和现代科学技术的进步，使传统农业面临困境。现代科学技术正在寻求农业现代化的一切有效方法，其中包括从传统农业知识中学习有价值的生态技术和方法。如云南西双版纳傣族传统的薪炭林技术，就是傣族人在湿热带地区实践定耕农业所发展起来的一项独特生态技术，他们人工种植铁刀木，作为农村能源的主要来源，从而有效地保护了当地的热带森林植被。云南民族地区传统经营的樟树+普洱茶、旱冬瓜树+普洱茶、八角树+砂仁等合理生态配置的农业生产模式，就是复合林业系统新技术的原型知识。民间对同一种植物的多种利用方法就是发掘多功能作物的知识源泉，如金平苗族瑶族傣族自治县境内的拉祜族根据石斛的自然生长习性，发明了在乔木上仿生“种植”石斛的方法，这种方法既保证了栽培石斛的成活率，又保证了石斛的品质，也极大地利用了自然资源。②

二是大力发展现代生态种植技术。近现代以后，科技进步让人们对自然万物的认知更加深刻，但对自然的敬畏之心却大为淡薄；对生活质量的物质要求大为提高，对生活环境的选择能力却大为降低。日益严重的生态危机，不单是由于管理缺失，而且愈来愈表现为一种文化危机、生活危机，要想解决生态问题，不可能绕开地方性传统和民众生活逻辑，必须将国家政策、地方管理与民众生活统一起来。③ 一

① 裴盛基、淮虎银：《民族植物学》，上海科学技术出版社2007年版，第275页。
② 同上书，第266页。
③ 王文超：《民间文化中的生态观》，《光明日报》2017年8月4日。

是利用有益部分。二是创新。面对传统办法不一定行，就需要创新，找出可行的新办法。治沙不停，创新不止。在库布其沙漠治理的长期实践中，以亿利集团为代表的治沙龙头企业探索创新了许多办法与技术，如微创气流植树法、螺旋钻法等系列成果被推广应用，沙漠得绿色，企业得利润，农牧民得实惠。实现了从分散治理到统一规划、从传统方法到工业化治理的转变，为国内其他地区的生态治理和全球荒漠化防治提供了一整套科学解决方案。[①] 在亿利资源集团董事长王文彪看来，防沙治沙不能仅停留在沙进人退或人进沙退的机械层面，必须找到人与沙的最佳平衡点，路径就是“党委政府政策性推动、企业规模化产业化治沙、社会和农牧民市场化参与、技术和机制持续化创新”的四轮驱动模式。[②]

4. 弘扬传统饮食文化。2002 年 11 月，中国社会科学院考古专家在青海喇家遗址考古发现了一碗迄今为止世界上最古老的面条，其历史足有 4000 年。目前，青海省以化隆回族自治县为主的“拉面大军”，以数以万计的“拉面馆”为载体，将“牛肉拉面”从“面文化”的发源地“拉”向全国，逐步发展成为贫困地区群众脱贫致富奔小康的模式——“拉面经济”。青海省人力资源和社会保障厅数据显示：截至 2017 年 8 月，青海省海东市农村群众在全国 270 多个大中城市开办拉面店 2.9 万家，在东南亚及周边国家和地区开办拉面店 200 多家，从业人员 18 万人，拉面经济及相关产业经营收入达 180 亿元，实现利润 45 亿元，从业人员工资性收入 40 亿元。海东市已有 1.28 万户、7.26 万贫困人口通过从事拉面经济实现脱贫，占各县区近 10 年脱贫人数的近四成。[③] 传统饮食文化成了贫困人口脱贫致富的重要途径。

---

① 张枨、吴勇、寇江泽：《科学治沙，支撑绿色成长——内蒙古库布其沙漠治理经验报道之三》，《人民日报》2018 年 8 月 8 日。

② 李慧、张颖天、高平：《库布其治沙密码：与沙漠共舞》，《光明日报》2018 年 8 月 7 日。

③ 万玛加：《一碗拉面的故事》，《光明日报》2017 年 9 月 28 日。

第三章　云南红河哈尼稻作梯田系统与生态文明建设

红河哈尼梯田分布于云南红河南岸的元阳、红河、金平、绿春4县的崇山峻岭之中，面积约18万公顷，具有极高的经济、科学、生态和文学艺术价值。据史书以及口传家谱考证，红河哈尼梯田已有1300多年的耕种历史，养育着哈尼族等10个民族约126万人口。森林在上、村寨居中、梯田在下，而水系贯穿其中，是其主要特征。这种充分利用并遵循自然的劳作传统，不仅创造了哈尼族丰富灿烂的梯田文化，也集中展现了中华民族天人合一的思想文化内涵。2010年6月，云南红河哈尼稻作梯田系统申请成为联合国粮农组织“全球重要农业文化遗产”之一。这与其极高的生态价值、美学价值和文化价值有密切关系。[①] 2013年，又被认定为第一批中国重要农业文化遗产。2013年3月，被国务院公布为第七批全国重点文物保护单位；2013年6月，以元阳县为代表的哈尼梯田核心区，以其“真实性和完整性”的标准被列入联合国世界文化遗产名录。

一　哈尼稻作梯田系统传统生态物质文化与生态文明物质建设

哈尼族早期社会活动中尤为重视生存环境的选择，基本模式就是寨子后山有茂密森林，寨子两边有长年不断的箐沟溪水流淌，通过开挖

---

① 角媛梅、张丹丹：《全球重要农业文化遗产：云南红河哈尼梯田研究进展与展望》，《云南地理环境研究》2011年第5期。

水渠将水引至寨中或寨脚。村寨下方为较缓坡的山梁延伸地带，开垦出层层的梯田连接着村寨。充分利用自然的同时，注意培植村寨周边的树木，保护村边寨旁的古树，是每个村民必须遵循的道德原则。在这种环境和心态之下，形成了较为独特的生产生活模式和文化特征。山上的森林资源，为村民提供了建筑所需的木材；森林为哈尼族提供了丰厚的食物，成为梯田农耕经济的重要补充部分；森林涵养了大量的水分，使哈尼族山区出现“山有多高，水有多高”的奇观，从而保证了寨脚梯田稻作生产的灌溉用水，实现了森林—水源—村寨—梯田的立体型良性生态循环机制。由于人口迅猛增长，人们向自然索取太多，哈尼山区出现了许多村后无森林、田包村地围寨的现象。最根本的途径是恢复梯田周边的生态，确保哈尼梯田可持续发展。

（一）哈尼稻作梯田系统传统生态物质文化

在元阳县的多依树村，可以看到森林、村寨及梯田相结合的人文生态系统的完整图景：东观音山主峰高 2930 米左右，主峰面积 200 平方公里，海拔 1800 米以上基本都是森林覆盖区，是元阳县东部河流的主要发源地。在海拔 1600—1800 米之间的观音山东面山腰，村寨基本分布在一条线上，从西到东分别有大瓦遮倮卜寨、联办茶场、爱春哈单卜、爱春、爱春大鱼塘、爱春阿者科、爱春牛倮卜、多依树、猴子寨、普高新寨、普高老寨和黄草岭等村寨。在村寨下面就是层层叠叠的梯田，一直延伸到海拔 600 米的山脚。

历史上，哈尼人在当地选择一个地点建村的时候都必须要考虑到有森林、有水源，同时在村寨的下方有平缓的坡地可以修建梯田，这样就形成了森林、村寨、梯田的自然和人文融为一体的生态景观。这一人类文明与自然共生的格局中，不同组成部分有着不同的功能：村子背后的大片森林以及哀牢山区的高寒山地就是一座天然的水库，长年有水源源不断地流出。元阳县境内年雾日多达 180 天，山岭终年云雾缭绕，带来了丰沛的降水，一年四季水从高山流出，山中的水经人工修建的河沟流进村寨、梯田，哈尼人就是巧妙地利用这一自然的功能，修筑了大量的水沟来满足梯田农业的灌溉。

梯田文明的基础就是水利灌溉，仅仅依靠自然降水无法支撑数以万亩计的梯田对水的需求，故根据自然地理特点修建的灌溉沟渠是支撑梯田农业文明最重要的方式。溉灌系统随着梯田的修建而开挖，甚至有多大的梯田面积就要修筑与之相适应的灌溉沟，因此，红河流域灌溉系统的庞大与复杂十分惊人。以红河中游的红河县、元阳县、绿春县、金平县 4 县为例，1949 年，4 个县已经修建引水沟 12350 条，到 1985 年增加到 24745 条，灌溉面积近 60 万亩。元阳县到 20 世纪 50 年代有引水沟 2600 条，到 80 年代末有 6246 条。作为灌溉系统网络的水沟不仅数量惊人，工程也巨大，有的水沟长达二三十公里，也有小的水沟则用竹子相接成为引水管道，长达两三公里。从几百米的小水沟到几十公里的大水沟，筑成了一个庞大的支撑当地农业文明的灌溉系统。①

由于水沟的开挖工程量较大，很难由一个家庭甚至是一个村寨完成，尤其是一些距离较长、引水量大的骨干性水沟的修建，必须有大量的人力、物力的投入以及有强有力的社会组织才能完成，因此，在历史上较大的水沟都是当时统治当地的封建土司组织民众修建，有的水沟由几个村寨联合修建，由每个村寨根据将来可能出现的用水量出钱、出劳动力修建。相对小的水沟是由村寨集体出资修建，一些支流水沟由一些个人出钱修建。据《元阳县志》载，清乾隆五十二年（1787 年），龙克、糯咱、绞缅三寨合议在壁甫河源头开挖一条水沟用于灌溉，并出银 160 两、米 48 石、盐 60 斤，投工 100 个用于工程，但没有挖成。1806 年，3 个村寨再次合力共同出钱、出米，经过两年的劳动，修筑成长 15 公里、每秒流量为 0.3 立方米的糯咱沟。清道光九年（1829 年），3 个寨子再次出银子 52 两重新修沟，并立碑定约，凡是不按规定参与维护沟渠、违约放水的一律处以重罚，这一条沟成为当地群众集资修建的第一条水沟。元阳县攀枝花乡被当地人称为“土司沟”的路那沟，是由当地土司出资并向当地民众派工修成的一条长 23 公里的水沟。在水沟修好后，又发动当地民众开挖了大量梯田，然后承包给当地农民，收获后农民与土司对半分成。新中

---

① 郑晓云：《水文化与生态文明——云南少数民族水文化研究国际交流文集》，云南教育出版社 2008 年版，第 36 页。

国成立后，水沟的修筑基本上由政府统一负责，由政府出资，组织当地农民修建。近 50 年来，红河流域尤其是上游地区的梯田发展也十分迅速。与此同时，在政府的组织下修建了水库，有效地提高了灌溉效率，扩大了灌溉面积，补充了过去水沟灌溉系统的不足。在 1950 年以前，元阳县还没有水库，但在 1957—1980 年间，由于多座水库的修建，水库的灌溉面积达到 37000 多亩，占全县有效灌溉面积的 34.7%。

红河流域灌溉系统的修建，不仅灌溉了数以百万亩计的农田，同时水资源也得到了更广泛的利用，水沟不仅改造了红河两岸人民的生活用水条件，解决和改善了居民饮水、生活用水以及牲畜用水的问题，水能也得到了更广泛的利用。用于粮食加工的水磨等设施在红河流域使用十分普遍，每个村子都建有碾制稻米的水磨、水碾等，在新平彝族傣族自治县的傣族槟榔寨中，今天仍然可以看到一套完整的水能设施，从用于去谷壳的水磨、水碾到初制食物的水碓设施有十余套之多，并且设计精巧。水能设施的使用大大提高了劳动效率，降低了劳动强度，成为红河流域人民巧妙利用水资源的一个典型例子。同时，由于 20 世纪 50 年代以后修筑了大量的水库、水坝，利用水能建成了大量的发电设施，使大量的少数民族村寨用上了电，改善了当地居民的生活质量，电的使用还提高了灌溉效率。①

此外，村寨的基本组成内容为：山寨门、寨界、寨心。住房和公用设施：水井、碓房、公房，各寨神住地、磨秋场等组成。住宅的分布方式有很大差异：有的沿道路分布，有的根据摩匹（也译作莫批、磨批、摩批等）的占卜择地建房。全村房屋的排列顺坡就势，开门的方位不一。村中的公房一般为开敞的亭子或半开敞的坡顶房子以供工余休息之用，位于村口的路旁或寨门旁边。各村有专用的饮水源，即使村中有溪水流过，也设池汲水并建房保护。从哈尼族对村寨的选址以及对村寨的规划布局上，充分体现了尊重环境以及对自己所生活的自然生态系统的认识和把握能力。

---

① 郑晓云：《水文化与生态文明——云南少数民族水文化研究国际交流文集》，云南教育出版社 2008 年版，第 37—38 页。

（二）哈尼稻作梯田系统传统生态物质文化与生态文明物质建设的成绩

1. 生态环境恢复和建设。2015 年以来，元阳县扎实推进梯田遗产区生态环境恢复和建设工作，大力实施新一轮退耕还林、荒山造林、封山育林、森林抚育等工程，对国有公益林、自营生态林实行补贴政策，开展东西观音山林区综合整治，东西观音山被列入省级自然保护区，实施核心区生态植被恢复工程，完成退耕还林 800 公顷、低效林改造 137 公顷，在遗产区公路两侧义务种植树木 7500 株，绿化遗产区道路里程 153.9 公里，遗产区森林覆盖率达67%，有效改善遗产区生态环境。[①] 到 2017 年 10 月底，绿春全县林业用地面积达 25 万余公顷，全县森林覆盖率达 62.24%，林木绿化率达 71.25%，森林覆盖率、林木绿化率居全州第二位，活立木总蓄积量 1948 万立方米，居全州首位。[②]

观音山从地域上分为东观音山和西观音山，是元阳县的“母亲山”，也是元阳县的森林水库。1994 年，东观音山被列为省级自然保护区，2014 年，西观音山也纳入省级自然保护区的范围。保护区总面积为 24.54 万亩，其中，东观音山片区面积 21.07 万亩，西观音山片区面积 3.47 万亩，涉及牛角寨、马街、新街、嘎娘、上新城、小新街、逢春岭、大坪、攀枝花、黄茅岭 10 个乡镇，36 个村委会，238 个村民小组，18798 户，89550 人。元阳县观音山省级自然保护区遍地是“宝”，森林生态系统保存完好，生物多样性丰富，珍稀濒危物种和特有物种较多，部分珍稀物种种群数量大。元阳县十分重视水源林的保护和管理，2016 年，该县编制《红河哈尼梯田元阳核心区世界文化遗产保护利用总体规划》，加强哈尼梯田遗产区和观音山省级自然保护区保护管理，实施退耕还草 3 万亩、植树造林 6.28 万亩，森林覆盖率达 45.84%。近年来，元阳县抓住退耕还林政策机

---

① 杨天慧：《元阳：让哈尼梯田可持续发展》，《红河日报》2018 年 7 月 14 日。

② 张俊黎、李旭：《我州对〈红河州哈尼梯田保护管理条例〉实施情况开展执法检查》，《红河日报》2016 年 8 月 2 日。

遇，引导当地群众在观音山省级自然保护区外围，以及哈尼梯田国家湿地公园周边大面积种植桤木（别名：水冬瓜树）水源涵养林，为哈尼梯田国家湿地公园造就了巨大的“绿色水库”。同时，利用得天独厚的生态优势，积极探索“林下经济”模式，大力发展林下种植和养殖，让绿水青山变成了老百姓致富的金山银山，取得了生态效益和经济效益双赢的效果。元阳县摸索出来的“桤木 + 草果”模式深受退耕农户的欢迎，已真正成为元阳县的绿色支柱产业，该模式被国家林业局誉为“红河模式”，并在全国适宜的地区普遍推广。①

2. 严格执行《基本农田保护条例》，层层签订《基本农田保护目标责任书》，形成了州、县、乡（镇）、村委会、村组、农户 6 级保护管理体系。在维系原有稻作梯田面积不变的前提下，引导、鼓励当地居民依托持续的降雨，将雷响田、旱地陆续恢复为稻作梯田，申遗成功以来，遗产区先后恢复了 63.66 公顷的雷响田和缺水性旱田。同时，加大农村土地承包合同书、经营权证书的监督管理，稳定家庭承包关系，维护农村土地承包长期稳定不动摇的基础地位，颁发土地承包经营权证书和合同书各 78740 份。落实土地流转，传承传统农耕技术，发展梯田红米和农副产品，对梯田种粮农户实行良种补贴、农资综合补贴等政策性补贴，提高群众种田积极性，确保遗产区 4666.66 公顷梯田红线，实现了梯田保护管理工作常态化、制度化、规范化。②

在龙胜梯田、哈尼梯田中，后者面积之大，保存之完整，在全国都属罕见。位于红河县宝华镇的撒玛坝万亩梯田，距红河县城迤萨 37 公里，是世界上集中连片最大的梯田。撒玛坝为哈尼语，意为宽阔的田地。有句话说：“山外有山，天外有天；不到撒玛坝，不知梯田大。”这是对红河县具有 1000 多年历史的撒玛坝梯田的真实写照。撒玛坝万亩梯田集中连片，4300 级首尾相连，从海拔 600 米至 1800 米，依山开垦，顺势造田，经纬纵横，蛛丝密布，大的有三四亩，小的只有水牛大，在陡峭处，田如天梯，美若龙脊。随着四季的变化，

---

① 曹松林：《让“母亲山”美丽永驻——元阳县实施观音山省级自然保护区保护纪实》，《红河日报》2018 年 7 月 4 日。

② 杨天慧：《元阳：让哈尼梯田可持续发展》，《红河日报》2018 年 7 月 14 日。

万亩梯田各展风姿，春如牧歌、夏如绿毯、秋如金山、冬如明镜，充分体现了人与自然的高度和谐，集中展示了“森林—村寨—梯田—水系”四素同构的农业生态系统和各民族和睦相处的社会体系，是中国梯田文化的明珠和杰出代表，是农耕文明的典范。2018 年 4 月 21 日，撒玛坝梯田被上海大世界吉尼斯世界纪录认证为中国面积最大的哈尼梯田（连片）。[①]

3. 结合地域特点、资源特征和文化特色，元阳县对村落民居、水井、祭祀房、古树等具有文化价值、历史价值的景观进行保护和原生态修复，把美丽宜居乡村建设与传统民居保护相融合，逐步恢复传统民居风貌。到 2018 年 6 月底，投资 3.1 亿元实施了 35 个遗产区传统村落改造，投资完成 1.89 亿元哈尼梯田核心区 15 个传统村落改造工程；实行传统民居挂牌保护 1602 户，哈尼小镇被列入国际水平特色小镇创建名录，箐口、阿者科、垭口、大鱼塘、太阳寨 5 个村列入中国传统村落目录，确保了传统民居的完整性和真实性，增强村民对民族团结进步示范村的自豪感。[②] 同时，加强生态修复力度。以退耕还林为契机，在保护区周边大力营造以桤木为主的人工林，桤木林下套种草果。通过几年努力，元坪公路与保护区间营造了人工桤木天然防火隔离带。在保护区周边的村寨实施沼气池、节柴改灶和安装太阳能热水器等农村能源项目，有效缓解了保护区的生态压力。同时，深入实施城乡人居环境提升行动计划。到 2017 年 9 月底，全县认定“两违”建筑 18.6 万平方米，依法拆除 12.9 万平方米，查处进度达 70.74%。实施县城至景区景观绿化工程，建成城市园林绿化广场 24234 平方米，恢复绿化面积 7253 平方米，完成面山绿化 68 公顷，通道绿化里程达 70.6 公里。在城市采取市场化运作模式，由县城投公司对新老城区和梯田景区环境卫生进行管理；在乡村成立卫生行业协会和乡镇环卫站，将环境卫生纳入村规民约，实现“户集、村收、乡处”的农村垃圾处理模式，城乡人居环境明显提升。[③] 紧紧围绕

---

① 吴富水：《红河县举行盛大开秧门活动》，《红河日报》2018 年 4 月 23 日。

② 杨天慧：《元阳：让哈尼梯田可持续发展》，《红河日报》2018 年 7 月 14 日。

③ 毛兴华：《行稳致远展宏图——元阳县经济社会发展综述》，《红河日报》2017 年 11 月 18 日。

“七治”（治违、治堵、治污、治教、治脏、治乱、治差）、“六管”（管法、管林、管田、管水、管种、管产）、“两抓”（抓制度、抓服务）、“四严禁”（严禁乱丢垃圾、严禁学龄儿童兜售鸡蛋和农产品、严禁乱排放污水、严禁乱摆摊点）的工作思路，提升管理服务水平。

4. 延伸产业链。一是大力推行生态化综合种养。生态化综合种养，既保住了梯田，也提高了经济效益。2013 年以来，元阳县在梯田区域内通过一系列措施大力推广稻鱼鸭综合种养模式。种米、养鱼、养鸭，一水三用、一田多收。引进元阳县呼山众创农业开发有限公司建设鱼苗良种繁育基地，引进云南锦丰农业开发有限公司建设了 1000 亩集鸭苗孵化室，编制《元阳县新街镇土锅寨村委会创建新型农业经营主体带动农户全覆盖试点工作方案》，主要发展“稻鱼鸭综合种养模式”产业，制定《哈尼梯田红米稻谷生产技术规程》《稻鱼鸭综合种养生产技术规程》，同时农产品质量安全追溯系统正式启动。截至 2017 年 12 月底，全县累计投入 2000 余万元，在包括新街在内的 7 个乡镇，打造连片示范点 13 片 2 万亩，辐射带动农户发展“稻鱼鸭”综合种养 3 万亩，直接带动农户 2.7 万户。预计示范区亩产值达 10174.2 元，辐射带动区亩产值达 8095 元。元阳县以县粮食购销有限公司为龙头企业，采取“龙头企业 + 专业合作社 + 基地 + 农户”的联营方式，通过完善连片种植区内基础设施建设、统一种植品种、实行技术指导的方式，建设了 3.2 万亩梯田红米种植基地。元阳目前已吸引天猫、淘宝、有赞、淘乡甜、国资商城等 7 家电商销售企业，主销红米及相关产品的“元阳商城”微信公众号粉丝达 40 万人。从 2016 年 9 月 20 日 2017 年 12 月底，全县线上线下共销售红米 4006.66 吨，销售额 8013.15 万元。元阳县农业局产业办相关负责人表示：“通过多种尝试，我们决定把梯田内古已有之的综合种养模式进行规模化、规范化推广。”“我们的目标就是既要让老百姓增收，又能守住梯田。”

二是重在产品上下功夫。元阳粮食购销有限公司根据不同消费群体需求，不仅研制开发出了梯田印象、梯田红米以及元阳红梯田红米产品系列萌芽红糙米、萌芽留胚红米、萌芽精制红米等高端产品，还利用梯田红米天然绿色无公害的特质开发出了红米糊、护肤霜等一系列产品。未来还将与高校、科研单位合作，开发“免淘洗”的营养米、胚芽米、微量元素米等新型营养大米，开发速食且营养丰富的方便食品以及品种更多、营养价值更高的粮油产品，让梯田农产品通过多种途径更好地走向市场。[①]

（三）哈尼稻作梯田系统传统生态物质文化与生态文明物质建设存在的问题

1. 森林系统遭到破坏。近年来，东、西观音山省级自然保护区生态环境遭到不同程度的破坏，保护区部分群众受经济利益驱动，私自进入保护区放牧、种植草果、盗采，导致植被、森林、灌木等遭到严重毁坏，自然资源逐渐减少，严重制约了当地经济社会持续发展。[②]虽然21世纪以来实施退耕还林、荒山造林、封山育林等生态工程之后，元阳县森林覆盖率上升很快，但由于遗产区50%的植被属于次生退耕还林，涵养水源的生态功能下降，水源减少，导致枯水季不能保证梯田水源。从哈尼梯田分布看，在海拔1600米以下均为保水田，也是哈尼梯田的主体部分，但由于环境变化，每到枯水季节，离沟水源较远的部分保水田也变成干田，导致栽秧季节也无法移栽秧苗。

从自然环境看，哈尼梯田灌溉水源减少的因素主要有三个方面：一是雨水季节分配不均。元阳县虽然素有“山有多高，水有多高”的自然生态系统，但季节差异显著，每年11月至第二年4月为干季，降雨量少，河流溪水为枯水季。每年5月至8月为雨季，洪涝、地质灾害时有发生。二是经济利益的驱使，水源林的生态结构被逐步改变。为了追逐经济林木的高效益，许多村寨的旱地、荒山，砍伐灌木林后大量栽种杉木林，从涵养水分功能来讲，杉木是吸水多的植物之一，其林下的地面较为干燥，导致水源林涵养水分功能减退。三是水利建设投入不足，工程性缺水严重。由于地方财政困难，投入不足，水库、沟渠等水利基础设施严重滞后，梯田灌溉沟渠90%以上是土

---

① 岳晓琼：《产业融合成就梯田别样美》，《云南日报》2018年1月19日。

② 曹松林：《让“母亲山”美丽永驻——元阳县实施观音山省级自然保护区保护纪实》，《红河日报》2018年7月4日。

沟渠，沟渠渗漏，导致工程性缺水，有的水沟由于公路等基础设施建设堵塞后年久失修，导致栽秧季节无水流，雨水季节泛滥洪灾，水资源平衡被打破，造成部分梯田得不到有效灌溉，面临干涸危机。①

2. 资源开发与保护梯田环境问题。为了配合旅游发展，满足游客需求的旅游服务设施建设成为影响遗产地景观的重要因素。这类设施本不属于哈尼梯田农业社会发展的必然产物，一旦建设过度，带来的将是对原始景观的极大损害，如遗产区内箐口村西南面的哈尼梯田小镇休闲旅游度假村的建设就是典型的案例。

由于箐口地处梯田美丽地带，2013 年元阳县实施“美丽家园”建设的“哈尼梯田小镇”选址就在村民神山林周边，对梯田与森林层层围绕的村落自然景观造成破坏，哈尼族长期以来宗教祭祀的神林也难逃厄运，神林缓冲区外围生长 2 米多深的蕨类植物早已不复存在，神林外围已盖起了一栋栋“蘑菇房别墅”。而这座神林及缓冲区的牧场植被就是下方梯田的水源林，由于生态系统被破坏造成下方的梯田干涸。

遗产区内“旅游休闲景点”的建设不仅破坏了梯田自然景观，而且面临着新的生态环境问题：一是“蘑菇房别墅”建立在缓坡地带，房屋地基、村内通道路基等经过人为大型挖掘机开挖松土，原有的植被和土层结构被破坏，坡面的地层变成了脆弱的松土质，加之其地处山坡上，降雨量大，雨季持续时间长，有诱发山体滑坡泥石流的危险，到时座座别墅及下方的梯田会遭受无法挽回的损失。二是“旅游休闲景点”的排水系统不完善，排污系统解决不好，大量游客进入小镇别墅休闲度假，大量排污会造成下方梯田的污染。三是“旅游休闲景点”旅游度假区的开发还会引发与当地居民资源分配利益的纷争、社会治安等一系列新矛盾。②

3. 杂交稻的推广导致传统稻种不断消失。20 世纪 90 年代初期，哈尼梯田开始引进外地品种，其中杂交稻以产量高的优势，推广面

---

① 黄绍文、黄涵琪：《世界文化遗产哈尼梯田面临的困境及治理路径》，《学术探索》2016 年第 10 期。

② 同上。

大，经过实践海拔在1300米以下的梯田都适宜种杂交稻。到2013年杂交稻推广面积增加到13.5万亩，占元阳县梯田总面积19万亩的71%，由此栽种传统品种的面积不足30%，且这部分梯田之所以幸免的原因是杂交稻不能适应高海拔高寒地区。历史上，哈尼梯田曾经培育出数百种传统品种，但在政府倡导种植新品种的背景下，传统品种不断消失。元阳县20世纪80年代尚有200多个传统品种，至2015年整个县域内还种植的传统品种不足100个。从一定意义上讲，杂交稻成为哈尼梯田稻种生物多样性的一大“杀手”。①

4. 梯田面积萎缩或改变传统利用方式。21世纪初期以来，元阳梯田环境的另一大变迁是水田改旱地。元阳县海拔1200米以下的土地水热条件好，适宜发展热带经济作物，其中，香蕉、芒果、荔枝、龙眼、菠萝是传统热带经济作物。香蕉是元阳县的水果支柱品种，2004年元阳县水果种植面积10万亩，其中香蕉4万亩，占水果总面积的40%。到2013年香蕉种植面积增加到6万亩，占元阳县水果种植面积的60%以上，增加的2万亩大部分是梯田，涉及黄茅岭、黄草岭、俄扎、新街、马街、逢春岭等乡镇。②

2010年以来受西南大干旱影响，高山区的部分梯田也改为旱地，种植玉米、黄豆等作物。最典型的哈尼梯田世界遗产区攀枝花乡的保山寨梯田和老虎嘴梯田先后有1300多亩梯田改为旱地，种植玉米、黄豆。③此外，还填挖原有梯田，专门建设养鸭的棚子以及养泥鳅、养殖牛蛙的池塘和大棚，而不是在原有梯田里养鸭、养泥鳅，严重破坏了梯田格局。

除坝达梯田景区稻田保存最为完整外，2013年8月6日，笔者在老虎嘴梯田景区发现，许多耕地已经没有种植水稻，或荒芜，或改种其他农作物，如玉米等，基本上没有了整片梯田的气势，给人斑斑点点的印象。在多依树梯田景区，虽然稻田面积远远超过老虎嘴梯田景区，且有一定的气势，并有一个比较简陋的博物馆，但稻田面积也大

① 黄绍文、黄涵琪：《世界文化遗产哈尼梯田面临的困境及治理路径》，《学术探索》2016年第10期。

② 同上。

③ 同上。

大不如以前。

5. 传统民居的变迁导致梯田与村落和谐景观的消失。村落是哈尼梯田景观人与自然和谐的标志，在元阳哈尼族传统民居最有特色的就是蘑菇房的建筑形样，是哈尼族迁徙到亚热带哀牢山区为适应高温多雨的半山地带而改进的“碉式”建筑民居。据说2000多年前哈尼先人从北方草原迁徙到哀牢山麓，看到这里漫山遍野长满了大朵大朵的蘑菇，有成群的蚂蚁聚集在下面安然无恙地避风躲雨，于是受到启发，建起了蘑菇房。[①] 蘑菇房在垫基石上采用木夹板定型泥土筑墙或土坯砌墙，从地面一层起有3层，顶层上面覆盖四斜面茅草顶，有利于排水，村落星罗棋布地散落在半山腰间，远望其形犹如朵朵蘑菇，故称“蘑菇房”（也存在不少的问题，如室内光环境差、通风组织差等）。21世纪以来随着自然环境的变迁，建筑用材山茅草逐年减少，梯田推广杂交稻后，稻草秆短小，不宜做屋顶覆盖的材料。村民开始将屋顶稻草层掀掉，搭起人字木架固定双斜面的石棉瓦，个别农户新建或重建房屋时，虽然不改变蘑菇房的内部结构，但以石头砌墙，顶层做成水泥平顶，失去了往日蘑菇房村寨的特色。

此外，由于改造蘑菇房没有遵循修旧如旧的原则，只是在房顶上覆盖一层薄薄的稻草，被村民称为“戴帽”工程。随着遗产区人口的不断增多，家庭分家带来的建房需求逐年增加，村民提出建房需要的就有3740多户，而遗产区又无宅基地安排，导致农户在自家农田、耕地、林地里建盖第二栋，甚至第三栋房屋的情况比较突出，这些新建的房屋都是钢筋水泥混合的现代建筑，不仅影响了哈尼梯田文化景观，而且破坏了遗产区的生态环境。[②]

昆明理工大学建筑与城市规划学院朱良文教授也认为：“在哈尼梯田的森林、水系、梯田、村寨四个要素中，梯田是保护的重点，村寨是保护的难点，而传统民居更是难点中的难点。”他进一步提出，贫困型传统村落保护难度很大，发展难度更大。具体有三个问题：村

---

① 原因：《哈尼梯田的星夜与云晨》，《光明日报》2018年6月15日。

② 黄绍文、黄涵琪：《世界文化遗产哈尼梯田面临的困境及治理路径》，《学术探索》2016年第10期。

落保护发展资金的来源与筹措——政府钱有限，老百姓钱少，外界资金不愿来；村落发展的思路与办法——农业产值低，旅游是双刃剑，副业也要靠设计与市场，到底选择怎样的发展道路；村落实体保护的策略与技术——保护什么存在价值观的差异，如何保护存在审美观的不同，究竟保什么？如何保？首都师范大学资源环境与旅游学院陶犁教授具体分析了哈尼传统村寨的保护与哈尼梯田的保护问题：随着旅客人数逐年增加，景区内村民乱占乱建现象日益突出，部分农房建筑甚至侵占基本农田，既破坏了有限的梯田资源，又影响了自然景观；哈尼梯田生态系统本身十分脆弱，加之干旱及各项保护措施没有完全到位等原因，梯田缺水、水土流失等问题严重，旅游生态环境容量有限；由于村庄建设规划管理工作缺失，村庄无序扩张、建设面积加大、建设杂乱分散、梯田受到挤占、景观遭到破坏等问题突出。[①] 2013 年 8 月 6 日，笔者在老虎嘴梯田景区发现，村寨的蘑菇房已经不多，与内地的建筑没有什么差别，大多是 2—3 层的水泥房或砖房。在多依树梯田景区、坝达梯田景区，虽然超过 60% 的村民房屋还保有蘑菇顶，但水泥或砖头的痕迹非常明显。

6. “神山”被开发。绿春原名六村，因当时县城周边聚居六个哈尼村寨而得名。1958 年建县时，周恩来总理根据青山绿水、四季如春的特点而命名为绿春，恰如其分地反映出绿春县情和生态优势。

阿倮欧滨被全世界哈尼人誉为“神山”，是承载都玛简收美丽传说的地方，是世界哈尼阿卡人普遍认同的原始宗教文化发源地、共同敬仰的精神家园。绿春县将以“哈尼神山 · 阿倮欧滨公园”项目建设为平台，进一步保护和传承哈尼文化、促进文化旅游融合发展，大力提升“哈尼家园 · 生态绿春”城市品位。同时，积极打造集民族文化传承、生态旅游开发于一体的世界哈尼族源寻根区，凝聚“哈尼分布海内外，寻根问祖到东仰”的共识。到 2017 年 10 月底，哈尼神山 · 阿倮欧滨公园一期工程已建设完成；完成了哈尼神山 · 阿倮欧滨

---

① 朱良文、王竹、陆琦、何依、唐孝祥、靳亦冰、杨大禹、谭刚毅、翟辉：《贫困型传统村落保护发展对策——云南阿者科研讨会》，《新建筑》2016 年第 4 期。

二期工程迁徙之路、西入口服务区边坡支护工程施工图设计，正在开展工程招标工作，八尺山森林公园正在开展规划设计。[①] “神山”是精神归宿，一旦被开发，虽然能够得到一些经济利益，但“神山”也就失去了精神依托，也势必对“神山”及周边的生态环境带来隐患甚至是不可估量的损失。

7. 土壤已经受到程度不同的污染。任华丽等人在2008年选取元阳哈尼梯田的牛角寨河片区、麻栗寨河片区、阿勐控河片区和大瓦遮河片区等4个核心区（包括牛角寨乡、胜村乡、攀枝花乡和新街镇等4个乡镇）为样区，分析了样区水稻土表层的重金属砷、镉、铬、铜、铅、锌的分布特征。采用Hakanson潜在生态危害指数法对样区的重金属潜在生态风险进行评价，结果显示：一是从潜在生态危害系数来看，4个片区镉的危害系数均达到或接近中度危害程度，牛角寨河片区受到铜的中度危害（牛角寨有铜矿分布），其他样区均是轻微的生态危害，甚至锌还处于缺乏状态。二是从潜在生态危害指数看，牛角寨河片区的潜在生态危害指数表现为中等生态危害，高于其他3个样区，贡献因子是镉和铜，铬、砷、铅次之，锌最小；其他样区危害程度顺序为阿勐控河片区 > 大瓦遮河片区 > 麻栗寨河片区，都处在轻微的生态危害状态，产生生态危害的主要重金属是镉，铜、铬、砷、铅次之，锌影响最小。[②]

核心区重金属的外源输入主要是化肥、农药、粪肥、汽车尾气、生活垃圾。哈尼梯田海拔高，坡度大，养分随水土流失多，速效养分供应不足，特别是速效磷和速效钾，施用化肥的种类主要是氮肥和磷肥，而磷肥中含有较高的镉、汞、砷和锌等重金属，氮肥中铅的含量较高，如过量施用将致使土壤这些重金属含量偏高，化肥的施用也会对重金属的积累起到一定的作用。有些农药含有较高的铅、汞、砷和锌等重金属，农药在农田的使用可能导致重金属的输入和积累。由于所取的研究点位于元阳地方公路线上，旅游业兴

---

① 张俊黎、李旭：《我州对〈红河州哈尼梯田保护管理条例〉实施情况开展执法检查》，《红河日报》2016年8月2日。

② 任华丽、崔保山、白军红、董世魁、胡波、赵慧：《哈尼梯田湿地核心区水稻土重金属分布与潜在的生态风险》，《生态学报》2008年第4期。

旺，交通流量大，尾气中含有大量的重金属，特别是铅和铜，经大气沉降进入土壤。[①]

（四）哈尼稻作梯田系统传统生态物质文化与生态文明物质建设的对策

1. 推广多样性水稻品种。从哈尼梯田的活态性和文化遗产价值的持续性来，水稻种植是保护梯田的必由路径。根据哈尼人民的口头传说，现在元阳梯田的红米水稻品种已经连续种植了上千年。该品种内部有丰富的基因多样性，多样性指数是现代改良品种的3倍。这种基因多样性使得该品种有良好的适应性，无论是气候变化，还是其他自然因素变化，它都能发挥出良好的适应缓冲作用，能长期保持产量稳定和阻止病虫害的暴发流行。[②]

地方政府应该加大梯田传统红米的选种、育种和种植的保护力度，从而实现梯田红米优质优价的目的，让梯田的主人获得更好的经济效益，从而更好地保护好梯田，杜绝弃耕、抛荒现象。

2. 改善传统哈尼族民居。一是保护村寨中原始的生态布局，对村中道路进行整理，用传统的石板铺路，主要整理好村中的排水系统，圈养牲畜，搞好垃圾和污水的处理，进行环境卫生的治理，营造一个良好的居住大环境。二是保持蘑菇房独有的外形特征，发扬其利用当地自有的、生态的、可再生材料的优势建房，对易损、易腐的材料运用现代防腐技术处理。三是应用现代防水防潮技术和适合于蘑菇房风格的新型材料改善室内环境，如地面做防潮处理。墙面做防潮亮化处理，使室内采光问题得到一定的改善。易于虫蛀的柱、梁先做防虫蛀处理等。四是建筑内部进行功能分区，如厨、卧、堂分室。分区时充分尊重民族习俗，如主房保留火塘、祭祖神龛等。同时，除进一步加强对遗产区“违、堵、污”等现象进行综合治理、以“零容忍”的态度整治遗产区环境、打出“整治、改善、保护”组合拳外，最

---

① 任华丽、崔保山、白军红、董世魁、胡波、赵慧：《哈尼梯田湿地核心区水稻土重金属分布与潜在的生态风险》，《生态学报》2008年第4期。

② 黄绍文、黄涵琪：《世界文化遗产哈尼梯田面临的困境及治理路径》，《学术探索》2016年第10期。

困难的是解决不折不扣执行到底的问题。不能一阵风，要形成常态化机制，常抓不懈。

阿者科（按照字意是指最旺盛吉祥的一个小地方）村是世界文化遗产红河哈尼梯田遗产区的五个申遗重点村寨之一，也是元阳82个保存较为完整的传统村落之一。阿者科村适地营造的传统建造方式（蘑菇房）、敬畏自然、崇拜自然的传统观念以及自然人文景观等所构成的和谐人居环境，体现出哈尼族传统聚落营建的凝聚力、勤劳和顽强的精神。因受山地条件的限制，该村经济发展缓慢，人均受教育水平低下。从如何让该村走出当下发展困境、改善居民的生活窘境出发，中国民居建筑大师、昆明理工大学建筑与城市规划学院朱良文教授在此进行了著名的阿者科实验。其创新实践和成功探索，已引发学界和业界的广泛关注，积累的丰富经验值得推广。他就如何保护发展阿者科村寨实体（环境与建筑）问题谈了自己的两点思考与体会：

> 首先，在村寨环境整治中，从“贫困”出发处理好三个关系。第一是村民需求与游客需要的关系。发展旅游不能把村民赶走，因为他们是这里真正的主人。我们应兼顾村民生活和游客需要，打造游客迎宾、村民休闲等专用的和游憩观景合用的多种公共空间，以满足各方需求。第二是传统文化与现代文明的关系。正因为地方穷，所以它更多地保留了像寨神林（一般不让女人进入）及祭祀场等原始场所，在打造村寨旅游时我们认为还是要保留其原始性与神秘性，更多发挥原始神秘的特色。第三是本土特色与现代设施的关系。村寨搞旅游，内容、设施可以现代化，但形式上要体现自然、本土的特色，这是乡村因“穷”而独有的特性，坚决不搞目前一些“美丽乡村”出现的城市型广场、城市型花台、城市型路灯，花大量资金搞“水景”等，而应尽量采用一些石、木、茅草等地方材料。
>
> 其次，在传统民居维护中，我们也从“穷”出发坚持四个理念：第一，重视外部风貌的保护，更重视内部功能的改造提升。提高生活质量、提升居住品质、改变穷的状况是我们的首要任务，有限的钱应尽量花在内部提升上，这栋房子的实验就是这

样，外部尽量不动，功夫花在内部。第二，功能改造上先抓重点，根据经济能力再逐步完善。村民当前的经济能力有限，不可能一步就什么都“现代”，重点是保证结构安全、防漏、房间的布局、基本的卫生设施，而且要尽量用低造价的办法来解决。第三，尊重村民意愿，统筹旅游功能布局。民居维护改造肯定要与旅游结合，既要根据住户的实际情况、经济状况、住房面积及意愿等选择旅游项目，又要统筹安排，防止村寨旅游盲目发展、呈现旅游乱象。第四，村寨整体统一整治，住户的改造自行决定。村寨环境的整治当然要由政府统一投资，而民居的维护改造需要村民自筹资金，愿意的可以统一进行，为了花费较省也可自行改造。

总之，我们对阿者科村保护发展的思考是选择一条切合实际的，用本地材料、本土技术及本村人力的“低端”技术路线，力求以低造价获得较好的改造效果。①

3. 稻渔综合种养是2000年以后发展起来的一种新型稻田养殖技术模式，该模式充分利用生物共生原理，种植和养殖相互促进，在保证水稻不减产的前提下，能显著增加稻田综合效益。2018年1月12日，农业部公布国家级稻渔综合种养示范区名单（第一批），全国共33个示范区上榜，其中，云南省共有两地入选，元阳县呼山众创国家级稻渔综合种养示范区和大理市荣江国家级稻渔综合种养示范区，而元阳县呼山众创国家级稻渔综合种养示范区也成了红河州首家上榜的国家级稻渔综合种养示范区。呼山众创公司充分利用独特的梯田资源，创建了高标准的稻渔综合种养示范基地400亩、建成元阳县首个高标准鱼种育苗中心，通过基地示范，采用“公司＋合作社＋农户”的方式推广稻渔综合种养2800亩。② 目前，元阳所用鸭苗、鱼苗基本上是外来品种，不一定适合元阳的气候。牛角寨镇就发现了这一问

---

① 朱良文、王竹、陆琦、何依、唐孝祥、靳亦冰、杨大禹、谭刚毅、翟辉：《贫困型传统村落保护发展对策——云南阿者科研讨会》，《新建筑》2016年第4期。

② 王娇、李杰：《国家级稻渔综合种养示范区落户元阳》，《红河日报》2018年3月2日。

题，为提纯、提优种苗，实现种苗本土化，提高稻鱼鸭产值和经济效益，已建成梯田鸭孵化基地，将启动实施优质梯田红米繁育基地、梯田鱼孵化基地。同时，鸭苗、鱼苗的生产，一旦一个环节不生态，就会对梯田产生连锁影响，最后不仅本身有问题，也会影响到梯田里的所有动植物的健康，尤其导致水稻的品质下降。因此，不能只对开展稻鱼鸭的村民就奖励，使用原生态方式的村民更应该奖励，让其一起为保护传承出力。

二　哈尼稻作梯田系统传统生态制度文化与生态文明制度建设

哈尼梯田本身就是一个生态系统，就应该从整体保护传承。如果只有碎片化保护传承，而没有整体的保护传承，这个系统就会逐渐支离破碎，无法形成整体功能。哈尼梯田既是风景区，也是生产区，更是生活区，是活态的遗产，既要保护也要发展，离生态文明制度建设要求还有较大差距，管理难度很大，保护管理工作依然任重道远，存在不少困难和问题。红河州各级有关部门和元阳县委、县政府要高度重视，抓住森林、村寨、梯田、水系“四素同构”这一关键，突出哈尼梯田活态文化特征；要守住梯田红线，保护好利用好哈尼梯田这一人类农耕文明和生态文明发展的重要成果，以品牌建设带动农业生产、文化传承与旅游观光共赢发展，带动当地贫困群众尽快脱贫致富；要持续加强环境卫生整治，铁腕治理私搭乱建，真正保护好、利用好、科学务实地管理好哈尼梯田。

（一）哈尼稻作梯田系统传统生态制度文化与生态文明制度建设的成绩

1. 逐步完善政策法规。红河州先后出台《红河哈尼梯田管理暂行办法》（2001 年）和《红河哈尼梯田保护办法》（2011 年）。相继出台并实施《云南省红河哈尼族彝族自治州哈尼梯田保护管理条例》（自 2012 年 7 月 1 日起颁布实施）《红河哈尼梯田保护管理规划》（2011 年 11 月）等法规、规划，从政策层面明确应当以保护为主的同时，也关注了村民生产生活的需要。《云南省红河哈尼族彝族自治州哈尼梯田保护管理条例》共计35条，明确了哈尼梯田的范围，保护管理的基本原则、管理机构及职责，规范了从事旅游开发、土地征收、建（构）筑物审批建设程序，还对梯田承包权人保持水稻种植的奖励措施、梯田景观的开发利用、梯田资源有偿使用作了明确规范；明确了重点保护区内的禁止行为、各种违法行为的处罚标准。如第三条规定："本条例所称哈尼梯田，是指自治州元阳县、红河县、绿春县、金平苗族瑶族傣族自治县（以下简称金平县）境内以哈尼族为代表的各民族开垦和耕种的水稻梯田，以及相关的防护林、灌溉系统、民族村寨和其他自然、人文景观等构成的文化景观。"第七条第一款规定："下列范围内的梯田实行重点保护：（一）元阳县境内坝达（箐口）、多依树、勐品（老虎嘴）片区；（二）红河县境内甲寅、宝华片区；（三）绿春县境内腊姑、桐株片区；（四）金平县境内阿得博、马鞍底片区。"[①] 该条例是目前对元阳梯田保护最权威的法规，自公布实施以来，为哈尼梯田保护管理工作提供了法律保障，对保护和利用好红河哈尼梯田活态文化景观，促进经济社会可持续发展发挥了十分重要的作用。

2. 建立健全组织机构。形成了省、州、县多级联动，文物、规划、建设、农业、林业、环保、旅游多部门协作的工作机制。红河州、元阳县分别成立了州、县两级哈尼梯田管理局，负责日常保护、管理、监测和协调利益相关者等工作。在梯田遗产监管方面，成立梯田监测管理中心，开发管理软件，建立档案数据库，逐步形成了专业化、系统化、规范化的遗产数据管理分析预警系统，为哈尼梯田的保护和管理提供了科学依据。编制了遗产地建设用地和村镇建设的控制性详规，科学划定了遗产区、缓冲区的边界，明确了遗产区生态环境保护的范围，对旅游等设施建设的控制作出了具体规定。建立了日常巡查制度，对核心区乡镇、村落实行动态巡查，及时制止私挖乱采、违规建筑等行为。

---

① 《云南省红河哈尼族彝族自治州哈尼梯田保护管理条例》，《红河日报》2012年6月30日。

申报成功对于保护传承起了巨大的推进作用。2010 年 11 月，来自 16 个国家 217 名专家学者在蒙自召开首届世界梯田大会，寻求全球梯田文明保护与发展的途径与方法，成立了第一个国际梯田保护组织“世界梯田联盟”。专家学者经过现场观摩、学术交流后达成了共识，共同发布全球第一个梯田保护与发展的全球性宣言——《红河宣言》，这就是保护传承哈尼稻作梯田系统的蓝本。《红河宣言》提出的办法应当得到彻底遵守与执行。一是“保护与发展梯田文明是全社会的共同责任：政府承担着重大的管理责任，专家学者承担着重要的科研责任，农民承担着直接的维护责任，企业界承担着保护前提下经营的良知责任，社会各界承担着参与和支持的道义责任”。如果这些主体都能够各司其职，齐心协力，劲往一处使，保护传承梯田文明的工作就比较顺利；如果这些主体存在各种博弈，各怀心思，各打小算盘，保护传承梯田文明的工作就比较曲折。二是“保护与发展梯田文明需要建立科学、完善的管理机构和与之相应的专业咨询机构。对梯田应采取保护第一、合理开发、科学利用、持续发展的方针。所有的保护与利用，都要本着对历史负责的态度，从规划到实施都应充分听取专家学者的意见，尤其应尊重农民的自主选择。在当前，最急迫的任务是重新科学、全面地认识梯田文明的价值，消除抛弃梯田、过度开发等负面因素，在尊重传统的基础上，利用现代化的手段和方法建设梯田，从而保证梯田文明的健康发展”。[①] 同时，充分发挥各级人大、政协的监督作用，大力鼓励游客多提建议。

2017 年 6 月，浙江省云和县联合云南元阳梯田、广西龙脊梯田等国内外知名梯田景区，共同发起成立全球梯田保护与发展联盟，发布全球首份以保护和发展梯田为主题的《云和宣言》，旨在各地梯田景区携手，取长补短，相互借鉴，共同研究，在尊重传统的基础上，利用现代化的手段和方法建设梯田，从而保证梯田文明的健康发展则是梯田联盟今后的使命。

3. 森林的制度保护。在 20 世纪 50 年代以前，红河流域的森林大多为当地土司所拥有，但森林的保护却是由当地村寨来完成的。在元

---

① 史军超：《红河宣言——保护与发展梯田文明全球宣言》，《红河探索》2010 年第 6 期。

阳县，各村的会长、箐长等具体负责本村范围内森林的保护，同时当地政府及村寨也制定了保护森林的法律法规及乡规民约，对森林进行严格保护。如在20世纪50年代以前，新平县各民族中就已普遍将村寨的森林均分为水源林、风景林、神山、护寨林等功能林，严格保护这些森林。各村都有专人进行森林看护，有的地方甚至已设置了林警。在民间，对于违禁砍伐者要罚款，在祭龙之日要杀一头肥猪用于祭龙。新中国成立以后，虽然森林权属经过了多次变化，但对森林的保护也是很严格的。目前各乡镇都有林业站，各村也有护林员负责对森林进行管理，对于包括薪柴在内的砍伐都有严格的规定，各村也有相应的乡规民约。

此外，元阳县还加强巡护管理。“管理所—管理站—管护点—护林员”实行“分片包干，分组负责，重点巡护”的原则，聘请58名专职国有护林员参与保护区管理，巡护人员平均每年巡护250天以上，人均年巡护里程达2500公里。通过巡护，不断了解山情、林情、村情、社情，及时发现和解决问题，调整管护工作重点，确保保护区森林资源得到有效保护，为保护区的规范化、科学化管理提供决策依据。同时，严格落实森林防火责任制，实行领导负责制，确保每个山头地块都有森林防火责任人。一系列行之有效的制度和措施，保证了森林防火工作的有序开展。自保护区成立以来，在保护区内无重特大森林火灾发生。①

4. 水资源分配和引水设施保护与管理。在20世纪50年代以前，修筑水渠等灌溉系统往往是当地土司出钱或是集体出资、合资，甚至是个人出钱进行，而修好之后在使用水资源时，也要进行合理分配，并要支付使用费。哈尼族就独创了分量灌溉的水资源分配方式。人们在木槽上面刻上刻度，每个刻度约4指宽，称为一“口”，这样将木槽开不同大小的口子，放置在分水处，让水从木槽中流过，也就将水分成了大小不等的流量，流进不同的农田。不仅有效地分配了水的流量，同时也为水资源的管理提供了便捷方

① 曹松林：《让“母亲山”美丽永驻——元阳县实施观音山省级自然保护区保护纪实》，《红河日报》2018年7月4日。

式。由于一条沟的水可能有数十成百个使用的村子或单位，因而一条沟往往会有数十个分水口。在元阳县胜利村、宝山寨的村子入口处至今仍然可以看到复杂的分水系统，在一个分水口，最多的一处水被分成7个道，再由水沟引到不同的田中，分水口处甚至在水沟上架起过水石桥，上下几层，将水引向不同的地方，而在分水开口处就可以看到人们安置了木刻的度量装置。在今天，虽然水沟的所有权已由过去的土司所有或私有转变为公有，但仍然要按照各流经地的用水量进行分配，不能私自开沟放水，否则属于偷水，要受到处罚。

从过去到现在，水沟的管理都有一套严格的制度。过去水沟的管理主要由一个村寨或者几个村寨选出水沟的沟长，由沟长负责对自己管辖范围内的水沟进行管理，平时注意疏导水渠，每年组织民众修缮水沟，同时也对水资源的分配与灌溉进行管理。20世纪50年代以后，各个地区都建成了由国家管理的水利管理机构，而水沟也纳入了统一的管理，由农民自己选举沟长或者是水沟的管理人，而较大的水沟则由乡政府水利管理部门派出专人进行管理。由于水沟是由不同的人出资开挖而成的，因此，对水的使用也是有偿的。人们根据分水槽上的刻度与开口所决定的水流量的大小来收取相应的水资源使用费。这些费用一般是用农民收获的稻谷来交纳，在过去，由于水沟是由一些私人或者村寨集资修建的，因此，收取的费用主要归投资者所有，而其中有一部分也分配给水沟的管理者。①

元阳县在遗产区实行“沟长”负责制，分片包干修复因自然灾害影响到的水利沟渠，统一由沟长分配灌溉用水，确保哈尼梯田春耕秋收。加大遗产区水利配套设施建设力度，快速推进东观音山水库、中央财政小型农田水利项目建设，到2018年6月底，投资7027万元在梯田景区新建和加固小型坝塘16个，扩建改造沟渠105条，治理水土流失面积74.67平方千米，实施农村饮水安全工程82件，水利化程度达39%，着力解决了遗产区水田灌溉及5万余人的安全饮水问

① 郑晓云：《水文化与生态文明——云南少数民族水文化研究国际交流文集》，云南教育出版社2008年版，第40页。

题，确保水资源永续利用。[①]

5. 传统村规民约得到继承和发展。哈尼族传统村规民约，是指生活在哈尼族地区内的居民为满足自身的需要，在长期生产生活实践中约定俗成、共同遵守的一系列行为规范。村规民约是哈尼人进行自我管理、自我教育、自我约束的重要手段，体现于民风民俗、碑刻文字、行为道德、生活礼仪等方面，主要通过舆论压力、群体约束、道德谴责等方式来强化。哈尼族传统村规民约的范围和内涵非常宽泛，主要涉及山权林界与林业管理、水利建设、农作物种植、婚姻家庭、社会治安等方面。按照其性质可分为教化性村规民约、告知性村规民约、禁止性村规民约、奖励性村规民约、惩戒性村规民约和议事类村规民约等。村规民约的实施由村寨头人或宗教领袖，根据事态严重性和公众利益的损害程度来选择，通过教化和惩戒的方式来调和哈尼族社会内部的矛盾，从而实现村寨秩序的正常运行。这种具有契约性规范的村规民约，是哈尼族社会调节人际关系的稳定器，是哈尼族社会有序化的重要工具。

传统村规民约不仅在调节哈尼族主体行为规范、维持哈尼族社会秩序发挥着重要的作用，而且在梯田保护中展现出不一样的功能。新中国成立以来尤其是改革开放以来，随着村民自治制度在哈尼族地区的推行，村规民约中一些不符合现行法律的制裁形式被取缔，只在书面上呈现与当前法律不相冲突的部分内容，这些内容通过行政系统以文件的形式下发至村委会，再由村委会开会向村民传达村规民约的内容。因此，现行的村规民约是由村民自发地、以现代法律为准绳、融乡土性和现代性于一体的规范性制度，它与传统村规民约是继承和发展的关系。传统村规民约在以农业生产为主的哈尼族地区依然作为一种强有力的制约手段存在，依然是实现哈尼族地区村民自治的有效手段，依然潜移默化地规范着哈尼族村寨社区成员的行为，调整着哈尼族村寨社区的生活秩序和行为规范。[②]

---

① 杨天慧：《元阳：让哈尼梯田可持续发展》，《红河日报》2018 年 7 月 14 日。

② 邢雪娥：《论哈尼族传统村规民约对梯田保护的作用》，《红河学院学报》2016 年第 1 期。

（二）哈尼稻作梯田系统传统生态制度文化与生态文明制度建设的不足

1. 政策法规存在的不足。2013 年 6 月 22 日，在柬埔寨首都金边和平宫，联合国教科文组织第 37 届世界遗产委员会会议正在审议当天上午最后一个世界文化遗产申报项目：中国的红河哈尼梯田文化景观。日本代表在第二次发言中提出，可持续管理这样一处遗产的挑战之一就是当地人口递减，希望就此听听中方的意见，并表示他们的提问不影响对该申报项目的支持。中国代表做了回应，说明了当地民众与梯田强烈的文化和历史联系，且当地政府建立了强有力的管理体系。中方还阐述了地方政府在帮助民众保持传统体系同时提高当地人民生活所作出的努力，民众对梯田的强烈支持以及与梯田密不可分的关系，证明当地人口不会减少。世界遗产委员会在决议中建议中国关注两个问题，一是在遗产区和缓冲区实施生态旅游策略，另一是提供一种遗产阐释策略，便于人们理解哈尼聚落复杂的农耕和水管理系统以及与众不同的社会经济和宗教体系。同时，考虑到哈尼梯田旅游增长可能带来的压力，委员会要求缔约国于 2015 年 2 月 1 日前向世界遗产中心提交报告，概述解决这两个问题的进展情况，交由第 39 届世界遗产委员会会议审议。显然，世界遗产委员会与日本代表的担忧不无道理，我方代表的说明也需要长时间的检验。毕竟生态系统结构复杂，“四素同构”区域广阔，村寨家园民众万千，生活生产，活态生动，传承发展，这些均为当下保护的难点、管理的挑战。如哈尼村寨虽然景色优美，但村民生活并不富裕；蘑菇房虽然古朴独特，但采光差；茅草顶隔潮差、防火能力弱，而且传统茅草供不应求，需从老挝等国进口，成本较高，当地群众在翻盖房舍时已逐渐放弃蘑菇房和茅草顶。从保护的维度看，一方面，作为文化景观重要元素的以蘑菇房茅草顶为典型代表的村寨风貌需要得到整体保护；另一方面，当地群众想住好房子、过好日子的愿望也应当得到满足。①

再如《云南省红河哈尼族彝族自治州哈尼梯田保护管理条例》第四条明确规定：“哈尼梯田的保护管理坚持保护优先、统一规划、科

① 陆琼：《守护梯田家园我们还应做什么？》，《世界遗产》2014 年第 9 期。

学管理、合理开发、永续利用的原则。”[①] 按照字面解释，优先是指放在他人或他事之前。即是说，哈尼梯田的保护管理应当是保护第一，只有保护好了，才能永续利用。就这点看，哈尼梯田保护管理还有许多事情要做。如“投资 33.5 亿元的哈尼梯田小镇、1.99 亿元的胜利村旅游小镇、0.33 亿元的南沙游客集散中心项目开工建设”等项目的开展，是否经过科学论证特别是是否征求了每个村民的意见。面对如此巨大的投资，不破坏原生态环境是不可能的。同时，该条例毕竟已经时隔多年，一些条款已经不适应新时代的要求，需要进一步完善与修订。

2. 执行能力有待提升。由红河州人大法制委、州人大常委会环资工委、州人大常委会法工委、州政府法制办、州世界遗产管理局主要负责人组成的执法检查组，对元阳、红河、绿春、金平实施《云南省红河哈尼族彝族自治州哈尼梯田保护管理条例》情况进行检查的机制常态化，而且主要是找不足，以检查促保护。如 2016 年执法检查组就提出，全州上下要提高思想认识，采取切实有效措施，敢于担当责任，保护好哈尼梯田。要牢固树立保护优先的理念，把保护哈尼梯田工作列入重要议事日程，采取切实有效措施，用实际行动保护好哈尼梯田。要科学合理利用好哈尼梯田，以对历史、对民族、对人民负责的态度，保护好哈尼梯田。要充分保障群众利益，充分考虑当地群众的切身利益，利用好哈尼梯田，最终让老百姓在遗产保护中受益，造福子孙后代。[②] 显然是针对制度建设与落实情况存在的不足而发的。

3. 保护管理难度大。一是保护经费严重不足。由于遗产涉及的要素多，保护经费不足。如何管理好，需要智慧和勇气。同时，生态保护、传统民居的恢复改造、出台维护梯田持续发展的补偿机制都需要大量的资金，资金缺口很大。二是哈尼梯田农业产业综合开发任务艰巨。农民是梯田的主人，是梯田景观保护的原动力，如何通过加快

---

① 《云南省红河哈尼族彝族自治州哈尼梯田保护管理条例》，《红河日报》2012 年 6 月 30 日。

② 李聪华、卢智泽：《擦亮哈尼家园靓丽名片——绿春县推进生态文化旅游融合发展纪实》，《红河日报》2017 年 11 月 18 日。

特色梯田农产品的品牌建设，增加产品附加值，让遗产价值惠及老百姓，从而提高农民种植维护梯田的积极性，成为动态保护哈尼梯田的重要课题，关乎哈尼梯田能否可持续发展。三是现有旅游开发模式与世界遗产旅游的要求还没有完全衔接好，处于初级开发，缺乏深度旅游。旅游开发的门票经济模式与丰富的哈尼梯田活态文化遗产不对称，没有让游客真正认知和体验哈尼梯田文化的内涵和特色。作为梯田文化资源的创造者，梯田主人没有充分参与到旅游活动中来，利益没有得到充分的体现。

4. 农户积极性未能充分调动。2015 年，同济大学建筑与城市规划学院严国泰教授深入红河哈尼梯田文化景观遗产地调研后发现，哈尼梯田文化景观世界遗产保护中社区参与还处于浅层次阶段，即阿恩斯坦所提出的“无参与”和“象征性参与层级”。从哈尼梯田现有的遗产保护管理制度、遗产价值认知、遗产资源管理和遗产旅游发展等四个层面看，原住民社区普遍存在参与权力有限、参与方式被动、参与能力不足及参与内容单一的问题。①

一是农户对梯田保护的响应是积极的，并希望传统知识与技术、乡规民约和民间艺术得到传承，说明梯田在农户生产生活中仍占有重要地位，是当地居民赖以生存的物质基础。然而，一半以上的农户并不希望后代继续耕种梯田，这可能与梯田耕种劳动强度大、经营效益低有关。农户对梯田的认知程度一般，由于宣传不足等原因，一半以上的农户并不知晓农业文化遗产的概念和保护要求。

二是农户感知到当地的水资源数量和土壤质量处于下降状态，对生态环境保护的意愿是积极的，这可能受到传统乡规民约中崇拜自然观念的影响。农户对过量施肥施药的环境影响感知并不敏感，一定程度上反映了农户环保知识和意识的缺乏。

三是农户对发展梯田旅游总体上持支持态度，然而对旅游发展总体满意度一般。旅游的不利影响不突出，这可能与当地旅游的发展阶段和发展水平有关。随着旅游业的深入发展，要警惕旅游发展给当地

---

① 严国泰、马蕊、郑光强：《哈尼梯田文化景观世界遗产保护的社区参与研究》，《中国园林》2017 年第 4 期。

居民带来的负面影响。[1]

针对农户生计现状，2015 年 7—8 月，中国科学院地理科学与资源研究所闵庆文研究员的调研组选取元阳县和红河县（两县少数民族占 90% 左右，都是国家级贫困县）作为调查地区。结果显示：

一是农户生计资本评价。生产功能是农业文化遗产的本质，是区别于其他遗产类型的关键。梯田得到有效传承的关键是有人种田，提高农户从农业经营中的收益是有效保护梯田的着力点。而哈尼梯田地区农户平均生计资本值仅为 2. 312，以总值 6 分为基准，说明农户的生计资本总量不足，处于匮乏状态。

二是农户生计途径。主要以农业和打工为主，从农户的生计途径组合类型来看，“农业 + 打工”这两种生计途径组合的农户占总调查户的一半。旅游接待逐渐成为农户生计拓展的重要途径，由于梯田旅游的季节性，旅游接待户大多还从事其他生计活动。

三是不同生计类型农户的生计状况比较。生计资本评价值和家庭年均收入排序相同，表现为旅游接待户 > 打工兼业户 > 纯农业户。纯农业户的生计资本值和家庭年均收入最低，说明农户单纯从农业生产上获得的收益很少，低收益的农业经营很难具有可持续性。旅游接待户和打工兼业户的人力资本显著高于纯农业户，说明人力资本越丰富的农户选择兼业的可能性越大。旅游接待户的物质资本和金融资本显著高于打工兼业户和纯农业户，说明在选择兼业形式方面，金融资本和物质资本丰富的农户往往选择带有创业性质的兼业形式，如开客栈等，金融和物质资本缺乏的农户往往选择不需要较多初始投资的形式，如外出打工等。[2]

元阳县常务副县长王必成从工作实践出发，就三个问题也提出了自己的看法：第一，保护的力量有哪些？第一股力量是政府有形的手。第二股力量是市场无形的手。第三股力量则是“两只手”所共同作用的原住民。现在人的流失已经对哈尼梯田的保护带来巨大压

① 张灿强、闵庆文、田密：《农户对农业文化遗产保护与发展的感知分析——来自云南哈尼梯田的调查》，《南京农业大学学报》（社会科学版）2017 年第 1 期。

② 张灿强、闵庆文、张红榛、张永勋、田密、熊英：《农业文化遗产保护目标下农户生计状况分析》，《中国人口・资源与环境》2017 年第 1 期。

力，传统村落保护所面对的最大压力就是如何留住人。第二，保护的目的是什么？保护的目的是为了提高人民的生活水平。虽然遗产区居民居住在比较偏远、封闭、落后的村寨，但我们不能无视他们对美好生活的向往，要将文化、旅游要素等新的内涵融入传统村落中来。因为没有产业的支撑，便留不住百姓，村民的生活水平也无法提高。因此，产业是核心，建设是目的，保护是手段，发展是根本。第三，保护的支撑是什么？实现传统村落和哈尼梯田可持续发展需要建立一个科学、合理、共享的机制，缺少政府、企业、百姓中的任何一方都不行。年轻劳动力大多外出务工的现状使得村落原真性、传统要素逐渐丧失。如果居民都离开了村落，农耕文化将无人保护。1300 多年的农耕文化如果得不到延续和发展，红河哈尼梯田必将逐渐消亡。[①] 显然，这三个问题归根结底就是一个问题：如何留住人的问题。

（三）哈尼稻作梯田系统传统生态制度文化与生态文明制度建设的策略

1. 对哈尼梯田文化遗产的开发与利用，要坚持梯田自然生态环境改变最小的原则。也就是说，尽量不去改变梯田的自然环境，在梯田遗产景观区域不要大兴土木。

一是坚持政府引导。强化规划、引导，完善农耕文化保护与传承规划，统筹谋划传承基地建设、濒危项目抢救、传统文化生态保护区、文化创意产业园、民族民间歌舞乐展演、特色民居保护，科学规划乡村文化旅游业，增强规划实施的连续性。高度重视生态建设，注重旅游资源开发的整体效应，做到旅游资源开发与环境生态保护的有机统一。重点利用 2017 年 3 月 28 日在红河学院成立的红河哈尼梯田保护与发展研究中心的本土力量，有计划地开展哈尼梯田调查与研究工作，尤其是充分研究已经开工的项目与计划开工的项目对哈尼稻作梯田系统的影响，为政府决策提供依据。

二是进一步争取项目资金支持。充分利用哈尼梯田世界文化遗产

---

① 朱良文、王竹、陆琦、何依、唐孝祥、靳亦冰、杨大禹、谭刚毅、翟辉：《贫困型传统村落保护发展对策——云南阿者科研讨会》，《新建筑》2016 年第 4 期。

核心区、国家级湿地公园、观音山省级自然保护区等资源，积极争取上级各项资金并合理利用。民族农耕文化和乡村旅游发展、精准扶贫等有机结合，因时、因地、因事施策，促进文旅融合发展。①

三是针对哈尼梯田核心区出现未批先建、少批多建、私搭乱建的现象，及时发出《县人大常委会监督建议书》，要求县人民政府尽快制定并出台遗产区民居建设管理制度，严格加强对部门实施项目的监管，加大核心区执法管理力度，加强法律、法规的宣传，增强群众的遵法守法意识。

2. 大力鼓励中青年原住民留下来。元阳，集“边疆、山区、民族、贫困”四位一体的国家扶贫开发工作重点县。2016 年底，全县有贫困乡 8 个、贫困村 63 个、贫困人口 23233 户 95805 人，贫困发生率为 24.12%。动态调整后，新纳入贫困户人口 2093 户 9332 人，脱贫返贫人口 2939 户 13414 人，识别不精准剔除 989 户 4277 人，标注重点帮扶对象 3294 户 15191 人。全县净增贫困人口 3290 户 18772 人，贫困人口规模达 27197 户 119171 人，贫困发生率为 29.14%。2017 年计划 10 个贫困村、25199 人脱贫出列。②

2017 年一年，元阳县实行劳务输出实名制，发展劳务经纪人 425 人，输出农村贫困人口 47903 人，实现劳务经济收入 9.58 亿元。③ 而毛兴华在《元阳推进劳务输出助力脱贫攻坚》中报道：近年来，元阳全县在外务工人员年均保持在 8 万人以上（其中建档立卡贫困户 3 万余人），每年实现劳务工资性收入近 20 亿元。该文还报道：

> 元阳县立足农村劳动力富余的实际，不断创新劳务输出模式，牢固树立“输出一人、脱贫一家”的理念，充分发挥党组织、农户的主体作用，走出了一条“党委政府 + 公司 + 经纪人

① 陈文华：《浅谈元阳民族农耕文化保护与传承》，《红河日报》2017 年 2 月 3 日。

② 毛兴华：《凝聚磅礴力量 决战脱贫攻坚——元阳县脱贫攻坚工作综述》，《红河日报》2017 年 11 月 18 日。

③ 和爱红：《2017 年元阳县政府工作报告——2018 年 1 月 11 日在元阳县第十五届人民代表大会第二次会议上》，http://www.yy.hh.gov.cn/xxgk/zfgzbg/201801/t20180117_169222.html。

（村组干部、党员骨干）+企业+农户”的脱贫致富路子，使劳务经济成为群众的“铁杆庄稼”。

在实际工作中，该县层层成立劳务输出工作领导小组，制定出台《元阳县劳务输出三年行动计划方案》《元阳县农村劳动力转移就业扶贫五年行动计划（2016—2020年）》等系列文件，为劳务输出工作提供坚强的组织保障。

另外，元阳县还建立劳务输出县级办公室、乡级服务站、村级服务点，将村组干部和党员骨干培养成劳务经纪人，形成劳务输出四级网络，全面实行劳务输出实名制，实现对外出务工人员精准动态管理。目前，全县劳务经纪人发展到425人，建立服务点564个，完成贫困人口劳务输出实名制登记12620人。

同时，加大对本土劳务输出公司的帮扶力度，协助部分优秀外出务工返乡人员成立尼农门劳务输出公司，扶持贴息贷款100万元，支持公司与多家省内外企业签订用工协议，为劳务输出畅通渠道。①

一是元阳县农村劳动力富余？如何判断？标准是什么？如果富余，那到底有多少？就笔者调研发现，虽然农村生产季节性强，但如果说元阳县农村劳动力富余，甚至达到数万人，还是不符合事实的。即使富余，也是季节性的，而非全天候富余。何况就报道的具体内容看，输出的目的是“输出一人、脱贫一家”，是输出型扶贫，是为了帮助贫困人口脱贫而输出的。即是说，农村没有足够的岗位解决这些人的脱贫问题，只能通过输出劳动力而不仅仅是输出季节性富余劳动力来完成。显然，这是在元阳农村“抽水”，而不是“留水”。

二是研究表明，哈尼梯田地区的青壮年劳动力偏向于在城市生活和务工，外出务工收入明显高于常规农业收入，使农业机会成本较高。这一现象是社会发展过程中农村的普遍现象，主要原因可能是交通和信息越来越便利畅通，以及区际人口流动使农村青年人了解更多的城市生活，这种城乡和地区间经济和生活差距驱使青年劳动力流向城市，寻求更舒适的工作、更高的收入和更丰富多彩的生活方式。但

① 毛兴华：《元阳推进劳务输出助力脱贫攻坚》，《红河日报》2017年12月16日。

是，与平原地区人口外流的驱动因素相比，哈尼梯田地区也有所不同，平原地区人口向城市流动主要是因为高效农业的发展使劳动力过剩和城乡生活差距双重因素所致，而城乡和地区经济差距是哈尼梯田地区青年劳动力外流的主要驱动力。而传统生产方式下，哈尼梯田仍然需要较多的劳动力。[①] 外出务工的都是中青年，势必导致哈尼稻作梯田系统、生态文明建设更缺人手。如何妥善处理和解决输出与归来的问题，让哈尼梯田保护传承有足够的人力资源，这也是政府值得特别注意的问题。

三是研究显示，哈尼梯田地区有机转换期水稻种植直接投入远远高于现代水稻种植方式，总投入成本中劳动力成本占比最大，而单产明显低于现代水稻种植方式。这主要是因为哈尼梯田特殊的自然条件，难以实行现代化的规模生产，加之转换期不施农药和化肥，使单产下降。通过有机生产提高稻谷价格使农民增收，保证水稻种植的持续性，对该地区而言是有效的方式。然而，哈尼梯田有机转换期稻谷还不能以有机农产品出售，农民的利益不能通过市场机制得到保障。[②] 就上述报道看，鼓励外出务工的力度不可谓不大，有政策支持、机制保障、财力支撑等。一方面，缺少保护传承的力量；另一方面，又大力鼓励外出务工，导致矛盾或形成悖论。不妨来个反向思维：与其把农村劳动力往外推，还不如想法让他们留下来，为哈尼稻作梯田系统保护传承做贡献。不能只鼓励外出务工，而没有多少优惠政策鼓励他们留下来。应该像鼓励他们外出务工一样鼓励他们留在家乡、留在梯田，为这一系统保护传承贡献力量，为生态文明建设提供劳力与智力支持，毕竟外出务工者的绝大多数人终究还是要回到梯田的。

针对提高哈尼梯田农户的生计资本水平，在政策层面，还可以从以下两个方面多下功夫：一是要大力提高农户的农业经营收益。深入推进一、二、三产业融合，延长农业价值链和产业链，拓展农户的就

---

① 张永勋、刘某承、闵庆文、袁正、李静、樊淼：《农业文化遗产地有机生产转换期农产品价格补偿测算——以云南省红河县哈尼梯田稻作系统为例》，《自然资源学报》2015年第3期。

② 同上。

业和增收渠道。如针对当地的红米、黑米等特色品种，鼓励绿色、有机种植，广泛开展农产品加工和功能性食品开发，拓展旅游相关产业发展，如旅游食品、旅游纪念品加工等。

二是要注重提高农户的生计资本水平。引导农户拓展哈尼稻作梯田系统保护的途径，如培育农村金融市场，增加农户融资的渠道，拓展贷款抵押物范围，降低农户贷款成本。引导返乡农民工围绕哈尼稻作梯田系统的合理开发和利用进行创业，并在税收、用地等方面给予扶持。对开展旅游接待的农户进行业务培训，提高接待和管理水平。发挥政府财政的主导作用，加强遗产地基础设施建设。①

三　哈尼梯田传统生态观念文化与生态文明观建设

元阳居住着汉族、哈尼族、彝族、傣族、苗族、瑶族和壮族7个民族，全县总共44.8万人，其中，少数民族有39.56万人，占总人口的88.3%。② 哈尼族在漫长的历史发展过程中，由于种种复杂的社会原因，本民族内部形成若干繁杂的称谓，其自称、他称称谓有哈尼、卡别等30余种，其中以自称哈尼的人数最多。尽管少数地区的哈尼族称谓发生了一些变化，但大部分地区哈尼族称谓仍被沿用下来，成为今日统一的哈尼族族称。“哈尼”一词是构成飞禽走兽、力量和人，女性的名称的词素，一般不拆开单独使用，但两个音都有独立意义。③ 哈尼族经过无数代人接力式的艰苦奋斗，磨炼出了坚强不屈、锲而不舍、坚忍不拔的精神，铸就了默默忍耐、自强不息、乐于助人的性格，处理自己与梯田之间的关系的经验，对于生态文明观建设具有重要作用。

---

① 张灿强、闵庆文、张红榛、张永勋、田密、熊英：《农业文化遗产保护目标下农户生计状况分析》，《中国人口·资源与环境》2017年第1期。

② 毛兴华：《元阳：团结和谐谱新篇》，《红河日报》2018年3月26日。

③ 毛佑全：《哈尼族原始族称、族源及其迁徙活动探析》，《云南社会科学》1989年第5期。

（一）哈尼稻作梯田系统传统生态观念文化与生态文明观建设的成绩

1. 非物质文化遗产保护与传承工作成效显著。

一是抢救性保护取得显著成绩。近年来，元阳县积极挖掘多彩的民族文化精髓，重点对濒危的哈尼口碑文化、牒谱文化、染织文化等开展系统挖掘、整理和保护。迄今为止，建立非物质文化遗产项目库，有州级项目 12 项、县级项目 80 项。拥有《哈尼四季生产调》《哈尼哈吧》《祭寨神林》（昂玛突节）3 个国家级非物质文化遗产项目，《哈尼梯田农耕礼俗》《彝族民歌》《哈尼阿培聪坡坡》《矻扎扎节》《长街宴》5 个省级非物质文化遗产项目；《哈尼腊猪脚制作技艺》《那里土陶制作技艺》成功申报为第四批省级非遗保护名录项目。

二是完善传承人制度。依据相关法律，加大对传承人扶持的广度和力度，完善传承人认定机制，加强传承人的组织培训，签订保护传承协议，传承人保护机制初步形成。组建以县传习馆演员为主的哈尼古歌传承队伍，为《哈尼古歌》的成功推出打下基础。目前，拥有非物质文化遗产传承人 162 人，其中，国家级传承人 1 人、省级传承人 5 人、州级传承人 29 人、县级传承人 127 人。[①] 此外，元阳县还培养了一批文艺爱好者从事基层文化服务工作，基层文艺队伍逐步壮大，基层文艺创作得到了繁荣发展。元阳县现有农村文艺队伍 351 支，队员共 8657 人，村（社区）业余文艺爱好者 3000 余人。[②]

三是开展丰富的传承活动。首先，借助节庆日开展传承活动。以哈尼族开秧门等民族节庆文化活动为契机，打造地方特色文化品牌。同时，举办非遗传承人展演活动，弘扬非物质文化遗产，展现民族文化风采。每年元阳县都会举办傣族泼水节、彝族火把节、哈尼“长街

---

① 陈文华：《元阳非物质文化遗产保护传承中的经验与做法》，《红河日报》2018 年 3 月 3 日。另见李梓毓《保护哈尼古歌，红河在行动》，《红河日报》2017 年 10 月 23 日。

② 毛兴华：《从群众利益出发 推进社会事业大发展——元阳县强化社会保障服务民生工作纪实》，《红河日报》2017 年 9 月 22 日。

宴”等重大民族节庆活动，并先后承办“梯田文化旅游节”、国际摄影双年展、哈尼梯田申遗成功庆典等重大文化活动。其次，开展非遗文化展示活动。非遗传承展示中心投入使用，展示农耕文化。如箐口哈尼民俗村展示蘑菇房、寨神林、水渠、分水木刻、水磨房、水碓房等生产生活农耕文化。

四是打造《哈尼古歌》知名品牌。哈尼古歌即“哈尼哈吧”，是哈尼族传承先祖文化的一种说唱艺术，被誉为“无文字的百科全书”，文化“活化石”。2008 年 3 月申报为第二批国家级非物质文化遗产保护名录后，元阳县在加大传承保护工作力度的同时，积极提升品牌知名度。2015 年 5 月 1 日，意大利米兰世博会开幕，《哈尼古歌》作为中国馆唯一的驻场演出节目登上了国际舞台，完成了从濒临失传到走向世界的完美蜕变。《哈尼古歌乐舞——四季生产调》还成功申报了 2017 年度省级文艺精品创作扶持资金资助项目，组建了一支以县传习馆演员为主的哈尼古歌传承队伍，为《哈尼古歌》的成功推出打下基础；建设了“元阳县哈尼古歌传承基站沙拉托传承点”等 17 个哈尼古歌传承站点，为《哈尼古歌》的传承与保护提供了阵地；积极举办以“唱响哈尼古歌·传承梯田梦想”为主题的哈尼古歌演唱大赛，并制作出版了首张《哈尼古歌》专辑，组建了由 28 人组成的哈尼古歌少儿合唱团，更好地培养和传承《哈尼古歌》。① 2017 年，哈尼古歌在景区景点实现常态化演出，成功举办梯田国际越野马拉松比赛、“开秧门”实景农耕文化节等节庆活动。2013—2017 年，全县共举办 48 场节庆活动，带动 2 万村民，人年均增加收入 900 元。②

2. 经验与做法。

一是高度重视。本着“积极保护、合理开发、有效利用、鼓励竞争”的原则，元阳县制定出台了《元阳县贯彻落实省政府哈尼梯田保护与旅游产业利用工作专题会议精神实施方案》和《元阳县文化建设六大工程专项实施方案（2015—2020 年）》等，明确保护哈尼梯

---

① 陈文华：《元阳非物质文化遗产保护传承中的经验与做法》，《红河日报》2018 年 3 月 3 日。另见李梓毓《保护哈尼古歌，红河在行动》，《红河日报》2017 年 10 月 23 日。

② 杨天慧：《元阳旅游业实现跨越发展》，《红河日报》2018 年 7 月 12 日。

田文化的工作措施，为确保非物质文化遗产保护与传承提供了政策支持。

二是建立数据库。对全县非物质文化遗产民族歌曲、服饰、习俗项目进行分类、整理、出版，统一编码进行登记并分级建档，形成资料库，确定县级非物质文化遗产项目11类80项，对濒临消失的项目进行资料保存。

三是提高保护认识。加强对非物质文化遗产保护与宣传教育工作，提高干部群众对文化遗产保护重要性的认识，增强全社会的文化遗产保护意识，利用中央电视台、云南电视台、昆明电视台、《红河日报》等新闻媒体进行宣传。积极与云南大学、中南大学、红河学院等大学院校合作，加强社会实践，加大哈尼古歌的推广力度。

四是完善传承模式。鼓励各种传承方式，首先，鼓励个人、家庭、群体传承。对于一些特定的个人、家庭、群体所保有的非物质文化遗产，如贝玛文化、毕摩文化，鼓励子承父业或家族人员传承。其次，鼓励学校教育传承。乐作舞作为非物质文化遗产，编成课间操走进了胜利村中心小学、新街中心学校等校园，成为独特的校园文化，发挥了乐作舞集歌、舞、乐为一体的民间原生态舞种；元阳县民族小学把民族刺绣纳入校本课程。再次，鼓励农村文艺队传承。借助35支农村文艺队，传承民族舞蹈、哈尼古歌等，非物质文化遗产在农村不断焕发活力。与此同时，加大传承人的扶持力度。考虑到大部分传承人都是农民，为保证全身心地投入到传承活动当中，认真落实补助政策，国家级传承人补助10000元，省级传承人补助5000元，州级传承人补助1000元，县级传承人补助500元至1000元。作为元阳县第一个民族刺绣农民专业合作社，落户于攀枝花乡猛弄村的猛弄刺绣农民专业合作社，已发展社员200余人，成功注册“云上民绣”的商标，张令琼、李世芬、白玉芬、李美琼被评为“元阳县刺绣女能手”。通过探索打造设计—生产—销售（微店销售，网上销售）为一体，产品生产实行顾客与绣娘一对一“私人定制”的农村电商运作模式，使绣品的价格从原来的几十元，提高到百元乃至千元，绣娘人均每月增加收入2000余元，帮助当地贫困妇女拓宽增收渠道，使她们不离乡土、不离家庭就能增收，在脱贫攻坚中撑起家庭的“半边天”。①

五是积极开发文化产业。在有效保护的基础上，将文化资源优势转换为经济优势，成为新的经济增长点，推动经济发展。通过“生产性保护”，让古老的技艺“活”起来，成为元阳县经济转型升级的重要依托。目前，新街镇、攀枝花乡2个乡镇11个村委会20个村落改造项目竣工，提升了哈尼梯田核心区群众的居住环境，带动了旅游业发展，为群众脱贫致富提供了基础。② 2013—2017年，全县共接待旅游人数934.53万人次，旅游收入133.33亿元，旅游人数及收入呈逐年增长趋势。③ 2018年1—4月，元阳县接待国内外游客132.36万人次，旅游业总收入185595万元；“五一”小长假，该县共接待国内外旅游者59097人次，旅游综合收入3866.27万元。④

（二）哈尼稻作梯田系统传统生态观念文化与生态文明观建设的问题及对策

1. 文化传承断代，梯田文化面临危机。2013年12月23日，习近平总书记在中央农村工作会议上指出：“我听说，在云南哈尼梯田所在地，农村会唱《哈尼族四季生产调》等古歌、会跳哈尼乐作舞的人越来越少。不能名为搞现代化，就把老祖宗的好东西弄丢了！”⑤总书记一针见血地指出了哈尼梯田非物质文化人文生态系统变迁的问题。

哈尼族梯田农耕中的经验与技艺，是哈尼族传统生态文化中的重要组成部分。农耕经验是在长期的农业实践中积累起来的，农业生产的程序，各种农业技能如挖沟引水、修田筑坝、犁田耙地、播

---

① 毛兴华、何可：《“绣”出一条脱贫致富路——元阳县攀枝花乡民族刺绣产业发展一瞥》，《红河日报》2017年9月4日。

② 陈文华：《元阳非物质文化遗产保护传承中的经验与做法》，《红河日报》2018年3月3日。另见李梓毓《保护哈尼古歌，红河在行动》，《红河日报》2017年10月23日。

③ 杨天慧：《元阳旅游业实现跨越发展》，《红河日报》2018年7月12日。

④ 何学林、元阳：《聚力百日攻坚 擦亮梯田名片》，《红河日报》2018年5月17日。

⑤ 中共中央文献研究室编：《十八大以来重要文献选编》上，中央文献出版社2014年版，第678页。

种栽插、种子选择、水资源管理、施肥技巧等的把握，绝非一日之功。加之与梯田农耕紧密联系的农时节令的掌握、农业祭祀的施行等纷繁复杂，包含广博的内容和知识技能在内。因此，真正掌握已有的梯田农业经验及技艺，加以发扬、创新并传授给下一代，需要付出毕生的努力。历史上，哈尼族人有以下两种传承方式：

一是示范身教的传承方式。这是哈尼族梯田农耕文化主要传承方式之一，表现在家庭性农业实践和社会性农业实践两个方面。第一，家庭性农业实践，以家庭为单位来进行，其农耕文化的传承以上一辈人在劳动中身体力行的示范来进行。第二，社会性农业实践，除了全社会都在从事的农业劳动给人以整体示范外，还有一些专门的社会性农业示范活动。如在哈尼族的宗教活动中几乎都有农业祭祀，而农业祭祀往往伴随着象征（表演）性的农耕活动仪式。这种象征性的劳动仪式，都是在德高望重的咪谷等老一辈人的主持下进行，也都是在重要节日、重要宗教活动和农业生产的重要阶段时举行，这无疑有着指导民众农业生产按农时节令进行的意义。

二是口耳相传的传承方式。哈尼族农耕文化的口耳相传，亦可分为家庭性的和社会性的。第一，家庭性口耳相传方式。在哈尼族农耕经验文化的传承过程中，言传与示范是相辅相成的。在家庭性农业实践的示范中，父辈都有意识地对自己所从事和示范的如挖沟引水、水资源分配、使用和管理、梯田的修造、犁耙田的要领、播种栽插、收割选种等经验和方法，对子女进行细致的讲述。母亲则在社会分工的基础上，向女儿示范并讲述栽插、薅秧、割谷、归仓等经验与技艺。这种言传在农耕实践过程中是长期的、与示范相配合的、直接的。具有一定间接性农耕文化传承是在家中的火塘周围进行的，所以，火塘是哈尼族御寒取暖、饮食炊爨、家人团聚之处，又是口传文化的重要场所。在火塘这个象征性家庭学堂中，哈尼族传授和学到的不仅是农耕文化知识，也学到许多历史知识、生活知识、社会公德、为人处事等。第二，社会性口耳相传方式。哈尼族社会性的口传农耕文化，采取比直接示范言传和家庭性言传更高的形式，那就是哈尼人在农业实践中形成的“教材”来进行口头传承。由于哈尼族没有文字，这种“教材”以民歌的形式在民间流传，如《哈尼族四季生产调》《十二月生产调》等，是哈尼族世代言传口授的农事节令歌，又是以农业生产活动为中心展现节日、农祭等农耕社会活动的习俗歌。哈尼族农耕文化的社会性口耳相传，往往在哈尼族重要的节日、集会和宗教活动中进行。这些活动是根据农时节令而举行的，十分频繁，几乎月月有节、季季有庆，这就为哈尼族农耕文化的传承提供了较多的机会和社会性口传文化场所。①

在示范身教、口口相传中，除哈尼族的每个人都是文化的创造者和传承者外，还有专门负责文化传承的摩匹文化阶层。在哈尼族社会中，摩匹既是梯田农业的生产劳动者，又是梯田农业生产的指导者。他们掌握民族文化、传授民族历史、农耕节祭知识，熟知哈尼族的一切礼仪，懂得医术等，在哈尼族社会中具有较高地位。在古老传说中，摩匹与“首领”具有同等地位；在现实生活中，无论是在个别家庭的婚丧嫁娶、村寨的祭祀活动中，还是在本民族重要的节日和重要集会、宗教活动中，摩匹和咪谷一样，地位往往是至高无上的。在一切重要场合，摩匹都以文化权威的身份，以说唱的形式讲述哈尼族发展的历史、民族风习传统、农业耕作知识、民族文学艺术及各种规矩。然而，这只是一般性的传播知识，摩匹真正把所掌握的知识传授给徒弟。在哈尼族寨子几乎都有摩匹，都收有徒弟。从哈尼族社会总体上看，摩匹是一文化阶层；从具体看，各地摩匹师徒间的关系形成为一个个传统的组织（可视为学校），有着一套师徒继替、地位传授的制度。每一组织中有若干小摩匹（徒弟），统属于一个大摩匹，这个大摩匹是在上一代大摩匹生前经过严格考试选定的继承人。1981年，元阳县召开摩匹座谈会，到会的20多个摩匹都能背诵数万行的创世史诗、叙事史诗；都能讲述数百个神话、传说、故事、童话；能唱情歌、山歌、生产调等。从他们提及的数目巨大的篇目看，内容涉及哈尼族远古到现代的所有社会生产生活层面。②

此外，在文化传承过程中，哈尼族还存在着一套特殊的记忆方式

① 王清华：《梯田文化论——哈尼族生态农业》，云南大学出版社1999年版，第335—337页。

② 同上书，第344—345页。

系统，特征体现在一个“连”字上，即将应永世牢记于心并加以传承的文化，以一种特别的形式连接起来，形成一条便于记忆的索链。这条索链深嵌于哈尼族社会的政治、经济、文化诸方面，也许为哈尼族所独创。一是连名制记忆系统。哈尼族的一系列连名制，包括“父子连名制”“地名连名制”“师徒连名制”。家族沿袭、财产和血缘继承关系的父子连名制和原始氏族地缘政治统属关系的地名连名制，这两种连名制古今贯通，构成了哈尼族社会历史文化传承体系中的两大记忆系统，共同的特点是连名这种形式；内容实际上就是哈尼族社会的政治经济内容。哈尼族的每一个家庭以一种链条似的连名形式连接形成为庞大的家族血缘体系，最终又连接在一个共同的祖先那里；而无数家庭组成了村落也以链条似的连名形式连接纠结为一个一个的社会共同体，最终又构成整个哈尼族社会总体。体现哈尼族文化发展及关系的“师徒连名制”，则是这一系列特殊记忆方式的重要内容和重要环节。摩匹作为文化的保存者和传递者本身就是文化的“载体”，他们以联名的方式代代相袭，将民族文化的发展连接起来；他们本身还是哈尼族文化传承方式特殊记忆系统的接受者和传递者，而且很可能就是这种记忆系统的创造者。二是歌词连词记忆系统。“歌词连词”这一现象存在于哈尼族诗歌中，而哈尼族诗歌是哈尼族文化的重要内容。在哈八（古歌）、阿欺枯（情歌）、阿迷车（儿歌）三大类诗歌中，古歌和儿歌中保留着最为古老的内容。就目前调查研究，仅在古老儿歌中看到“歌词连词”现象。至今尚存的连名、连词现象证明，在遥远的古代，一代又一代哈尼人民在创造伟大的历史文化和梯田文化的过程中，就考虑到文化的便于记忆、长久流传的问题，于是创造了以“连名”“连词”为形式的独特的记忆系统。①

正如时任国际古迹遗址理事会副主席郭旃先生认为的，红河哈尼梯田文化景观不是一种难以延续的生态标本，更不是人们茶余饭后的猎奇场所，而是一种人与自然和谐共存的、独特的生产生活方式，以及人与自然共同作用所形成的奇特、壮美的景观，也包括非物质文化遗产。这种生态景观存在逾千年，覆盖着相当广阔的区域，是关于过

① 王清华：《梯田文化论——哈尼族生态农业》，云南大学出版社 1999 年版，第 362 页。

去、现在和未来的人文示范，是文化生态系统，是民族家园。它们是生动的，鲜活的，也是要传承的。[①] 中国科学院地理科学与资源研究所研究员闵庆文调研后也发现，目前，人们较多地关注旅游的发展，忽视了作为梯田得以持续的最为关键的一个方面，即梯田农业生产的可持续发展。他说："记得哈尼梯田申遗成功后举办的专家恳谈会上，我曾提出了自己的忧虑：哈尼梯田的保护与发展面临着前所未有的机遇，同时也面临着前所未有的困难。因为从国际上看，同类型的遗产保护并不顺利，菲律宾伊富高梯田就曾被亮黄牌；国内更没有同类遗产保护的经验，因为在我国的 40 多个自然与文化遗产中，哈尼梯田是第一个农业类遗产。"[②]

可惜的是，乡土性逐渐消失是哈尼梯田文化遗产价值延续的极大威胁，外来的新技术和新材料对乡土的传统知识冲击很大，由此导致乡土文化系统的破裂，也是文化传承断代的危机。按照哈尼族衡量年轻人的传统人才标准，小伙子帅不帅，不是看他的相貌身材，而是看他的耕田技术如何，如果小伙子是犁田、耙田、筑田埂的能手，就会得到大众的称赞，也就会赢得姑娘们的青睐。同样，姑娘美不美，就要看她栽插时蜻蜓点水似的栽秧技术。市场经济为主导的社会文化背景促使青壮年外出打工，由此引发传统梯田农耕管理观念的改变，梯田文化的传承面临断代的危机。年轻人不愿意学习梯田耕作技术，对传统古歌、情歌、舞蹈也不热衷，而是追求时尚的流行歌、交际舞，他们虽然也会参加传统礼仪活动，如丧礼、婚礼、祭寨神等，但他们脑子里没有多少传统文化内容。男的不愿去学耕作技术，女的不喜欢学纺织、绣花等传统服饰工艺。今天劳作在梯田里的大都是 50 岁以上的中老年人，甚至 70 岁的老人还不得不犁田、耙田。[③]

哈尼梯田农户对不同问题的感知存在相关性，总体来看，农户对遗产认知、保护和传承意愿越强，对环境扰动的感知和生态保护的意愿越强烈。遗产旅游在一定程度上可以促进农户对梯田系统的认知和

---

① 陆琼：《守护梯田家园我们还应做什么?》，《世界遗产》2014 年第 9 期。

② 闵庆文：《哈尼梯田农业类遗产的持久保护和持续发展》，《世界遗产》2014 年第 9 期。

③ 黄绍文、黄涵琪：《世界文化遗产哈尼梯田面临的困境及治理路径》，《学术探索》2016 年第 10 期。

保护。农户感知与家庭和个人特征因素相关，年龄和土地经营规模较大的农户对遗产的认知程度越高，而老年农户的环保意识较低，教育程度和家庭收入越高的农户对生态环境的保护意识越强烈。当然，受数据和研究方法限制，农户对农业文化遗产的感知影响机制还有待进一步深入研究。[①]

2016年6月4日，全国从事传统村落保护、乡村治理、乡村建设等方面研究的专家学者、建筑师，以及投身乡村建设工作的政府领导、基层工作人员，在云南阿者科村展开了一场关于“贫困型传统村落保护发展对策”的研讨会，但许多观点也没能达成共识。如浙江大学建筑工程学院教授王竹认为，传统村落的保护与发展不仅复杂而且艰难，其艰难并不仅仅是经济与技术的因素，更重要的是意识方面的混乱与理解上的误区。他提出了一个新观点：“我认为蘑菇房的传统村落是要分类的。作为最典型的、遗存最为完整的村落主要应遵守保护原则，这需要政策、资金与技术等外力的支持，将它作为民居‘标本’结合旅游推广宣传，从而保护好文化遗产。而对于其他更多的普通村落，首先应该做的是提升居住品质。我了解到这个蘑菇房屋顶茅草的来源都没了，你还保护它干吗？传统的智慧就是要因地制宜，就地取材，如果拿进口的茅草来延续这个外壳，这就好比一个得了重病的人，靠给他输血来维持生命一样。”西安建筑科技大学建筑学院副教授靳亦冰则认为：“刚才专家讨论蘑菇房的壳要不要保留，我个人的观点是要留，朱（良文）老师现在的改造方式就是保留了蘑菇房的外壳，但内部的功能已经发生了变化。不论是出于商业目的，还是居住目的，我认为都是一种文化的传承，是哈尼族居住文化的传承。蘑菇房的‘壳’要保留，至于内部的功能应该怎么去做，我们首先要向朱老师学习如何尊重和保护当地人的生活习惯，保障他们最基本的生存环境。”昆明理工大学建筑与城市规划学院教授杨大禹提出：“不论是朱老师的保护改造，还是其他方式的改造，都只是一种导向和示范。而农村的问题，关键就是需要利用示范来引导来带动。大家

---

① 张灿强、闵庆文、田密：《农户对农业文化遗产保护与发展的感知分析——来自云南哈尼梯田的调查》，《南京农业大学学报》（社会科学版）2017年第1期。

有了共识和目标，后续的传统村落保护工作就容易推进，难就难在形成这个共识的漫长过程。”①

虽然闵庆文研究员在2009年提出了哈尼梯田农业文化遗产保护的两个基本原则（“动态保护原则”“多方参与原则”），但理论上如何科学定义并具可操作性、实践过程中如何让参与各方科学把握这两大原则也是一个大问题。如在多方参与方面，他进一步提出“目前应当采取的是国际组织指导、政府主导、企业协助、科技支撑、社区参与的机制”②，但在理论与实践中如何准确把握“指导”“主导”“协助”“支撑”“参与”这五个“度”也没有达成共识。

2. 提升哈尼稻作梯田系统传统生态观念文化与生态文明观建设耦合度。一是坚持五大原则、处理好四大关系。“五大原则”是：应当遵循农业文化遗产保护的一般性原则：第一，保护优先、适度利用的原则。对于农业文化遗产来说，因为其濒危性和与集约化、规模化等为特点的现代农业相比存在劣势，必须强调将保护放在优先位置。第二，整体保护、协调发展的原则。农业文化遗产包括了物质文化遗产和非物质文化遗产等诸多方面，既有自然的东西，也有文化的东西，需要进行整体保护，协调发展。如重点借助十九大后出台的相关政策，进一步把哈尼族古老民俗、传统歌舞文化留住，加大非物质文化遗产传承人的发现和培养，让更多人了解哈尼古歌，传唱和传播哈尼古歌。第三，动态保护、适应管理的原则。要承认现代技术合理及有利的一面，应当允许农业生产系统在内核不变的基础上的适应性调整。第四，活态保护、功能拓展的原则。应当认识到农业文化遗产是一种活态文化遗产，应遵循生产性保护的原则，一旦农业文化遗产不生产不运作，那么，它离消失也就为期不远，而且在利用过程中应充分发挥其生态、文化等多功能特征。第五，就地保护、示范推广的原则。我们不可能将农业文化遗产放在博物馆里进行展示，要把可以推广应用的技术体系、知识与

① 朱良文、王竹、陆琦、何依、唐孝祥、靳亦冰、杨大禹、谭刚毅、翟辉：《贫困型传统村落保护发展对策——云南阿者科研讨会》，《新建筑》2016年第4期。

② 闵庆文：《哈尼梯田的农业文化遗产特征及其保护》，《学术探索》2009年第3期。

保护理念与措施向其他地区进行推广。“四大关系”是：第一，不同遗产类型之间的关系。不仅要重视物质性的梯田，还应注意非物质性的森林与水资源、生物多样性保护与利用的传统知识。第二，不同产业类型之间的关系。不仅要充分发挥哈尼梯田的文化价值，发展旅游业与文化产业，还应当利用其生态环境价值发展特色农业，如梯田红米等。第三，不同利益群体之间的关系，特别是政府、企业、社区和农民的关系，一定要确保农民的利益。第四，核心区和非核心区的关系。尽管作为世界文化遗产申报时的核心区位于元阳县，涉及3个片区，但红河哈尼梯田绵延整个红河南岸的元阳、红河、绿春、金平等县，总面积约100万亩，需要保护的至少有10大片区、20万亩。[①]

二是扩展生态旅游视域。类似大开发时期，一年仅元阳就接待游客292万人次，平均每个月接待游客超过24.3万人次。梯田里有82个传统村落，生活着5万多人口。仅大鱼塘村已经有十几家客栈、餐厅陆续开业。[②] 如果以这样的速度增加，游客对梯田的副作用最大，客栈、餐厅产生的垃圾、污水等也不容小视。有关部门应未雨绸缪，早作计划，不能破坏、污染后再保护再治理。2017年8月23—28日，20余位资深专家齐聚红河南部绿春、红河、元阳、金平4县，以“红河哈尼梯田可持续发展与边疆民族地区精准脱贫”为主题，就红河南部地区梯田生态建设、文化建设、产业发展、精准扶贫与精准脱贫等多个方面展开深入调研。中国科学院地理科学与资源研究所研究员闵庆文一针见血地提出：“对于农业遗产或农业类型的文化遗产的保护，如果仅仅从文化遗产来认识，只重视旅游的发展，肯定难以实现保护的目标，原因并不在于领导不重视，而在于忽略了农业、农民和农村的基础性工作。”他说，如果只宣传哈尼梯田就是元阳梯田、最佳摄影时间是冬季灌水后，这不仅限制了其他地区旅游业的发展，还可能因为时间、区域的过度集中，因为承载力问题而对元阳梯田造成极大的破坏。这需要换一种观念，从景点景区跳出来，从单一的观

---

① 闵庆文：《哈尼梯田农业类遗产的持久保护和持续发展》，《世界遗产》2014年第9期。

② 岳晓琼：《产业融合成就梯田别样美》，《云南日报》2018年1月19日。

光活动跳出来，从一个部门管理跳出来，从旅游企业经营的观念中跳出来，让全区域都成为旅游目的地，发展多种旅游产品，让文化、农业、生态等部门都参与进来，让农民真正参与进来。[①] 即是说，以全域生态旅游的概念，在推进哈尼梯田生态文明建设的同时，也达到保护传承哈尼梯田传统生态文化的目的。

三是加强农业文化遗产保护宣教工作。通过举办各种培训班、民俗文化活动，使当地农户知晓农业文化遗产的内涵和保护要求，提高农户对遗产的认知程度，培养农户对传统文化的认同和禀赋资源的自珍。结合当地传统文化中敬畏自然的朴素观念，普及现代环保知识，增强农户的环境保护意识。在当地中小学、幼儿园，积极开展传统生态文化和生态文明观的教育。同时，积极探索对城市居民和学生的宣传途径，加大宣传力度，鼓励他们做志愿者，从各个方面支持哈尼稻作梯田系统保护传承工作。

此外，哈尼稻作梯田系统最核心的问题是稻作文明的传承。如果这个问题不解决，老百姓不可能在这里安居，也更不可能乐业，因此，需要思考新时代新的人地关系，重构生产—生活的关系，利用现有的资源，除做好产业规划、相应的保护和物质形态的建设等问题外，还有相关的社会与文化问题的联动。如作为一个村寨，阿者科的形态要素非常完整，广场、古树、水井、公厕、水磨房等，这些传统村落里固有的“公共（服务）空间”正日渐消逝，应该将其重拾起来。与之相关的是，过去有类似于哈尼族的摩匹等一些关键人物起的作用也逐渐在退化或丧失。在新的历史形态下，是不是可以通过一些具有创造性的手段或方式，如培训、乡学等将这些延续甚或重构？通过把公共空间转化为公共服务功能，把关键人物转化为公共管理人物，从而为旅游提供一些相应的服务功能，进而加强村子的内在凝聚力。[②]

---

① 李立章：《为南部地区发展“把脉问诊”——“云南社科专家红河南部行”调研咨询活动侧记》，《红河日报》2017 年 8 月 31 日。

② 朱良文、王竹、陆琦、何依、唐孝祥、靳亦冰、杨大禹、谭刚毅、翟辉：《贫困型传统村落保护发展对策——云南阿者科研讨会》，《新建筑》2016 年第 4 期。

第四章　贵州从江侗乡稻鱼鸭系统与生态文明建设

贵州从江侗乡稻鱼鸭系统从空间看，有机体之间确定了多种共生关系，占有不同的生态位，摄取各个层次的物质和能量；从时间看，根据稻鱼鸭各自生长的特点，通过操作节律的调控，使它们和谐共生；从结果看，在不增加空间的前提下，获得大量有机产品，提高了稻田的生产生态效益，实现了农田的永续利用。这种方式在从江已经延续了上千年，作为一种独特的农业文化遗产，该系统是历代侗乡人对生态环境的深度认识和把握的基础上积累起来的智慧与技能的整合，与所处自然生态背景形成了相互兼容、物质和能量互换的并存多元的循环圈，具有重要的生态服务功能，对民族地区生态文明建设具有重要的借鉴价值。2011 年，贵州从江侗乡稻鱼鸭系统被认定为全球重要农业文化遗产。2013 年，又被认定为第一批中国重要农业文化遗产。在从江县生态文明建设过程中，侗乡稻鱼鸭系统也在适应中得到传承。

一　从江侗乡稻鱼鸭系统与生态文明建设的成绩

从江侗乡人尽管没有从理论的高度认识到稻鱼鸭系统的本质，但却从生产生活实践中领悟和体会到其对民族生存和发展具有的重要意义，正如小黄村侗族大歌《祖公立寨之歌》所唱的："请转告子孙后代，千万不要忘怀养育自己的土地，它有着祖辈的血和泪的灌溉，有着祖辈的智慧，即使海枯石烂也不要离开，踩着前辈的脚印，寻求美好的未来。”从江侗乡人延续着先民的生态智慧，利用稻鱼鸭系统具有的自组织能力，遵循“资源—农产品—废弃物—再生资源”的生产方式，是生态农业、循环农业的成功范例，对于新时代从源头上解决农业环境污染问题、建设美丽乡村、建设美丽家园、建设生态文明具有不可替代的重要价值。

（一）从江侗乡稻鱼鸭系统对生态文明建设的贡献

1. 从江侗乡稻鱼鸭系统的物质文化为生态文明物质建设提供了坚实的保障。从江县隶属贵州省黔东南苗族侗族自治州，国家级贫困县，辖7个镇、11个乡、3个民族乡，共有381个村民委员会、9个居民委员会，聚居了侗族、苗族、汉族、壮族等十多个民族，少数民族人口占90%以上，其中，侗族是该县人口最多的民族，又以侗族文化为代表，故从江被称为侗乡。

任何一个民族在地球表面都有自己的生存空间，这片特有的生存空间的自然特性就构成了它的生存环境。从江县界东部、南部与广西交界，西部、北部与本省荔波、榕江、黎平三县毗邻。从地形地貌上看，从江地处云贵高原东南边缘向广西山地、丘陵过渡，苗岭山脉南麓与南岭桂北诸山接壤地带。地势复杂、起伏较大，西南高，北部次之，东北最低，最高海拔为1670米，最低海拔145米。全县地势以珠江流域都柳江干流66公里为横轴两翼递升山势的递变轮廓，构成了从江县地形骨架。都柳江沿岸峰峦叠翠，竹木葱茏，古榕参天，山清水秀，风景秀丽。全县总面积3244.3平方公里，丘陵面积3180平方公里，占全县土地总面积的98%，耕地面积1.44万公顷，森林覆盖率63%，山多地少，沟谷发育密集，交通不便。[①] 从江全境以黄壤、红壤为主，中、上等土质占80%以上。从江全境属中亚热带温暖湿润山地季风气候，气候湿热，雨量充沛，年均气温18.4℃，年均无霜期323天，年均降雨量1115.8毫

---

① 龙笛信、龙登渊、谌鸿溪：《贵州从江稻鱼共生生态农业及其开发模式探索》，载闵庆文、钟秋毫《农业文化遗产保护的多方参与机制——“稻鱼共生系统”全球重要农业文化遗产保护多方参与机制研讨会文集》，中国环境科学出版社2006年版，第156页。

米。[①] 据统计，共有植物92科，其中常见木本植物有76科224属521种。按用途分，主要有药用植物122种，食用植物105种，饲料植物23种，建材植物17种，染料植物9种，造纸植物7种，编织材料6种。珍稀濒危保护植物有24种，其中渐危种7个，稀有种10个；国家一级保护植物两个，国家二级保护植物21个。[②] 各种生物品种以“香型”著称，如香猪、香鸭等，普遍具有一小（体型小）、二香（肉味香美细嫩）、三纯（基因纯正，近交不退化）、四净（纯净无污染）等特点，也为地方特色水稻的种植及稻田养鱼养鸭提供了相对隔离的小生境。[③]

生态足迹是生产一定人口消费的资源及吸纳其产生的废弃物所需要的生物生产性土地面积。通过对从江县2007年的生态足迹及其构成的分析表明，从江居民将大部分资源用来满足基本的生活需求，对食物和住房的需求分别占总需求的45.9%和33.3%，耕地和林地生态足迹构成从江生态足迹的主体部分。相比之下，从江的化石能源生态足迹仅占3.0%，而当地的主要燃料柴薪主要来自林地，构成了能源生态足迹的主体部分，这与资源消耗较高的工业化地区显著不同。资源低消耗使得从江可以维持在生态平衡状态，人均生态盈余为0.0581公顷，没有像现代农业地区那样面临一系列的生态问题，而这种资源消耗特点是由传统的耕种方式和生活方式所决定的。可见，传统农业通过影响从江人的农业生产方式和生活消费模式，有效地起到了维持区域生态平衡的作用，对区域的经济社会可持续发展有着重要意义。[④] 这既是从江侗乡稻鱼鸭系统对该地区的生态作用，反过来

---

① 从江县地方志编纂委员会：《从江县志》，贵州人民出版社1999年版，第1页。

② 张丹、闵庆文：《贵州从江侗乡稻－鱼－鸭系统》，中国农业出版社2015年版，第12页。

③ 龙笛信、龙登渊、谌鸿溪：《贵州从江稻鱼共生生态农业及其开发模式探索》，载闵庆文、钟秋毫《农业文化遗产保护的多方参与机制——“稻鱼共生系统”全球重要农业文化遗产保护多方参与机制研讨会文集》，中国环境科学出版社2006年版，第158页。

④ 焦雯珺、闵庆文、成升魁、张丹、杨海龙、何露、刘珊：《基于生态足迹的传统农业地区可持续发展评价——以贵州省从江县为例》，《中国生态农业学报》2009年第2期。另外，以中国科学院地理科学与资源研究所闵庆文研究员为首的研究团队，利用价值量方法、能值分析方法和生态足迹方法研究发现，从江县2007年生态系统服务的消费价值远远低于供给价值，以致价值量方法得到的负荷能力系数高达6.38，这表明生态系统不仅能够

又是稻鱼鸭系统持续存在的生态基础，两者相辅相成。

小黄村隶属高增乡，由小黄、高黄、新黔、归修、高额、占千、刷亚7个自然寨组成，前三个紧密相连，是小黄村的中心，小黄村共有20个村民小组，全是侗族，海拔630米，面积有16.53平方公里，森林覆盖率达60%，耕地总面积2504亩，水田1878亩，传统农业以种植糯稻为主，特产香禾糯，是糯稻中的珍贵品种，有“糯中之王”的盛誉。

占里村也隶属高增乡，辖8个村民小组，都是侗族，地处两山间的山坳，海拔380米，森林覆盖率75%，面积为15.97平方公里，耕地约有1025亩，其中，水田约976亩，主要种植糯稻。

岜沙村隶属丙妹镇，坐落在距从江县城南7.5公里处的莽莽密林中，海拔550米，分布于岜沙山脉中段，地势从西向东倾斜，岜沙在苗语的意思是“草木繁多的地方”，辖大寨、大榕坡新寨、宰庄、宰戈、王家寨5个自然苗族村寨，16个村民小组，全村共500多户2500多人，面积18.28平方公里，共有耕地1771.2亩，其中，水田1292.2亩，主产水稻，以种植糯稻为主，村委会及岜沙学校位于岜沙山中段的山坳上，由于海拔不高，岜沙山的两边又被海拔1000米以上的大融坡山脉和宰戈坡山脉包围，岜沙长期处于冬无严寒、夏无

完全满足当地居民对产品和服务的消费，还有5倍多的大量盈余。能值分析方法得到的负荷能力系数略小于1，说明生态系统提供产品和服务的能力能够满足当地居民绝大部分的需求。而生态足迹方法得到的负荷能力系数则略大于1，这说明生态系统的供给能力能够满足当地居民对产品和服务的需求且略有剩余。总的来说，运用能值分析方法和生态足迹方法得到的结果与从江县的实际情况比较一致，即从江县2007年基本上处于生态系统服务供需平衡状态。焦雯珺、闵庆文、成升魁、甄霖、刘雪林：《生态系统服务消费计量——以传统农业区贵州省从江县为例》，《生态学报》2010年第11期。他们还采用物质量和价值量相结合的评价方法，使用市场价值法、影子工程法、生产成本法、机会成本法等定量方法，从直接和间接价值两个方面进行研究，结果表明：从江县传统农业区生态系统服务现有生态经济价值为48.96×108元，其间接生态价值是直接经济价值的8倍多。土壤保持是该区生态系统服务的主要部分，占总体服务价值的44.80%，初级产品生产直接经济价值仅占总价值的11.23%。由此可以看出，传统农业区直接经济价值并不是其服务价值的主要部分，而且可以肯定的是，从江县生态系统服务功能价值比该文中得出的评估数据更高。张丹、闵庆文、成升魁、刘某承、肖玉、张彪、孙业红、朱芳：《传统农业地区生态系统服务功能价值评估——以贵州省从江县为例》，《资源科学》2009年第1期。

酷暑的自然生态环境中，有“全国生态文化村”等美誉。[①] 同时，岜沙村是贵州民族风情和民族文化保存得最为完整的地区，是中国现今唯一一支枪不离身的苗人部落后裔，虽允许配枪，但自中华人民共和国成立以来从未发生过一起治安刑事案件。

就笔者于2013、2016年两次调研比较，岜沙村硬件设施的变化还是比较明显，得到逐步完善，有客栈、餐馆，有本地盒饭，一份10元（本地糯米饭+1块烤猪肉+一点本地咸菜），非常实惠。2013年，还没有配备垃圾桶、无公共厕所、路灯等。2016年，已经有了塑料垃圾桶、专人打扫卫生、专门运送垃圾的封闭式三轮摩托车、现代化的公共厕所（就笔者观察，在岜沙村、占里村、小黄村等三个村中，岜沙村的公共厕所最好）、太阳能路灯等。岜沙村、占里村绝大多数是传统民居，整体保护比较完整。

2013年，笔者在占里村发现小河里漂浮不少垃圾，在村委会三层楼旁的小河边，有一木质牌子，上书“请不要在此倒垃圾”。小河水质一般，修有拦河坝，里面放养有一些小香鸭。左边是谷仓、禾晾群，右边是民居。2013年以来，占里村积极组织村民清理白色垃圾、清扫鼓楼、冲洗主干道、清运垃圾、整治河道等，村貌村容得到极大改善。2013年，占里村没有公共厕所。2016年，在村口建有一所暂时没有自来水的、男女不分的公共厕所。2013年，还没有配备垃圾桶、路灯。2016年，已经有了可分类的垃圾桶、专人打扫公共卫生、专门运送垃圾的三轮摩托车、初级的垃圾焚烧炉、太阳能路灯。几乎每家都有沼气厕所，配备了消火栓、已通自来水。占里村是全球重要农业文化遗产、中国重要农业文化遗产“贵州从江侗乡稻鱼鸭复合系统GIAHS保护与发展监测点”（2013年笔者没有发现该牌）。目前，正在创建“多彩生态文明乡村”。2013年，小黄村已有塑料垃圾桶。2016年，已有太阳能路灯、免费公共厕所（但笔者调研时发现大门上锁）。

按控能等级划分，小黄、占里侗乡处于农业经济类型，生态特征是：凭借其控驭的能量成片地改变自然生态环境，让驯化的有限种类

① 郑江义：《生态部落 岜沙苗寨》，《理论与当代》2013年第3期。

作物在人力控驭下按人的意志生长，以便最高限度地获取。本类型作业的基础就是对生态的改变，一旦人力控驭失效，不可复的生态危机随即形成，虽然控能水平可以提高，足以抑制生态危机的形成，但仍无法根本消除生态危机之隐患。岜沙苗族处于斯威顿经济阶段，生态特征是：使用人为的手段从自然生境中划定生产操作地段，让经过人选中的有用植物或动物在该地段内以其原生状况自然生长，以利获取和利用。由于以植物自然生长为前提，因而不会导致不可复生态危机。①

从江侗乡是典型的传统农业地区，农业活动是主要的生计方式，农耕文化传承了精耕细作的中华传统农业文明精髓，注重用地养地，发展循环农业，形成生态链，促进土地的可持续利用。“种植一季稻、放养一批鱼、饲养一群鸭”，就是被从江侗乡人广泛采用的、世代沿袭的、至今保存较完好的典型的生态农业系统即稻鱼鸭系统。它是指从江侗乡人发挥宏观调控的作用，在糯稻田中放鱼养鸭，构成一个共生互补的循环系统。其生态范式是：从江侗乡人充分考虑到自然生态和稻鱼鸭生态和谐并存，考虑到稻鱼鸭与日常生活的需要，从梯田建设、水利灌溉、田间管理、谷种鱼种鸭种选择等入手，在村落附近山坡上开辟梯田，利用山泉种植世代培育的糯稻；充分利用物种之间的生长差异，先后在稻田放养世代培育的鱼、鸭；稻田和糯稻为鱼、鸭和其他100多种动植物提供有机食物、遮阴降温等可持续生境，形成第一大物质与能量循环圈；鱼、鸭既为糯稻促根增肥、除草吃虫、防病治病，也为其他动植物提供丰富饵料，构成第二、三大物质与能量循环圈；还有稻田中其他动植物形成的不可胜数的小物质与能量循环圈。该系统是传统农业固有的整体性、协调性、循环性、再生性、安全性理念的呈现，达到了生态资源的物尽其用，实现了稻稔、鱼肥、鸭壮、田沃的生产生态多重效益，改善了稻田生态系统的多样性和服务功能，构建了生态优化的农业生产体系，形成了一个效益极高的资源循环利用、自成体系的生态经济系统。

稻在稻鱼鸭系统中的生态作用。小黄村是有名的侗族大歌之乡，

① 杨庭硕等：《民族、文化与生境》，贵州人民出版社1992年版，第92—93、95页。

《布谷鸟之歌》唱道："阳春三月，布谷鸟在山上叫，布谷、布谷，它在叫朋友，我在唱着歌。它在叫人们做秧田，人人要抓紧，不要误季节，秋收时节才能禾满仓。大家要勤快，谁也别偷闲，秋收时节才能禾满仓。"稻鱼鸭系统中的稻占据最重要的位置，是根本保障，俗称禾糯，是从江侗乡人对其地方糯稻品种的统称。侗语称为"苟的娥"（糯米）、"苟叹"（摘糯），或"苟梢"（蒸糯）等，侗语"苟"是"稻谷、米、饭"的意思。[1] 2013 年，根据黔东南苗族侗族自治州民族研究所副研究员龙初凡的调查，黔东南侗族种植的禾糯品种是目前我国保存得最多的地区，仅从江县有文字记载的就有 261 个禾品种材料，已征集到的有 258 个禾品种。[2] 近年来，种植的品种主要有短芒糯、香禾糯、早熟糯等。从江之所以保有这些珍贵的品种，主要是有一套"不断地引进糯稻品种，不断地传承老品种，不断地选育新品种"的换种、保种、育种的规范化、制度化的传统习俗和社会机制：[3] 一是因地制宜。根据不同类型的稻田种植不同品种，每年至少要种植 2 —4 个品种，每块稻田两年要换一次品种。二是民间的品种交流机制："吃相思"活动；亲友小聚或"帮工摘禾"；换取或索取。三是通过集市商贸引进新品种。四是针对当地需要而独立选育成功的新品种。五是从江的节日、生育、建筑、社交、婚丧嫁娶等习俗文化与禾糯生产紧密相连，如"敬秧神""催生饭""薅秧鼓"等稻作文化习俗至今仍沿袭不衰。另外，稻草在侗乡人生活中的应用也无处不在：供作饲料、工艺品使用；祈求平安；驱邪辟鬼；做医药；染布的辅助品等。这些禾糯品种是从江各世居民族千百年来根据自然生态条件及生活需要，凭借生态智慧与技能，在长期的种植实践中培育出来的，具有很强的生态性，是从江各族人民对我国乃至世界稻种基因库

① 龙笛信、龙登渊、谌鸿溪：《贵州从江稻鱼共生生态农业及其开发模式探索》，载闵庆文、钟秋毫《农业文化遗产保护的多方参与机制——"稻鱼共生系统"全球重要农业文化遗产保护多方参与机制研讨会文集》，中国环境科学出版社 2006 年版，第 157 页。

② 龙初凡、孔蓓：《侗族糯禾种植的传统知识研究——以贵州省从江县高仟侗寨糯禾种植为例》，《原生态民族文化学刊》2012 年第 4 期。

③ 田红、麻春霞：《侗族稻鱼共生生计方式与非物质文化传承与发展——以贵州省黎平县黄岗村为例》，《柳州师专学报》2009 年第 6 期。

的重大贡献。[①] 糯米适口性好，营养丰富，[②] 深受历代从江侗乡人的青睐，从江也因盛产优质糯米被称为“糯米之乡”。香禾糯（主要分布在从江、黎平、榕江等县）更是从江县的一大特产，素以“一亩稻花十里香，一家蒸饭全寨香”[③] 之美誉而久负盛名。香禾米饭又香又甜，口感极佳，手捏不黏，冷后不硬，不仅是喜庆婚嫁待客之主食，而且是糍粑、甜酒、侗果、汤圆、粽粑等各种传统糕点的原料。香禾米酿成的泡酒，清香醇正，甜若蜜糖，也是从江特产。香禾这一宝贵农业遗产，在经济全球化和市场化的今天，具有极高的经济开发价值。[④]

鱼在稻鱼鸭系统中的生态功能。从江侗乡人都能充分地认识和利用糯稻田养鱼的生态功能：“鱼无水则死，水无鱼不活。”在侗乡人眼中，鱼与侗族祖先有着某种深刻的内在联系，具有神秘的意义和举足轻重的作用，以至于在侗族社会中有“无鱼不成礼”“无鱼不成祭”“识鱼来认族”的说法，一直公认左手握着糯米团、右手掂着陈年腌鱼是人人向往的甜美生活。[⑤] 侗族历史上长期保留“饭稻羹鱼”的生活传统，至今还有“水稻民族”的称谓和“侗不离鱼”的说法。侗族民间流传的谚语：“内喃眉巴，内那眉考。”意为“水里有鱼，田里有稻。”侗族还认为，有鱼才有稻，养不住鱼的地方稻谷也长不好，鱼是水稻的保护神，至今仍把鱼当作禾魂来敬。占里和小黄一带侗语把粮食称为“苟能”，直译为“谷水”，实指禾糯和田鱼。目前，

---

① 龙笛信、龙登渊、谌鸿溪：《贵州从江稻鱼共生生态农业及其开发模式探索》，载闵庆文、钟秋毫《农业文化遗产保护的多方参与机制——“稻鱼共生系统”全球重要农业文化遗产保护多方参与机制研讨会文集》，中国环境科学出版社 2006 年版，第 157 页。

② 根据贵州农学院生物化学营养研究室化验结果表明，糯稻含粗脂肪 3.35%—3.66%，蛋白质 7.42%—8.27%，色氨酸 0.10%—0.11%，赖氨酸 0.28%—0.67%，总淀粉 83.26%—85.54%，水分 10.39%—10.67%，还含有铜、铁、锌、镁、钙、硅等微量元素。罗康智：《论侗族稻田养鱼传统的生态价值——以湖南通道阳烂村为例》，《怀化学院学报》2007 年第 4 期。

③ 从江县地方志编纂委员会：《从江县志》，贵州人民出版社 1999 年版，第 2 页。

④ 龙笛信、龙登渊、谌鸿溪：《贵州从江稻鱼共生生态农业及其开发模式探索》，载闵庆文、钟秋毫《农业文化遗产保护的多方参与机制——“稻鱼共生系统”全球重要农业文化遗产保护多方参与机制研讨会文集》，中国环境科学出版社 2006 年版，第 157 页。

⑤ 罗康隆、谭卫华：《侗族社会的“鱼”及其文化的田野调查》，《怀化学院学报》2008 年第 1 期。

从江稻田养鱼的传统保持得最好的是以种植禾糯为主的往洞、高增、谷坪、西山、翠里、刚边等乡镇的各村寨，尤其是往洞乡的绝大多数村寨都以种植禾糯为主，稻田里几乎一无例外养鱼，由于连片的坝子田多，田肥产丰，素来都被视为从江的“鱼米之乡”。①

鸭在稻鱼鸭系统中的生态价值。除了稻田养鱼外，从江侗乡人还素有稻田养鸭的传统。不过，就我们调查发现，稻田养鸭的普及程度不及稻田养鱼那么高，在侗乡人的经济社会生活中也没有稻田养鱼那么重要，而且是否养鸭往往受侗乡人田块集中程度、大小和距离远近等因素的制约。估计是我们调查的时间选择不当的原因，仅在小黄村看见4只成鸭在稻田里，其他地方的鸭子都在小河、溪里放养，而且已是成鸭，每家养鸭几只到十多只。侗乡人养鸭既是为了鸭蛋，因为妇女每年需要大量的鸭蛋清染布，这样布才光亮，也不仅是自己吃，更主要是用来招待来客和节日祭祀、红白喜事用。从江侗乡人养育的鸭不是一般的鸭种，而是经过世代选育驯化而来的小种麻鸭，也称“钻秧鸭”。与此相应的是，占里村还流传着“破鸭头”的习俗。每到稻子生长进入薅草、割田埂草的时节，大家就要择吉日良辰宰杀“钻秧鸭”中的领头鸭或第一只，以敬奉禾苗对鸭子的养育之恩，并预祝秋收时节稻鱼丰收，故称“破鸭头”。

总之，在从事稻鱼鸭系统生产过程中，从江侗乡人构建的鱼塘、稻田、森林共生的模式具有重要的生态意义。人工挖掘的鱼塘、人工修建的梯田、人为构建的稻鱼鸭系统都属于次生湿地生态系统，对从江的生态功能包括提供水资源、蓄洪防旱、降解污染、调节气候、保持生物多样性、提高水源涵养能力、控制土壤侵蚀等。它不仅满足了从江侗乡人对食物的需求，而且进一步保护了山地生态系统。除这一次生湿地生态系统以外，森林生态系统也同样具有多种生态功能，包括涵养水源、水土保持、固定二氧化碳、净化大气、游憩以及生物多样性保护等。两大生态系统的紧密结合，对当地生态环境具有重要的

① 龙笛信、龙登渊、谌鸿溪：《贵州从江稻鱼共生生态农业及其开发模式探索》，载闵庆文、钟秋毫《农业文化遗产保护的多方参与机制——“稻鱼共生系统”全球重要农业文化遗产保护多方参与机制研讨会文集》，中国环境科学出版社2006年版，第163—164页。

稳定作用。不仅如此，这种 1 +1 >2 的生态功能，对整个珠江上游的生态环境也具有重要意义。①

2. 制度文化为乡村生态文明制度建设提供了样本。系统完整的制度体系是生态文明的“软实力”。仔细考察从江侗乡稻鱼鸭系统，不难发现其实现路径与之不谋而合，如虽然侗族历史上没有“森林法”，但“侗款”中有许多保护森林资源的规约：禁止乱砍滥伐森林、保护动物、防火、建立护林执法体制等。如贵州黎平县肇兴乡纪堂、登江及从江县洛香乡弄邦、朝洞 4 个陆姓侗寨于 1892 年共同订立的《永世芳规》中规定：“并杉、茶，竹、芦、古树、山林，不准斧斤妄伐而偷。”并具体规定：“砍伐古树、竹、笋，罚钱三千文。”“偷杉、茶、木柴、棉花一切，每项罚钱八千八百文。”“妄开砍禁山，公罚钱八千八百文，夏谢龙在外。”最后申明：“以上等条，倘有违抗不遵者，公罚钱十二千文，各谊凛遵。”② 在此基础上，小黄村于 1995 年 7 月又制订《村规民约》，共 35 条，其中，有 15 条是保护森林、稻田用水的。如第一条规定：“私人的成林杉木，本人只有管理权，没有砍伐权。必须经过各级组织同意，办有采伐许可证后方可采伐。否则全部没归村集体，并罚款每根 20.00 元。”③ 占里村的古款约规定：“不准乱砍滥伐。乱伐者罚银五十二两，并杀耕牛全寨分享与警示村民。”“禁止赌、毒。吸毒、赌博者，要处罚银两，屡教不改者，杀其耕牛全寨分享，没收财产驱出寨门。”“安全用火。失火者杀耕牛并驱出寨门三年。回来罚五十二两作买寨钱，但是只能住寨边。”“不准偷盗。偷盗者罚银五十二两，并退还偷盗的东西。”2018 年，占里村喜获第七批“全国民主法治示范村（社区）”，也是从江县唯一获此殊荣的村。占里村还规定，小孩出生时要种几十棵杉树，孩子长到 18 岁时，可以砍几棵盖房子。这是森林良性循环的基

① 张丹、闵庆文：《贵州从江侗乡稻—鱼—鸭系统》，中国农业出版社 2015 年版，第 58 页。

② 廖国强、何明、袁国友：《中国少数民族生态文化研究》，云南人民出版社 2006 年版，第 85 页。

③ 张力军、肖克之：《小黄侗族民俗——博物馆在非物质文化遗产保护中的理论研究与实践》，中国农业出版社 2008 年版，第 76 页。

础，是感恩自然的付出。[①]

同时，许多习惯法与禁忌密不可分，表现为禁忌不但是习惯法的直接渊源，而且很多禁忌与习惯法合为一体，违反禁忌即被认为是违反习惯法，而流行于侗族地区主要的禁忌是宗教禁忌。除禁止砍伐宗教性树林外，对生态环境保护具有积极作用的其他禁忌还有：禁伤害蜘蛛；禁捕食蛇；禁捕食青蛙；禁伤害鸟类。这些都有助于保护生物多样性和控制农林害虫，减少了农药的使用，促进了生态环境的保护。[②]

除万物有神观外，岜沙苗族完善的民间组织和习惯法也十分有利于稻鱼鸭系统所需的植被、土壤、空气和水源等生态要素的保存。岜沙苗族的民间社会组织以大、小“埋岩”为基层单位，小“埋岩”单位仅包括岜沙社区内的5个苗族自然寨。苗族先民深谙“封河才有鱼，封坳才生草，封山才生树”的道理，“榔规”规定：“烧山遇到风，玩狗雷声响。烧完山岭上的树干，死完谷里的树根，地方不依，寨子不满；金你郎来议榔，罗栋寨来议榔……议榔育林，议榔不烧山。大家不要伐树，人人不要烧山。哪个起歪心，存坏意。放火烧山岭，乱砍伐山林，地方不能造屋，寨子没有木料，我们就罚他十二银子。”[③] 据《从江县志》记载，民国时期，玉堂乡岜沙村寨老召集全寨男女老少集合，拟定封山条款为：谁进入封山区偷砍林木，就杀谁家的牛（猪），罚200斤水酒、100斤鱼供全寨人吃一餐。全寨集会宣布条款，喝生鸡血酒发誓。在这些条款约束下，到1990年岜沙村几个自然寨封山区森林仍保护完好。[④]

3. 传统生态观念文化提供了生态文明观建设升级的基础与空间。大量田野调查资料表明：被视为“原始”的民族有极强的分类能力，能精确地使用定义，有丰富的抽象词语，其思维逻辑与现代科学并无

---

① 李辅敏：《生态文明贵州建设视域下的贵州少数民族生态伦理价值探析》，《贵州民族研究》2008年第4期。

② 闵庆文、张丹：《侗族禁忌文化的生态学解读》，《地理研究》2008年第6期。

③ 周颖虹、康忠慧：《苗族传统生态文化初探》，《贵州文史丛刊》2006年第3期。

④ 吴正彪：《人与自然关系和谐的典范——贵州省从江县岜沙社区苗族村寨调查报告》，《原生态民族文化学刊》2009年第1期。

本质不同。法国人类学者列维－斯特劳斯认为：这种思维与我们浸染于其中的“科学”思维差异在于：“野性思维的特征是它的非时间性；它想把握既作为同时性又作为历时性整体的世界……野性的思维借助于形象的世界深化了自己的知识。它建立了各种与世界相象的心智系统，从而推进了对世界的理解。”[①] 他强调了“野性思维”的整体性与具体性，而从江侗乡稻鱼鸭系统之所以历经千年不衰，正在于其整体性和具体性，即着眼于当地生态环境的整体，基于对当地各物种的具体了解。由于这一农业文明体系的“自治”系统和内在的平衡机制维护了农业的可持续发展，具有现代农业不可比拟的优点。

在许多南方少数民族中，宗教文化强烈地影响和渗透到法律文化中来，宗教权威与法律权威紧密结合为一体，使少数民族的法律文化抹上了一层浓厚的宗教神秘色彩和鬼神观念。[②] 侗族也不例外，传统的宗教信仰是自然崇拜，认为世间万物皆有灵性，在对人与植物、人与动物、人与土地和水等关系的认识上，形成了感谢自然、崇拜自然的意识和行为。侗族先民认为，从起源上看，人来源于树木，即天地间先有树林，再有人群，将“山林”、“河水”当作万物的“母体”。侗族的《人类起源歌》充分反映了这一观念：“起初天地混沌，世上还没有人，遍野是树蔸。树蔸生白菌，白菌生蘑菇，蘑菇化成河水，河水里生虾子，虾子生额荣，额荣生七节，七节生松恩。”[③] 传承于从江、黎平等地的《侗族祖先哪里来》还有一个“傍生”说：古时，龟婆在河边孵蛋，“孵出一个男孩叫松恩”，“孵出一个姑娘叫松桑”。松恩是侗族传说中人类最初的第一个男子，松桑是侗族传说中人类最初的第一个女子。松恩、松桑侗话的意思叫“扎下根须”，龟婆给侗族祖先取这名字，是想让侗乡团寨的子孙们像万千棵敕生小树，傍着松恩、松桑而生，并像这两棵枝繁叶茂的老树在阳世间深深地扎下根。有了这样的说法，侗族人认为满山遍野的树木花草、飞禽走兽，

---

① ［法］列维－斯特劳斯：《野性的思维》，李幼蒸译，商务印书馆1987年版，第301页。

② 田成有、朱勋克：《云南多民族法文化的认同与变迁》，《贵州民族研究》1998年第3期。

③ 朱慧珍、张泽忠等：《诗意的生存：侗族生态文化审美论纲》，民族出版社2005年版，第48页。

甚至树蔸、藻菌、人面猴身的山之精灵，都傍着松恩、松桑而生，是松恩、松桑的子孙。《人类起源歌》还记述了“先造山林，再造人群”的观念：“姜良姜妹，开亲成夫妻。生下盘古开天，生下马王开地；天上分四方，地下分八角；天上造明月，地下开江河；先造山林，再造人群；先造田地，再造男女；草木共山生，万物从地起。”①

2013年，占里村没有设古歌宣传牌，2016年，占里村的古歌宣传牌随处可见，从中可以发现一些关于保护环境的内容。如“祖祖辈辈住山坡。没有坝子也没河。种好田地多植树。少生儿女多快活。”“人与自然要和谐，需求供给要平衡。船舶载货不超载，顺风使舵到彼岸。”“人会生育繁殖，田地不会增加。”

占里村还有一种奇特礼俗，即规定孩子们长大成人后要面对肃穆的祭坛跟着寨老吟诵《许愿》歌，其中有一句是：“山林树木是主，人是客。”② 这些观念和生命意识里的“山水情结”，虽然是一种带有“神灵”思维特征的学说，表明了人和自然的同一性，以及人与动植物乃至风云日月密不可分的“血缘”关系，但实际上反映了侗族人把自然视为主体、人为客体的生态伦理观念，千百年来一直在历代侗族人中延续，逐渐衍化为生态理念和生态智慧，并以一种独特的理解形式（或风俗化、风物化或艺术化）内化、渗透到社会的肌肤、血脉和文化的深层中。③

侗族认为，在与自然的关系序列中，人居树、水、田之后：“无山就无树，无树就无水，无水不成田，无田不养人。”这样的“人”、“物”观将森林、水源、稻田、人类融为一体，注意到森林对人类的重要性。④ 侗族在祭山林节中“山神”“寨神”往往退居配角，而其栖居地——山、森林和其化身——树则充当了主角，这样，对神的敬畏或保护实际上成了对森林的敬畏或保护，宗教客观上成为一种保护

① 朱慧珍、张泽忠等：《诗意的生存：侗族生态文化审美论纲》，民族出版社2005年版，第50—51页。

② 同上书，第52页。

③ 同上书，第51页。

④ 崔海洋：《试论侗族传统文化对森林生态的维护作用——以贵州黎平县黄岗村个案为例》，《西北民族大学学报》（哲学社会科学版）2009年第2期。

森林的工具，即“借神之名，行保护森林之实”，强化了人们保护森林的力度，使所祭山林成为草繁木茂的自然保护区，成为一片生态圣地。[①] 侗族认为，森林茂盛、水源充足的山有灵性，是“龙脉”或“龙山”，“龙脉”中山水交汇的地方是“龙头”，村落建于此叫“坐龙嘴”，山上的植被叫“护龙林”，在村民心中具有神圣而不可侵犯的地位。村寨建立后，还要以各种方法保护村落的生态环境，因此，至今这些传统的侗寨仍然普遍具有良好的生态环境：周围有适合耕作的农田、水源充沛、森林茂盛，利用了有限的自然资源，有效避免了生态灾变的出现，达到了人与自然的和谐共生。[②]

岜沙苗族传统观念是最质朴的万物有灵观。他们坚信，人和一切事物都有灵魂，都在受到神灵的支配，不仅动物有动物神，植物有植物神，就连石头、水井里冒出的泉水都有神性，甚至连储存粮食的禾仓都有仓神。人与周围一切自然物的关系直接体现为人与神的关系和神与物的关系，对神的敬畏与对具体生物的敬畏互为里表。由此，形成了一套自成体系的生态智慧：一是对社区内所有生物资源均立足于均衡消费的原则，绝不超额消费任何一种生物资源。二是对社区内所有生物物种均自觉地为其预留生存空间，不到必要时绝不干预任何生物物种的正常生活。三是对任何自然资源都实行间歇性的轮休使用，绝不凭借实力据为己有。四是遵循生物多样性的可开发利用原则，而不是按人类的个人意志和好恶只准喜欢的作物生长。五是尽可能地利用生物物种之间相生相克的原理实现所处地区生态系统稳态延续。[③] 岜沙苗族把其贯穿于具体的社会行为中，使自然生态环境得到有效保护，与所处自然生态系统始终保持着可持续的人地和谐关系。就连岜沙人的发髻和穿的青布衣都有独特的生态象征意义：蓄留在头上的发鬏（“户棍”）象征着生在山上的树木，穿在身上的青布衣服象征着

---

① 廖国强、何明、袁国友：《中国少数民族生态文化研究》，云南人民出版社 2006 年版，第 100 页。

② 张凯、闵庆文、许新亚：《传统侗族村落的农业文化涵义与保护策略——以贵州省从江县小黄村为例》，《资源科学》2011 年第 6 期。

③ 吴正彪：《人与自然关系和谐的典范——贵州省从江县岜沙社区苗族村寨调查报告》，《原生态民族文化学刊》2009 年第 1 期。

美丽的树皮。尽管321国道已于1965年通达过境，可从未有车敢到岜沙来拉木材，以至于这个与现代文明很遥远的岜沙人把自己休闲娱乐的场坝取名“生态广场”，时尚而现代，但名符其实。[①] 岜沙人一直有“人树合一”的理念，把树作为生命的一种象征，像崇拜神一样地崇拜树。

（二）生态文明建设对从江侗乡稻鱼鸭系统的升华

1. 提升从江侗乡稻鱼鸭系统传统生态制度文化。随着从江县经济社会的快速发展，传统村规民约已经无法适应社会步伐，有些条款甚至存在不科学、合情不合理、合理不合法的现象。为此，2014年，从江县对民间原有的《村规民约》中的“侗款”和“榔规”进行收集、整理、修订，并多次深入村寨，征求群众意见和建议。在既不违背国家法律法规又尊重农村当地习俗的原则下，删除与现行法律、法规相悖的条款，增加计划生育、安全生产、卫生教育等相关法律法规内容，将村规民约的“礼治”与依法治国的“法治”有机结合起来，最终形成了统一的46条基本村规民约范本，并送州司法局、州法学会征求意见，以确保村规民约的可行性、合法性。为了让“升级版”《村规民约》真正落到实处，一是将其刻在石碑（青石板制作，高160厘米、宽80厘米）上，立在村寨中心醒目位置，并按照当地风俗习惯在全村人民的见证下举行揭碑仪式。仪式上，各户代表在石碑前签字、摁手印认同村规民约内容，并通过喝鸡血酒、盟誓、吃串串肉等习俗表达对村规民约的敬畏，一旦违约，自愿按照规定条款承担责任。二是邀请民间歌师、戏师把每条村规民约都编成侗歌、侗戏，进行广泛宣传。三是开展“遵规守约”十星（爱国创业星、遵纪守法星、诚信友善星、家庭和睦星、尊师重教星、移风易俗星、环境整洁星、优生优育星、安全生产星、乐于奉献星）文明户评比活动。下发《关于对“遵规守约”十星文明户给予联合激励的意见》，在同等条件下，“遵规守约”十星文明户享有“十个”政策扶持的优先权。构筑“以综治委

---

① 李辅敏：《生态文明贵州建设视域下的贵州少数民族生态伦理价值探析》，《贵州民族研究》2008年第4期。

牵头、部门协同配合、资源整合利用、同等条件优先”的综合激励机制，把村规民约升级打造推向了一个全新的阶段。自村规民约升级打造工作开展以来，从江县全县农村矛盾纠纷发生率明显下降。2017 年度，全县刑事案件同比下降 27.4%，治安案件同比下降 25.4%，矛盾纠纷同比下降 41.8%，《村规民约》从“有形化”向“有效化”转变。[①] 在 2015 年重点打造 24 个中心村的基础上，2018 年完成了 19 个乡镇 198 个中心村村规民约升级的打造，覆盖率达 94%，不断强化村民自我管理，推进村民自治，促进礼法合治。[②]

赋予传统生态制度文化以新的内容，如根据新时期农村环境变化，在苗族“榔规”中加入新的生态内容。从江县东朗镇利用苗族“榔规”自治与“星级卫生户”创建评选结合。在苗族“榔规”中规定，房前屋后卫生不符合要求、乱倒垃圾等行为，要按“三个 12”处罚，通过村民自治来约束群众不文明行为，从而保持村寨环境卫生。同时，东朗镇深入开展“星级卫生户”创建评选活动。坚持重在创建，坚持群众评、评群众，真正使“星级卫生户”创建工作深入人心、取得实效。此外，定期对各村进行卫生评比，对工作好的村寨挂“卫生流动红旗单位”予以奖励，对工作差的村寨挂“卫生黄牌警告单位”进行警示整改，使农村清洁风暴行动工作有落实有监督有成效。[③]

进入 21 世纪后，岜沙人为适应现代社会发展的需要，通过集体共同商议，于 2002 年 6 月又重新修改拟定新的《岜沙村村规民约》，在保护生态环境方面发挥了良好的作用。

2015 年 8 月 12 日，在岜沙村中心广场上，两块两米多高、一米宽的石碑并排而立，石碑上刻着全村人共同制定和必须遵守的 2015 年新版《岜沙村村规民约》，包括七大部分、共 48 条。寨上举行隆重的揭碑仪式，岜沙村支书贾元两向村民宣读村规民约的内容，岜沙汉子们鸣

---

① 潘龙岩：《从江县村规民约升级版走出“文化自信”之路》，http：//www. gzmzfzw. com/article/28851. html。

② 县政法委：《从江县三举措打造村规民约“升级版”》，http：//www. congjiang. gov. cn/xwpd/cjyw/201901/t20190115_ 3386252. html。

③ 欧里香、吴晋：《从江：多措并举打好农村清洁风暴行动攻坚战》，http：//www. qdnwm. gov. cn/index. php？ m = content&c = index&a = show&catid = 19&id = 23627。

枪示意，祈求寨上和谐安定、风调雨顺、家和寨兴。五名寨老举起酒杯一饮而尽，向全寨男女老少发放串串肉，宣布今后大家要遵守《岜沙村村规民约》。新版村规民约的制定，涵盖村民行为规范、社会治安管理、环境卫生管理、计划生育、教育等内容，并按照事件轻重程度，给予“三个120”（120斤猪肉、120斤大米、120斤米酒）、“三个66”（66斤猪肉、66斤大米、66斤米酒）、“三个33”（33斤猪肉、33斤大米、33斤米酒）和“三个12”（12斤猪肉、12斤大米、12斤米酒）的处罚规定，使村民生活、村务工作有章可循、有据可依。

“三个120”中，涉及生态环境的有两条：毁坏公益林；引发寨火。

“三个66”中，涉及生态环境的有三条：生小孩或过世不种一棵树；引发森林火灾10亩以上；毁坏国家保护的古大珍稀植物。

“三个33”中，涉及生态环境的有七条：电鱼、毒鱼、炸鱼；引发森林火灾10亩以下；非法乱建房屋；在公益林区烧炭、开荒；拒不执行防火线规划拆迁或在防火线内乱搭乱建；擅自改变争议地现状；投放毒剂致禽畜死亡。

“三个12”中，涉及生态环境的最多，有八条：霸占水源或偷放他人田水；未经允许在他人田边3丈范围内种植高秆植物；乱砍滥伐林木；乱捕滥猎野生动物；乱堆乱放柴火、乱拉乱接电线被要求整改而未整改；乱放禽畜损坏他人庄稼、果木；往公共场所、水沟、村庄周围乱倒垃圾；房前屋后不符合卫生条件被限期整改而未整改。

2015年9月，在占里村鼓楼广场显要位置立有上刻《占里村村规民约》两块石碑。《占里村村规民约》有7个方面47条。“三个120”中，除与《岜沙村村规民约》涉及生态环境的两条一样外，还多了一条：一对夫妻生育超两个孩子。“三个66”中，涉及生态环境的也有三条，除引发森林火灾10亩以上、毁坏国家保护的古大珍稀植物等两条与《岜沙村村规民约》一样外，有一条不同：发生寨火成年人未参与扑救而抢救自己物资。“三个33”中，除与《岜沙村村规民约》涉及生态环境的七条一样外，还多了一条：发生火警。“三个12”中，除《岜沙村村规民约》涉及生态环境的八条基本一样外，还增加了六条：存在火灾隐患限期整改而未整改；堵塞通道或堆积杂物被要求清理而未清理；室内烘烤谷物、棉花、腊肉等无人看守；新出窑的木炭带入家中；一担以上稻草进寨存放；妨碍或无故不参加公益事业建设。《占里村村规民约》涉及生态环境的有14条，由此可见占里村对环境卫生的高度重视。而2012年4月小黄村出台的《小黄村农村清洁工程村民清洁卫生村规民约》别具一格，共有13条，如第一条规定："全体村民必须遵纪守法，敬老爱幼，根除陋习，保护环境，共建青山绿水、鸟语花香、和谐文明的生态新村。"第十二条规定："村委会每年进行两次清洁生产与环境卫生检查评比，分别评出环境卫生文明户、合格户、不合格户，并对清洁文明户进行表彰奖励。"

2015年5月25日开始，占里村签订环境卫生门前三包责任书。2016年6月20日，中共高增乡委员会、高增乡人民政府在《保护传统村落、建设美好家园——致占里村广大农户的一封信》中提出的办法是："首先，我们要按照政府的统一规划，明确保护范围、保护项目，不得非法占用传统村落、民族村寨的土地资源。其次，我们要广泛对全体村民宣传传统村落的保护意义，让全体村民成为传统村落的守护者。再次，要注重对生产生活方式、风俗习惯、精神信仰、道德观念等文化进行保护与传承，保证当地独具特色的文化与村落同在。"同时，提出了四个操作性强的具体办法。

2. 助力生态产业升级。2017年10月17日，农业部专家组到占里对绿色增产增效（香禾）项目核心区示范点香禾糯稻鱼鸭复合系统生态种养模式进行验收；经测产验收，平均亩产稻谷371.5公斤，稻田鲤鱼27.8公斤，鸭41.2公斤；按市场价计算，稻谷6元/公斤，产值2229元；鱼20元/公斤，产值556元；鸭30元/公斤，产值1236元；稻鱼鸭生态模式平均亩产值4021元。亩生产投入成本2540元，平均亩利润1481元，经济效益显著。[①] 近年来，从江县利用从江香禾糯入选贵州省名特优粮食作物品种、获得国家地理标志保护农产品的机遇，把香禾糯种植作为重要扶贫产业来抓，采取"公司+基地+合作社（协会）+农户"等模式，引导当地老百姓大力发展香

---

① 从江县农业局：《全国农业专家赴我县考察稻鱼鸭复合系统及禾文化》，http：//www.congjiang.gov.cn/xwpd/cjyw/201710/t20171026_2793520.html。

禾糯稻谷种植和稻花鱼（俗称田鱼）养殖，促进农业增效农民增收。2018年，该县香禾糯稻谷种植达4.2万亩，经测产，亩产达到372公斤，稻花鱼51斤，亩均产值达4000余元。①

2019年，从江县采取“四措施”，大力发展民族文化旅游业。一是明确发展定位。依托侗族大歌非遗名片，打造世界原生态文化旅游休闲目的地，促进旅游业加快发展。围绕融入“两江”“两高”经济带建设，借助良好的交通区位优势和原生态民族文化旅游资源优势，借势“两高”积极推动与黎平肇兴景区融合互动发展，不断提高旅游服务配套和接待水平，着力打造多彩贵州·世界非遗侗文化产业园。二是打造精品旅游景区。进一步完善小黄、岜沙、加榜梯田等旅游景区景点建设，加大精品景区景点打造，保护好溪流、林草、湿地、山丘等生态细胞和民族村寨、传统村落等文化元素，传承好传统文化、农耕文明和田园生活，增加旅游景区的体验性和观赏性。完善交通运输、旅馆、酒店等配套设施建设，推动乡村客栈、农家乐、从江特色美食等服务要素提档升级。大力发展特色种养业和乡村旅游，让更多的特色农产品变成旅游商品走向市场，使更多的游客进得来、留得住、游得好。三是加大民族文化遗产保护传承力度。加强以世界非遗侗族大歌为重点的非物质文化遗产保护和以增冲鼓楼等国家级“文保”单位为重点的文物保护，进一步加强民族文化旅游资源的挖掘和宣传推介工作，着力提升从江旅游文化产业知名度。继续组织开展好多形式的侗族大歌、都柳江文化走廊·周末大舞台等为重点的文化活动，加大民族文化品牌宣传，着力将从江建设成都柳江流域文化走廊核心区，吸引更多的外来游客，以此激活市场。四是抓好市场主体培育。进一步加大旅游商品研发力度，积极构建从江特色旅游商品销售平台，推动市场主体加快发展壮大，努力在以文化旅游为重点的第三产业发展上培育新的增长点。②

---

① 吴德军：《从江：“稻花鱼”丰收》，http://www.congjiang.gov.cn/xwpd/cjyw/201810/t20181017_3236661.html。

② 县政府办、县旅发中心：《从江县“四措施”大力发展民族文化旅游业》，http://www.congjiang.gov.cn/xwpd/cjyw/201901/t20190117_3387960.html。

就笔者于2013、2016年两次调研发现，与占里村（暂时没有游客、有个别摄影爱好者在照相）、小黄村（游客甚少，仅看见一个十多人组成的中老年旅游团队）相比，岜沙村的文化旅游发展最快。2013年7月19日，笔者调研时发现，游客不多，在岜沙芦笙坪（场地原生态，注意节约资源）观看民族风情表演（表演队所有成员都是本地村民）的游客一人30元，也没有票据。2016年7月28日，笔者再次调研时发现，游客逐渐多了起来，观看表演的游客一人90元，有门票，由从江县文化旅游投资开发有限责任公司投资，自2016年1月1日起，一天三场（上午9点、11点和下午3点），一场总用时近1个小时，形成常态化机制。镇党委、镇政府的宣传标语也多了起来，如“党员干部走正路 人民群众走富路”“坚守底线 抓生态 促发展”“苗寨多亮丽 党员作贡献”“发挥党员先锋模范作用 促进乡村旅游健康发展”等，这也证明村委会“旅游活村、旅游带村、旅游富村”的长远发展目标是正确的。

3. 助力乡村生态环境改善。农村现状“远看美如画，近看脏乱差”，村庄的不清洁、不整齐、垃圾清理不规范都为农村的“脏乱差”扣上难以弃舍的帽子。房前屋后牛粪乱堆乱放，猪圈乱建乱设，柴草乱摆乱堆，生活垃圾乱丢乱弃，溪沟河道垃圾随处可见，破坏了乡村环境，污染河流水源，影响群众身体健康。因此，一是把环境卫生纳入村规民约内容，加大力度清理农村存量垃圾，对河道、路道两侧、村里村外、房前屋后、积存的垃圾杂物进行处理，做到无暴露垃圾、无卫生死角。坚持整治农村乱建、乱堆、乱放，确保农屋里外干净整洁无异味，规范柴草堆放，指定垃圾处理点，对各农户产生的生活垃圾执行分类、统一处理。整改村居用电线路，清除乱贴、乱放广告牌，引导群众在房前屋后植花、种草，绿色美化村容村貌，净化村庄环境。①

二是整治生活垃圾和农业废弃物，控制污染源头。积极探索建立组收集、村运输、乡镇集中处理的运行机制，引导农村居民集中收集

---

① 黄伟英：《农村清洁风暴行动重在落实和坚持》，http://tougao.12371.cn/gaojian.php?tid=670831。

处理垃圾；大力推广使用有机肥和高效、低毒生物农药，有效治理农村面源污染。全面开展农村河道、小坝塘水环境治理和生活污水综合整治，继续推进农村生活厕所改造，加快建设生态公厕和家禽圈，治理畜禽散养，进一步改善农村环境卫生。

三是整治村民生活设施，提高村民生活质量。改造农村危旧房，清理残垣断壁，美化民居外墙面，推广使用太阳能热水器，引导农户改灶节能，集中连片建设沼气池，改善村民生活条件。结合各村地域特征，通过整合一事一议项目资金，大力建设消防水池、村组干道及串户路硬化、风雨桥、院坝及活动场硬化、垃圾桶安装、太阳能路灯、公厕、排污沟、寨门、凉亭等。①

4. 助力传统生态观念文化传承。岜沙村通过常态化的演出机制，保护与传承了传统生态观念文化。同时，通过积德榜、乡贤榜、评选文明家庭等形式，发展了传统生态观念文化。2013 年以来，岜沙村、占里村和小黄村都有了文明家庭，涌现出一批先进人物。占里村六组的吴奶银娇，女，50 多岁，是村里家喻户晓的歌师和药师。以歌养心，是她经常说的一个词，她培养了许多优秀的年轻歌手。她继承祖传神药——换花草，执药以来，不计报酬，无偿为村民提供药品。小黄村的侗族大歌保护最为完整，被誉为“侗歌窝”，是“世界非物质文化遗产——贵州侗族大歌”的发祥与传承地之一。1988 年 9 月，小黄小学在课程安排中增设了侗歌、侗戏等课程，也是侗族大歌传习基地。2010 年 3 月，小黄村侗族大歌传习基地在村里挂牌命名，以国家级项目传承人潘萨银花、省级传承人潘萨立仙等共同开展传习活动，传习人数占全村总人数的 95%。

二 从江侗乡稻鱼鸭系统与生态文明建设存在的不足

美国生态学家奥德姆认为：“生态系统发展的原理，对于人类与

① 县政府办：《从江县“六项整治”改善农村环境》，http：//www. congjiang. gov. cn/xwpd/cjyw/201810/t20181017_ 3236660. html。

自然的相互关系，有重要的影响：生态系统发展的对策是获得‘最大的保护’，即力图达到对复杂生物量结构的最大支持；人类的目的则是‘最大的生产量’，即力图获得最高可能的产量。这两者是常常发生矛盾的。”[①] 稻——许多是杂交稻，非当地物种。鱼——还是鲤鱼，但孵化方式已经发生变化。鸭——一些品种非当地原生，孵化方式也发生变化。

（一）稻鱼鸭系统整体性保护传承不够

如果不栽培高秆水稻，鸭子的放养就不能达到应有的效果，系统的功能就会大打折扣，就得不到充分的发挥。

目前，除鱼基本上保持原有品种外，稻鱼鸭系统中，变迁最大的是稻、鸭，水稻品种和种植面积多数是杂交稻，尽管近年来政府在核心区大力推进原生稻的种植，但还是没有达到应有的效果。尤其是发展区，基本上是听之任之，由村民自己决定，结果，村民除仅仅为了自己食用才种植一定面积外，种植原生稻的村民越来越少。虽然这有历史的原因，也有推广杂交稻的原因。

1. 水稻。2005 年，从江全县播种粮食作物 2.43 万公顷，其中，水稻播种面积 1.18 万公顷，占粮食作物总播种面积的 48.9%。水稻总播种面积中，有杂交水稻，也有包括香禾在内的多种禾糯等地方常规稻，其中，禾糯等地方常规稻播种面积为 0.32 万公顷，仅占水稻总播种面积的 27.4%。据调查，2014 年底，从江县还在种植的传统水稻品种仅有 32 种。[②] 就我们在三个村随机调查的家庭来看，2012、2013 年，糯稻种植面积基本上占水田面积的一半。这里需要说明的是：糯稻产量一般是连米草一起计算，因为一般糯稻收割是不现场脱粒的，所以，糯稻亩产量的估算一般都比较高。笔者询问了占里村的一些老人、青年人，他们也不清楚糯稻的具体亩产量。

---

① ［美］奥德姆：《生态学基础》，孙儒泳等译，人民教育出版社 1981 年版，第 261 页。

② 张丹、闵庆文：《贵州从江侗乡稻 - 鱼 - 鸭系统》，中国农业出版社 2015 年版，第 5 页。

从江侗乡稻田大多位于阴冷山区，一年四季蓄着深水，一般的水稻品种无法生存，但侗乡的糯稻不但能够生长和丰收，还能衍生出鸭子和田鱼等产品，这要归功于糯稻的奇妙生态特性：一是不怕水淹。糯稻秆高粗壮，利于稻田高位蓄水，这一特性对稻鱼鸭系统运行有着特殊的生态意义：可以刺激稻秧拔节长高，得到更多的直接日照，提高产量；可以放养更多鱼苗，长得更大；鸭的饵料更为丰富，损害鱼的可能更小。① 二是分蘖力强。每株糯稻秧都能形成7—11个有效分蘖，正好是稻鱼鸭共生最需要的。和杂交稻相比，糯稻生长周期长（8个月左右），种植密度小，根系少，土层较松，适合鱼类生长。同时，糯稻播种要提前，收割要推后，加起来要多出一个月，鱼鸭就有更长的共生期，确保稻鱼鸭三丰收。② 三是耐阴冷。90%以上的糯稻具有耐阴冷和耐低温的特点，抗气候灾害能力强，保持稳产、高产。四是抗虫病鼠鸟害。由于表面附有绒毛，水稻常见的害虫难以侵害稻秆；实行多品种混合插秧，稻瘟病虽偶有发生但不会蔓延；稻田常年储有深水，稻秆高，极少发生鼠害；稻谷尖端都有长芒，谷壳表面长有倒刺，有效地避免了鸟类的危害。五是降低田间杂草的发生。就水稻品种而言，糯稻在水稻单作、稻鱼和稻鱼鸭3种稻作方式下的抑制杂草能力均优于杂交稻。③ 一方面，糯稻水面较高且不晒田，抑制了喜湿但不耐深水的杂草生长；另一方面，糯稻种植有助于形成特殊的生态环境，优化田间杂草群落的物种组成。杂交稻生长周期较短（6个月左右），种植密度较大，根系发达，透光通气差，还需浅灌和晒田，不利于鱼和鸭活动，也是造成杂草多的一个原因。

2. 鸭。从江历史上饲养的鸭子品种是本地的矮小的小香鸭，现在已经极少，大部分饲养的是高大的现代鸭子。由于小香鸭个头矮

---

① 罗康志、潘永荣：《糯稻》，《人与生物圈》2008年第5期。

② 张丹、闵庆文、孙业红、龙登渊：《侗族稻田养鱼的历史、现状、机遇与对策——以贵州省从江县为例》，《中国生态农业学报》2008年第4期。

③ 张丹、成升魁、杨海龙、何露、焦雯珺、刘珊、闵庆文：《传统农业区稻田多个物种共存对病虫草害的生态控制效应——以贵州省从江县为例》，《资源科学》2011年第6期。

小，即使在稻田活动，也不会伤害水稻；而现代鸭子就缺乏这样的优势。推广现代鸭子养殖，主要是经济原因。鸭子不仅品种已经不是以前的品种，孵化方式也找不到以前的影子，饲养的数量也不多，总数在6—18只之间。

从江侗乡人孵鸭基本上采用传统方法，主要有三种：一是用母鸡代孵。他们认为，母鸡代孵的传统做法好，母鸡孵化出小鸭后，还可以带小鸭一段时间，喂起来更省事，不足之处是每次孵化的小鸭不超过15只。二是谷壳加热孵化。孵化的工具也简单，木箱、纸箱都行。把谷壳炒热，试好温度，放进箱中，再放上鸭蛋，谷壳盖过鸭蛋，并盖上棉被保暖。只是每天要换两次加热的谷壳，既繁琐又费劳力，好处是每次可以孵很多鸭子。三是孵化床孵化。用几盏煤油灯加热铁板，铁板受热后把热传到上面的孵化床，并定时测温、翻蛋。尽管方法简单，却极其有效，成活率高达98%。[①]

稻田养鸭主要是在栽插的秧苗彻底返青之后。破了壳的小鸭会先放在育雏的暖棚中，出壳三天，就可以放鸭。至于什么时候、在哪块稻田放养多大的鸭子，主要是根据鱼的大小和田水的深浅而定，以鸭子的大小和放养数量不构成对鱼的生存威胁为原则。如果放养得法，仅凭稻田中的动植物就可以长成。鸭子从出壳到成熟只需50天左右，可放养多批，出肉率和产蛋率都高，味道鲜美。这一特性不仅给从江侗乡人带来了经济收益，而且对稻鱼鸭共生有很多好处，生态性能高。由于鸭子个体小，可以灵活在稻田间穿行而撞不坏水稻，水稻中的害虫，水中的小虾、各种杂草等都是上好饵料，同时，鸭子在游动觅食中使土壤疏松透气，无需再中耕，起了防治虫害和薅秧除草的作用。还因为水稻叶片富含硅质，鸭子不喜欢取食，不会使其受到伤害，而鸭的粪便更是天然的有机肥料。

3. 鱼。虽然鱼的品种变化不大，但鱼苗生产的方式已经发生重大变化。就我们调查发现，从江侗乡人都会在稻田放养一定数量的

---

① 毛家艳、龚静、潘永荣：《鸭》，《人与生物圈》2008年第5期。

鱼，以养鲤鱼为主，兼有鲫鱼、草鱼，俗称“田鱼”。稻田养鱼需要每年放养鱼苗，而要使稻田养鱼这项技术得到传承与持续发展，鱼苗的繁殖、供给是关键，是侗乡人用独特的民间方法繁育出来的，生态性高。“鲤鱼大都是自己育的鱼苗，鲫鱼用不着育苗，把公母放入田中，它在田中自己会繁殖，并且发展很快；草鱼繁殖技术我们不会，都是广西侗族挑来卖的多，我们问他们怎样繁殖他们不告诉我们。鲤鱼的繁殖，我们每年大家都约在一起搞，几家共一个繁殖鱼池，如搞出的鱼花不够放，可向当年搞得多的亲戚朋友们要，我们很少买”。[①] 种鱼的选择直接关系到繁殖的效果和产量，因此，种鱼是精选的，放养于寨子的鱼塘里，每家基本上都把厕所建在鱼塘上，粪便落入塘中就被鱼群抢食殆尽，不仅利于村寨的卫生保持，也促进了资源利用上的生态循环。[②]《黎平府志》就详细记载了鲤鱼孵化传统而独特的生态方式：“清明节后，鲤生卵附水草上取出，别盆浅水中置于树下，漏阳暴之，三五日即出仔，谓之鱼花，田肥池肥者，一年内可重至四五两。”[③] 除了从江侗乡各村寨都有自己养育的鱼苗外，刚边乡一带的壮族村寨，如银平、高麻村等地，还形成了专门化的民间商品鱼苗培育基地，不仅满足本县稻田养鱼的需要，还远销榕江、黎平、三都、荔波等县。这些民间鱼苗种库的存在，对于从江稻鱼共生系统的自循环和持续有着十分重要的作用。[④]

侗家爱吃鱼，也精于养鱼。就我们调查发现，从江侗乡人基本上都能熟练地根据地形、面积、肥力等条件的不同决定放养的数量。听侗乡老人说，以前，在从江侗乡每块稻田都能看见专供鱼游遍整个稻

---

① 潘永荣：《鱼》，《人与生物圈》2008 年第 5 期。

② 龙笛信、龙登渊、谌鸿溪：《贵州从江稻鱼共生生态农业及其开发模式探索》，载闵庆文、钟秋毫《农业文化遗产保护的多方参与机制——“稻鱼共生系统”全球重要农业文化遗产保护多方参与机制研讨会文集》，中国环境科学出版社 2006 年版，第 165 页。

③ 曾芸、王思明：《稻田养鱼的发展历程及动因分析——以贵州稻田养鱼为例》，《南京农业大学学报》（社会科学版）2006 年第 3 期。

④ 龙笛信、龙登渊、谌鸿溪：《贵州从江稻鱼共生生态农业及其开发模式探索》，载闵庆文、钟秋毫《农业文化遗产保护的多方参与机制——“稻鱼共生系统”全球重要农业文化遗产保护多方参与机制研讨会文集》，中国环境科学出版社 2006 年版，第 165 页。

田的“汪道”，还有在田中央用树枝覆盖的“汪”（鱼窝），供鱼夏乘凉、冬保暖和躲避鸭子“追杀”。但就我们调查，在稻田都没有发现“汪道”和“汪”。[①]

侗乡稻田养鱼大多采取人放天养的形式，一方面，鱼主要是通过食用杂草、水生动物、土壤微生物、昆虫等繁殖、生长，如很多危害水稻的害虫如二化螟等的幼体都生活在稻田中，成为鱼类喜食的饵料，鱼撞击稻禾，50%的稻飞虱掉下来被鱼吃掉，鱼身上分泌的黏滑物质还可以控制水稻纹枯病（该病是一种世界性病害，为我国水稻三大病害之首）；[②] 另一方面，鱼可使土壤疏松，起到增氧促根和持续中耕的作用，而那些水草较多的稻田，一般以放养草鱼为主，这样稻田里生长的水草就会被草鱼作为食料吃掉，从而起到清洁稻田的作用；[③] 鱼排出的粪便还可肥田，亩产25公斤鱼一般可排40公斤鱼粪入稻田里，相当于增施了硫酸铵6.25公斤，过磷酸钙2.25公斤。[④] 通过鱼的活动达到除草、除虫、松土和增肥的目的，实现稻鱼互利双增的理想效果。

尽管田鱼单产不高、规模不大，但被公认为在品质上胜过非糯稻田的产品，特别是“稻花鲤”肉质细嫩鲜美，不论蒸煮、烧烤、烘干、腌制酸鱼或制作鱼生等加工成的食品均为餐桌上的美味佳肴，既能改善生活，招待客人，多余的还可销售，增加收入。中国

---

① 詹全友、龙初凡：《贵州从江侗乡稻鱼鸭系统的生态模式研究》，《贵州民族研究》2014年第3期。

② 骆世明：《农业生物多样性的保护和利用》，载闵庆文《农业文化遗产及其动态保护前沿话题》，中国环境科学出版社2010年版，第269页。

③ 韩荣培：《“饭稻羹鱼”——水族传统农耕文化的主题》，《贵州民族研究》2004年第2期。以中国科学院地理科学与资源研究所闵庆文研究员为首的团队，于2008年在从江侗乡按照当地现有的耕作模式，设计糯稻鱼、糯稻鱼鸭两个处理研究后还发现，一般认为，稻鱼共生系统抑制草害的机理，主要是由于鱼对田间杂草的直接取食、掘根、践踏及中耕混水等活动。然而，本次研究中所涉及的8科9种植物中，作为鱼的食物的植物只有一种，这就意味着鱼活动对杂草的抑制作用要大于其直接取食。张丹、闵庆文、成升魁、王玉玉、杨海龙、何露：《应用碳、氮稳定同位素研究稻田多个物种共存的食物网结构和营养及关系》，《生态学报》2010年第24期。

④ 纪洪彦、杨颖、崔福和：《“稻田养鱼模式”是实现水稻绿色食品生产的有效途径》，《农业环境与发展》1995年第2期。

科学院地理科学与资源研究所闵庆文研究员研究发现，与水稻单作系统相比，稻鱼共生系统的生态优势表现为：太阳能转化效率较高；转化单位自然资源投入购买能值较少；能值投资回报率较高；对环境压力较小；系统富有活力和发展潜力。[①] 俗话说，稻田养鱼是“1 亩面积，2 亩产量，3 亩效益”。由于高效的生态模式，稻田养鱼提高了土地利用率，降低了农业生产成本，增加了水稻和鱼的收入，可谓一举多得。

4. 改革开放以来，外出务工、读书的人逐渐增多，以及占里侗族生育习俗存在的法律缺陷和缺少人文关怀，其已发生许多变化，神圣性、敬畏性大为降低，以前每年必须进行且非常隆重的农历二月初一、八月初一的祭祀活动，也是有时开展。即使做，一些在外务工的年轻人不再回来，而且极少数村民已突破习俗的束缚。近十年，占里已有 5 例外嫁、3 例外娶。以前流行的一年只有两天（农历二月十六日和十二月二十六日）才能结婚的习俗，也正在悄然发生变化。[②]

5. 稻田被大量占用。近年来，从江侗乡稻鱼鸭系统传统生态空间被大量挤占，生存空间越来越小。如从江斗牛场主要有两类：一类是在庄稼收割后的耕地上开展，这是传统类型，具有因地制宜、节约资源等优点。二是修建专门的场所。修建的场所也分两类：简单型；豪华型，存在场地严重浪费的现象，如专门占用耕田在露天修建宽大场所，但使用率并不高，一年就几次，甚至就举办一次，长期处于荒废状态。小黄村本来有一处传统鼓楼，场地也比较宽大，而且四周被民房包围，有一大门入内。但是，为了旅游开发的需要，在进入村口不远处不仅修建了风雨桥，并占用大量肥沃农田，新修鼓楼、宽大活动场地以及排列整齐的店铺。

此外，2016 年，笔者在岜沙村发现，虽然明处垃圾较少，但在暗处如林中却有一些垃圾，如矿泉水瓶、白酒瓶、香烟盒、废旧塑料等，有人甚至把矿泉水瓶放在树丫上。同样，在占里村也发现了一些

① 杨海龙、吕耀、闵庆文、张丹、焦文珺、何露、刘珊、孙业红：《稻鱼共生系统与水稻单作系统的能值对比——以贵州省从江县小黄村为例》，《资源科学》2009 年第 1 期。

② 詹全友：《贵州从江占里民族团结进步活动创建现状及对策研究》，《贵州民族研究》2015 年第 6 期。

卫生的“死角”，有汽水瓶、嘟嘟香包装袋等废弃物。维修没有统一规划，红砖裸露在外，村两委办公楼建筑风格更是与村寨整体建筑格格不入。就民居看，小黄村除老鼓楼四周传统民居保存比较好外，其他地方的传统民居破坏比较严重，涌现大量砖房。小溪水质较差，还有一些垃圾，如塑料袋、矿泉水瓶等。2013 年，在岜沙村的小型梯田里，村民在使用“杀虫双”（中等毒）杀虫，并把药瓶遗弃在稻田边。在占里村以及从占里村回从江县城的路上，笔者也发现一些村民在稻田打农药。在小黄村发现村民使用过的“杀虫粉剂”“杀虫双”，药瓶也被遗弃在稻田边。

（二）制度体系有待完善

一位本地青年村民针对最新版的《岜沙村村规民约》说：这个村规民约，虽然结合我们当地的一些民约，大部分我们当地人可能也不清楚，也不太理会。旅游的产物较多，旅游地区的文化进行二次创作的也较多。所以很多条文出来，游客信了，我们笑了（恕我直言）按第七条（男子不留发髻）的话，我们寨子的百分八十的男人都被惩罚了，来村子走走就感觉到了（除了表演队和上年纪的老人）。所以，很多旅游宣传（生来种一棵树，死去砍来做棺材，是无中生有）说得很好，总觉得这很别扭，没有的东西，现在连村里问一个寨老都说有。我想说旅游思想工作做得很到位，我很支持旅游发展，但这些臆造出来的，真不敢苟同。

如《岜沙村村规民约》一些条款就与国家相关政策法规有冲突，应进一步修改完善。仅就涉及生态文明建设方面的内容看，有些行为可能涉嫌犯罪，不是“三个 120”就能够了结的。

“三个 120”中，涉及生态环境的有两条：毁坏公益林；引发寨火。

“三个 66”中，涉及生态环境的有三条：生小孩或过世不种一棵树；引发森林火灾 10 亩以上；毁坏国家保护的古大珍稀植物。

“三个 33”中，涉及生态环境的有七条：电鱼、毒鱼、炸鱼；引发森林火灾 10 亩以下；非法乱建房屋；在公益林区烧炭、开荒；拒不执行防火线规划拆迁或在防火线内乱搭乱建；擅自改变争议地现状；投放毒剂致禽畜死亡。

“三个12”中，涉及生态环境的最多，有八条：霸占水源或偷放他人田水；未经允许在他人田边3丈范围内种植高秆植物；乱砍滥伐林木；乱捕滥猎野生动物；乱堆乱放柴火、乱拉乱接电线被要求整改而未整改；乱放禽畜损坏他人庄稼、果木；往公共场所、水沟、村庄周围乱倒垃圾；房前屋后不符合卫生条件被限期整改而未整改。

此外，如何严格执行也是一个问题，这也反映出地方政府拍脑袋的、武断的决策方式。如小黄村虽然出台了《小黄村农村清洁工程村民清洁卫生村规民约》，但既没有规定对违反者的处罚条款，也没有专门机构、专人负责监督。就笔者调研发现，一些条款最终流于形式，成为一纸空文。

三 从江侗乡稻鱼鸭系统与生态文明建设路径

文化在适应过程中，生物性适应与社会性适应往往纠缠在一起，但适应的结果却互有区别。生物性适应能推动该民族高效地利用当地的生物资源，并使该民族的社会存在与所处自然生态系统相兼容，确保该民族获得最大的生态安全，具有长远的可持续功用。社会性适应则有助于该民族度过突发性的挑战，使该民族在特定的族际背景中获得更大的生存空间，但对长远的生态安全却可能不利。立足于全人类的生态安全，我们需要做两方面的努力。一方面，要大力发掘和利用各民族已有的生态智慧和技能；另一方面，要调动各民族的社会性适应能力去切断人类社会与地球生命体系之间偏离扩大与叠加的渠道。①

（一）进一步推进整体性保护传承

1. 保留传统种养方式。稻鱼鸭种养殖系统凝聚了我国劳动人民的智慧，体现出人与自然和谐共处的生存发展理念，应当珍视这一宝

① 杨庭硕等：《生态人类学导论》，民族出版社2007年版，第98页。

贵经验，并运用到现代农业之中。首先，这一系统的智慧在于对生态圈层的空间上的巧妙布局。其次，这一系统在于根据不同物种的生长特点，科学把握种稻、投鱼、放鸭的时间，使它们和谐共生。[①] 为此，应大力鼓励从江村民利用传统方式生产稻鱼鸭。加大稻鱼鸭复合系统地区非贫困户开展保护工作的支持力度，如免费提供与贫困户差别不大的育苗、鸭苗等，进一步调动他们保护的积极性。加强禾文化、农耕文化、种质资源的保护；在不改变原生态生产方式的前提下，广泛发扬探索精神，不断尝试对稻作模式、品种的提纯复壮、生产方式等方面的创新。同时，以"农村清洁风暴"行动为契机，实施好环境卫生整治，提升村寨整体环境和人文素质，借助现有资源，进一步完善基础设施建设，对进村步道、房前屋后实施硬化，引导群众多栽花种草，逐步实现"百姓富、生态美"。

2. 延伸生态产业链。以稻鱼鸭生态种养复合系统保护为切入点，充分发挥地方品种资源优势，采取"技术 + 企业 + 专业合作社/农户 + 基地"模式进行示范保护与传承，并通过公司订单生产，保护价收购，向有机产品方向打造，大力推进传统水稻产业向特、优产品发展，提升传统农产品的价值。如从江侗乡稻鱼鸭复合系统高产示范点，主要采取的种养模式是水稻宽窄栽培、鱼种放养 1420 模式，效益 2150 模式；主要品种是从江香禾（苟当 1 号）、从江田鱼、从江香鸭。采取的技术措施是：一是每亩投放鲤鱼 400 尾、草鱼 20 尾、从江香鸭 20 只。二是每亩投喂无公害生态鱼饲料两包。三是在田间开挖鱼沟、鱼窝供鱼避暑、防敌害，鱼鸭的活动对水稻有除草、松土、保肥施肥、促进肥料分解、利于水稻根系发育、控制病虫害的作用。[②]

2015 年，从江在全县 5 万亩稻田中对"稻鱼鸭种养殖系统"进行了示范点推广，稻田测产每亩增产稻谷 5%—15%，平均亩产稻谷 669.5 公斤，生产鲜活田鱼 24.3 公斤，鸭 44.7 公斤，平均亩

---

① 闵庆文、张丹：《从江侗乡稻鱼鸭系统 传统生态农业的样板》，《农民日报》2013 年 5 月 10 日。

② 潘开明：《从江：侗乡稻鱼鸭复合系统高产岜扒示范点显成效》，http://jiangsu.china.com.cn/html/2016/gznews_0815/6959515.html。

产值在6000元以上。稻鱼鸭生态产业示范园已纳入省级农业产业园和黔东南州绿色生态现代生态农业工程，以高增、加榜、刚边、往洞、斗里、丙妹、谷坪、贯洞等8个乡镇为主，辐射带动全县21个乡镇发展稻鱼鸭生态种植养殖。以种稻为主体，种养结合，稳粮增效，提升水稻的品质，建立“稻鱼鸭共生、稻鱼藕连作”的标准化生产模式。到2020年，将实施标准化稻鱼鸭生态种植面积12万亩，建立优良育种繁育基地3个；渔业增加值占农业增加值的比重达到10%，水产品总量达到6000吨；稻田综合种养每亩实现产值5000元以上。①

此外，全面了解国家扶贫政策，认真谋划好村级产业，帮助老百姓实现脱贫，如煨酒、香猪、稻鱼鸭等产业，做好调查摸底和政策宣传工作，积极指导村级成立合作社，带动全村共同发展。如2017年春，将著名景点占里作为首个试点，进行图案农业实验。根据占里生育文化、“稻鱼鸭”生态农业系统，在稻田里勾画出来后，农民将不同颜色的秧苗绘制了稻、鱼、鸭和侗族一男一女卡通人物图案。首个巨幅“侗乡稻鱼鸭”稻田画进入观赏期后，获得一致好评。

2017年4月20日，国家认监委发布《关于运用有机产品认证服务精准扶贫的通知》，公布了首批有机产品认证扶贫试点单位名单，从江县被列为全国首批24个试点单位之一。从江县可以利用这一大好机会，积极争取国家认监委以及地方有关职能部门组建的有机产品认证扶贫专家队伍的帮助，通过对从江地区环境、资源、综合因素调研分析，帮助制订有机认证扶贫方案，提供有机生产技术、加工技术、产品销售、生产管理、产品包装等技能培训和技术支持。组织帮助有机产品认证示范（创建）区，搭建有机产品产、供、销平台，与中国连锁经营协会、中小企业外贸服务平台及电商销售平台合作；鼓励采购商和消费者利用有机产品认证标志中附加的扶贫信息消费来自贫困地区的有机产品，形成“环境可持续、质量有保证、产品有市场、销售有渠道、消费有群体”的可持续消费扶贫模式。

---

① 吕慎、吴德军：《稻花香里有鱼鸭——贵州从江稻鱼鸭共生的水乡智慧》，《光明日报》2017年3月21日。

（二）架构大地区大环境大机制的立体格局

1. 联手行动——政府觉悟。2017 年 8 月 31 日，由从江县人民政府主办，从江县农业局承办的“黔东南州稻鱼鸭复合系统产业联盟大会”在从江县农业局召开，审议通过《黔东南州稻鱼鸭产业联盟章程》；黔东南州稻鱼鸭产业联盟正式成立。联盟的性质：由在黔东南州境内从事稻鱼鸭复合系统产业的生产、经营、加工、储运、流通、管理及服务等性质的相关职能机构自愿组成，是一个集联合性、专业性和行业性于一体的行业性组织，是黔东南稻鱼鸭复合系统产业的代言人。联盟的宗旨：黔东南州稻鱼鸭复合系统产业联盟以“生态农业，绿色共享，抱团发展”为理念，以全球重要农业文化遗产——从江侗乡稻鱼鸭复合系统为依托，提升整个黔东南区域稻鱼鸭复合系统品牌价值。整合政府、各有关部门、企业、合作社、农户及媒体等资源，搭建行业互助、互动、互补、交流展示和推广平台；挖掘并传承农业文化遗产内涵，创建具有民族特色的地方知名品牌，促进农业文化遗产、休闲农业及乡村旅游的有机融合；通过农业文化遗产的渗透融合，开拓农业农村资源，利用新模式、开拓新领域，带动生态农产品及特色农产品的销售，并逐步带动联盟区域内餐饮、住宿、客运、物流、传统建筑及传统民俗民风生态游等各个行业的全面发展。本次联盟大会是在贵州省农委倡导下，黔东南州农委积极响应，及时创建“黔东南州稻鱼鸭复合系统产业联盟”组织，以全球重要农业文化遗产——从江侗乡稻鱼鸭复合系统为代表，组织黔东南州具有共同的人文、生态、生物资源条件的天柱、锦屏、黎平、榕江等侗族聚居县联盟发展。有利于打造区域性稻鱼鸭复合系统品牌，提升价值；有利于挖掘、保护和传承农业文化遗产；有利于促进休闲农业、乡村旅游等各行业的全面发展；有利于黔东南州生态文明建设。①

与此同时，划分特级保护区和一级保护区。以从江侗乡稻鱼鸭系统为特级保护区（严格按照全球农业文化遗产的要求，不能种植杂交

---

① 从江县农牧局：《贵州黔东南州稻鱼鸭复合系统产业联盟大会在从江县召开》，http：//www. shuichan. cc/news_ view - 337956. html。

稻），黔东南其他地区为一级保护区。做好特级保护区，逐步延伸到其他条件地区。

此外，不仅应当严厉打击占用稻田的不良现象，对从前乱占乱用稻田的行为进行追责，而且还应当本着节约的原则，尽量使用传统方式、传统场所开展斗牛活动，如广西三江侗族自治县独峒镇平流村举办传统斗牛节的场所就值得从江学习与借鉴，他们既没有修建专门的斗牛场，也没有占用耕地，而是在河滩开展，没有浪费资源。

2. 大力培养培育领头人。可以大力推广借鉴黎平的经验。黎平县尚重镇洋洞村地处贵州万重山腹地，共有上洋、下洋、岑埂三个自然村，上洋、中洋、下洋、岑埂、岑勒、岩团、归七、岑所、新寨、高州10个自然寨，35个村民小组，到2017年初，有1397户5326人，其中贫困户282户，贫困人口1018人，是贫困户数和贫困人口密度较大的典型民族山村。洋洞面积24.87平方公里，其中，稻田面积4500亩，旱地面积1500亩，生活有侗、苗、汉、壮、水等多个民族。寨子山高林密，人多地少，是典型的“九山半水半分田”山区，依山傍水，洋洞河穿村而过。洋洞特殊的地理位置和历史原因，形成了这里独特、古朴、浓郁的侗苗文化。既有古老的侗族文化习俗元素，又保存着苗族最原始的民俗文化。洋洞是传承牛耕文化最为完整的山村，也是很多古老的农业物种的保存地和许多当地原始生物物种的栖息地。黎平香禾糯具有米粒大、色泽洁白、糯性强、口感好、香味特浓等特点。宋朝，黎平县香禾糯的各类品种就有上千种之多。2009年，“黎平香禾糯”被确定为国家地理标志保护产品，保护范围为黎平县岩洞镇、双江乡、尚重镇、孟彦镇等18个乡镇现辖行政区域。“黎平香禾糯”已获有机产品认证，并于2015年列入全国名特优新产品目录。

洋洞乡贤为挖掘中华传统牛耕的生态价值，带领乡亲脱贫致富，有意走生态农业的见证之路，恰逢无锡祥云基金会下属南京清泉有机生活中心组织专家团前来考察，达成理念上的共识，决定支持洋洞建设“洋洞有机小镇”，打造“最后牛耕部落”，将其作为农村安心工程计划的一个实践点。2017年2月，由南京清泉有机生活中心作为公益组织与洋洞村全体村民共同成立贵州有牛复古农业专业合作社，打造“守农有牛”品牌，探索出“民企合一，共同成长”的低成本建设生态美丽乡村的模式。

有牛复古农业专业合作社创始人杨正熙介绍说：“我国是一个有着几千年农耕文明的农业大国，古时候没有农药、化肥，做的全部是有机农业。我们有牛复古农业专业合作社最大的特点就是‘牛’，有牛就有一切，牛可以耕田犁地，农闲时节群众喂养耕牛，就会到田边割除杂草，牛粪还是最好的有机肥料，这样就形成了一个循环的稻牛鱼鸭自然生态共生系统。”[①] 按“耕牛 + 稻鱼鸭”“耕牛 + 草药”等方式进行耕种，拒绝使用化肥、农药和除草剂，保证了农作物的有机安全。到 2017 年 5 月底，洋洞村人全部加入了有牛复古农业专业合作社，其中入股股金 576 万元，入股土地 3.75 万亩，入股耕牛 695 头，入股牛棚 567 栋，覆盖该村所有贫困户。为最快速度收回成本，合作社与上海食野农业科技公司签订有机农产品收购合同，以一级社员高出市场价 100%、二级社员高出市场价 75%、三级社员高出市场价 50% 的保底价，对社员的产品进行收购。合作社投入 400 多万元，在岑丈梯田的半山腰上修建有机食品加工厂，通过多样化的有机农产品加工，进一步提升农产品附加值和促进劳动就业。

打造有机小镇，是我国传统农业向有机现代农业过渡的一种自下而上的探索，洋洞有机小镇联合发起人、上海自然之友生态保护协会发起人沈亦可说：“搞生态农业，就是要确保农产品的绝对有机，除了不能使用农药、化肥外，还要求老百姓生产、生活方式的有机。现在我们在核心控制区的‘牛棚客栈’修建了生态厕所，采取‘尿便分离’的生物漫滤法等方式，实现有机肥田。”为了彻底改变群众不环保的生产生活方式，沈亦可从 2017 年 1 月起常驻洋洞村，一家家地做工作，一个个地作动员，在河床上、在村寨边，他随时将村民随意丢弃的垃圾拾起，在他的感染和带动下，洋洞村清除了堆积长达 30 年之久的垃圾堆十多处，整个村寨面貌焕然一新。耳濡目染下，

---

① 杨理显：《黎平：洋洞侗寨创建生态牛耕文化景区》，《黔东南日报》2017 年 6 月 7 日。

洋洞村群众逐渐认同并接受了环保理念，并慢慢改变自己的生产生活习惯。目前，洋洞村村民与合作社签订了环保有机协议，绝不在该村25平方公里的土地上使用一粒化肥，喷一滴农药，合力把洋洞打造成有机农产品小镇，将该地创建成国家有机产品认证示范区。在岑丈500核心梯田体验区，合作社修建了不同规模和功能的“牛棚客栈”。让游客与当地群众一同参加农事劳作，一同捉鱼虾并制作美食，一同牵牛放牧、踩打秧青，一同在田间吃生态餐，亲身体验农耕生活，亲眼见证有机农产品的生产过程。①

早在2015年春节，李克强总理在贵州省黎平县考察时见到“有牛米”，总理问：“为什么叫有牛米？”杨正熙回答：“有牛是站在有机种植的肩膀上，所有质量指标要求都高于有机种植，我们家家户户都有养牛，种稻不用除草，不放化肥，不打农药，生产的稻米比市场上的有机米更牛！”之后，杨正熙“有牛哥”的称呼不胫而走。

2015年3月，有牛哥带头成立贵州有牛复古农业专业合作社，865户农户申请加入。为了确保产品质量，他草拟《守农有牛生产律》，组织合作社寨老社员代表制定并通过民俗约法侗款《守农有牛生产律》，对社员进行宗族荣誉担保的民俗约法：

社员：喂养耕牛；

耕地：无污染源；

种苗：传统老品种；

整地：耕牛犁耙；

施肥：施牛草粪、绿肥和打秧青；

除草：放养动物辅助除草；

病虫害防治：传统“鱼+鸭”等生态方法防治；

担保：以自家耕牛、土地和家族荣誉作担保；

违罚：三百斤米、三百斤酒、三百斤肉；开除社籍，取消积分，扣连带人积分。

“侗族人特别重视约定，一个人要是违反了，儿子娶不到媳妇，

① 杨理显：《黎平：洋洞侗寨创建生态牛耕文化景区》，《黔东南日报》2017年6月7日。

女儿嫁不出去，一家人根本没法在村里待下去了。这样，米的质量就保证了。”杨正熙说，单就这一点，“有牛米”就不需要什么认证，绝对可信![1]

2017年5月21日，也就是二十四节气中的小满，在贵州省黎平县尚重镇洋洞村举行的第八届乡村旅游节暨洋洞“千牛同耕”活动中，“千牛同耕”重现古老农耕画卷。1008头牛同时在近千余亩的梯田间奔走耕耘，旨在传承最古老的生态耕作模式，形成品牌“守农有牛”的文化内涵。牛耕部落联合发起人李善富说，现在，洋洞村率先创办“有牛复古农业专业合作社”，通过发展有机产业，打造有机小镇，按照“耕牛+稻鱼鸭”“耕牛+草药”等方式进行耕种，同时还大力发展乡村旅游，进一步扩大黔东南自治州创建中国有机第一州的影响力，为黔东南生态文明系统建设作出一份贡献。最引人注目的是，牛耕部落张贴的要求游客保护原生环境的“牛耕部落提示”：

亲好，牛耕部落欢迎您，这里是洋洞也是故乡！

为了牛耕部落的原生环境不受影响，请您将所携带的化学洗护用品如洗发乳、沐浴露、香皂、洗衣粉、食品干燥剂、漂白纸巾、电池、化纤及塑料包装物等留在指定位置！

为保持牛耕部落生物多样性，洋洞片区25平方公里内严禁使用农药、化肥、除草剂以及其它影响环境的化学化工物品。如您发现梯田上有此类垃圾或物品，也请主动拣出来，交给洋洞有机小镇相关人员处理！

来到洋洞即故乡，谢谢亲的配合！

洋洞有机小镇指挥中心

2017年4月29日[2]

---

① 贺凯彤：《“有牛哥”与他的“复古”农业》，《农家书屋》2017年第1期。

② 孙晶晶：《“千牛同耕”延续千牛农耕文明——贵州省黎平县第八届乡村旅游节苗乡侗寨春耕纪实侗族纪实》，http://www.sohu.com/a/143125176_422330。

2017年6月19日，杨正熙主持召开合作社第一次社员代表大会。有意思的是，在6月17日的通知中特别提醒："请别乱丢垃圾，烟头、塑料制品等请放到指定位置，谢谢您的合作!"这是保护生态的自觉反映，也是少数民族传统生态文化与民族地区生态文明建设的无缝对接，是一个良好的开端。

早在2016年春，李善富拍摄公益纪录片《有机人》时，认识了洋洞人杨正熙。热衷于有机事业的李善富于同年底来到洋洞，与杨正熙一起，开始研究洋洞生态乡村保护与发展。除清理河道、村寨垃圾外，李善富对洋洞最倾心的是牛耕生态农业。村民的水田都在山上，田边小路又窄又滑，无法实现机械化耕作，即使可以用小型动力机械，也会有铅污染，保护耕牛就是保护水土，就是巩固提升传统农业。鉴于近期村民外出打工的越来越多、耕牛有减少的情况，他发起"爱予耕牛"公益行动。把洋洞的耕牛登记造册，排出序号，配上照片，城里的个人、家庭、团体都可以认养，认养头数不限，对困难农民家庭优先安排。每头牛每天由认养人给予喂养人7元钱的补贴，同时规定了喂养人、认养人、监督人的职责。仅此一项，农民养牛护牛的积极性大大增加，脱贫和小康也有了希望。他还不满足，又把目光瞄向生命之源的"水"，发起"红豆杉泉"公益计划。苗侗山寨的山泉水甘甜可口，除了人畜饮用，便是流灌进梯田。每眼泉边大都长着一棵红豆杉，根系发达。他与志愿者一起走遍村寨角落，逐一登记，清理泉眼，筑起泉屋，定好规矩。他还卖掉一处城里的房子，借助村里原来几乎废弃的学校，建起两处清泉学堂，并组织培训幼儿教师，让孩子们几乎全部入园，村民有了更多时间养牛和从事其他生产。利用清泉学堂开设农民课堂，弘扬文明乡风，灌输先进生态理念，努力建立起各项管理的长效机制。①

可喜的是，"千牛同耕"活动正在形成常态。2018年5月19—21日，洋洞村举办"千牛同耕"活动。活动期间，除开展"千牛同耕"传统农耕展示活动外，还开展拦路迎宾、琵琶歌展演、耙田

---

① 孙刚：《洋洞村的"千牛同耕"景象》，《人民日报》2018年10月8日。

比赛、中华农耕生态文明复兴“在路上”文艺晚会、吹芦笙、跳芦笙舞、长桌宴、“三亲”教育生态村建设研讨会等系列活动，吸引众多游客和摄影爱好者亲临现场参与体验，助推当地乡村旅游发展和脱贫增收。

洋洞有机小镇项目于2017年2月启动，尚重镇在洋洞率先启动有机产品认证示范基地建设，由洋洞乡贤组建贵州有牛复古农业专业合作社，与南京清泉有机生活中心共同建设“洋洞有机小镇”，打造“最后牛耕部落”。2017年，上洋村被确定为省级“三变”改革试点村。2018年初，“洋洞牛耕部落生态农业示范园区”成功申报为贵州省省级现代高效农业示范园区。在抱团发展有机产业过程中，上洋、下洋、岑埂三个村所有村民以土地、耕牛和现金等方式入股，自愿成为合作社社员，并持有合作社股份，实现了合作社与村民“共同发展、互惠互利”。该项目以“合作社+公司+电商+基地+农户”的经营模式，让“资金跟着能人走，穷人跟着能人走”，将有机产品打入以上海、广州、深圳等城市高端农产品市场，实现有机米产品种植加工销售“一条龙”经营，带动贫困群众增收致富。同时，合作社建设“旅屋”，让城市销售者入住“牛棚客栈”，以“见证”农业的方式，销售有机农产品。2017年春，建成13栋“旅屋”30铺客床现已全部售出。前来“见证”和体验“牛棚客栈”的客商又出资预购了“旅屋”37栋。每栋“旅屋”每年按入住率45%计算，每年可实现直接经济收入6万元以上，间接销售农产品收入20万元以上。目前，合作社正在基地农耕文化核心区规划建设200栋“旅屋”经营“牛棚客栈”，待200栋旅屋建成后，每年可实现直接经济收入1200万元，每年可销售高端农产品收入达4000万元，户均可增收3万元。[1] 在当地乡贤、外地企业家和社会公益组织的全力支持下，洋洞有机小镇逐步走上了一条保护传承与生态文明建设良性循环之路。

---

① 《尚重洋洞：“千牛同耕”重现古老农耕画卷》，http://www.lp.gov.cn/rrlp/lydt/201805/t20180522_3272795.html。

第五章　云南普洱古茶园与茶文化系统和生态文明建设

云南省西南、澜沧江中下游地区是世界茶树的发源地，也是普洱茶的主产区。至今仍然保存有数量众多的野生古茶树和规模巨大的栽培型古茶园，与之相伴的是敬茶、爱茶的古羌人、百濮、百越族系的后裔。丰富宝贵的自然资源、和谐壮观的森林景观、智慧天成的知识技术与多姿多彩的民族文化一起，构成了一个复杂而自成体系的农业文化系统。2012 年 9 月，普洱古茶园与茶文化系统被联合国粮农组织公布为全球重要农业文化遗产保护试点（试点已通过评审，正式确定为全球重要农业文化遗产）。普洱古茶园与茶文化系统“具有丰富的生物多样性和文化多样性，体现了人与自然的和谐共处、人与环境的协同进化，蕴含着丰富的生态思想；历史悠久的茶叶栽培和生产，促进了当地社会经济的可持续发展；无污染、高品质的茶叶，保证了当地居民的食物与生计安全；历史悠久的茶文化与古茶园栽培和管理方式，形成了当地特有的社会组织与文化体系。它为现代生态农业提供了天然样本和天然的实验室，提供了向大自然学习的机会。我们应当从传统中找出科学的机理和智慧，对现代农业进行指导”①。本书所说的普洱古茶园与茶文化系统，是指在以普洱市为代表的普洱茶产区内，以茶园、茶农和茶文化为基础的整体，是基于全球重要农业文化遗产概念范畴的更为宽泛的农业文化系统，并在此基础上探讨其与普洱市生态文明建设的互补机制。

---

① 袁正、闵庆文：《云南普洱古茶园与茶文化系统》，中国农业出版社 2015 年版，第 81 页。

一　普洱古茶园传统生态物质文化与生态文明物质建设

以云南大叶种茶为主要原料的普洱茶，生长和种植在澜沧江中下游的普洱市及周边地区。学界认为，普洱市具有茶树原产地三要素：茶树的原始型生理特征；古木兰和茶树的垂直演化系统；为第三纪木兰植物群地理分布区系。因此，这一地区是世界茶树的起源地。景迈芒景古茶园在所发现栽培型古茶树中茶树数目最多、面积最大，茶树个体年龄较大，是栽培型古茶园的代表。

（一）普洱古茶园的变迁

1. 普洱古茶园的自然环境。云南澜沧江流域分布的古茶树包括野生型、过渡型和栽培型三种类型，即是说，古茶树不仅是分布于天然林中的野生古茶树及其群落，还有半驯化的野生茶树和人工栽培的百年以上的古茶园（林）。野生型古茶树以普洱市镇沅千家寨野生茶树居群为代表，野生型向栽培型过渡类型的古茶树以澜沧邦崴过渡型大茶树为代表，而栽培型古茶树则广泛分布于澜沧江中下游的古茶园中。[①] 野生型古茶树是证明茶树起源区域的有力证据，过渡型古茶树是人类驯化和利用茶树的历史见证。栽培型古茶树是经过长期的自然选择和人工栽培，才逐渐形成今天丰富的栽培型茶叶品种，而云南大叶种茶就是在人工选择中留下的优质茶叶品种，其中尤以“普洱茶”的栽培利用最为广泛，产量最好。经专家鉴定，云南大叶种茶种中都不同程度地带有野生茶树的遗传特性，树相、叶性、芽状均与野生茶树极为相似，但花果比野生茶树小。普洱茶茶芽长而壮，白毫多；叶片大而质软，茎粗节间长，新梢生长期长，持嫩性好，发育旺盛。茶内含丰富的生物碱、茶多酚、维生素、氨基酸和芳香类物质。栽培型古茶树树型为直立乔木，高

---

① 袁正、闵庆文：《云南普洱古茶园与茶文化系统》，中国农业出版社 2015 年版，第 17 页。

5.5—9.8米之间，树幅在2.7—8.2米之间，基部干径在0.3—1.49米之间，树龄在181—800年之间。普洱市共有森林茶园26个，面积达12123公顷，现存仍在利用的古茶园多以栽培型茶树为主，最年轻的茶树也已100多岁。历史最悠久的澜沧拉祜族自治县惠民镇境内的景迈芒景古茶园，始种植于傣历57年（696年），距今已有1300多年的历史，上万亩连片茶园为当地布朗族和傣族人所栽培。①

关于普洱茶的来历，在西双版纳工作17年、三次获得全国少数民族文学“骏马奖”的白族作家张长有一段精彩描述：

> 人间三嗜：烟、酒、茶。云南没有名牌好酒，云烟和普洱茶却是很出名的。其实，历史上普洱只是个茶叶集散地，实际产地是西双版纳的六大茶山，即南糯、依邦、易武、基诺、斑章、勐宋。20世纪50年代之前，内地商人不敢直接到西双版纳六大茶山收购茶叶，他们怕“瘴气”。所谓“瘴气”，其实是恶性疟疾，经由疟蚊传播，发起病来，病人忽冷忽热，谵妄呓语，赶马人叫“打摆子”。赶马人也许有抵抗力，他们从不怕“打摆子”，茶叶就经由他们从西双版纳运到普洱，再由内地来此收茶的茶商转运至昆明，经由广州而达港澳。原产西双版纳的茶就这样因为这个中转站而成了名茶——“普洱茶”。1949年以前，交通不便，那些驮运茶叶的赶马人生活既艰辛又浪漫。他们栉风沐雨，晓行夜宿，翻山越岭地来往于边寨与普洱府之间。驮着茶叶，有时还可能驮着个傣族小姑娘，一路上嘴里含片树叶，伴着山风与蝉鸣，吹出动听的情歌。或傍林靠寨，或就地食宿，有点像吉普赛人。某日，在卸下担子住店

① 袁正、闵庆文：《云南普洱古茶园与茶文化系统》，中国农业出版社2015年版，第29页。另据作为当地布朗族最后一位世袭土司的儿子，苏国文经过长期考证认为：“布朗人在佛历723年开始建寨，同时开创了人工栽培茶叶的历史新纪元（到2005年佛历年已有2548年）。照此推算，芒景、景迈古茶园到现在已有1800多年的种植历史了。”见苏国文《芒景布朗族与茶》，云南人民出版社2009年版，第59页。他又在该书第62页明确写道：“古茶园开垦于东汉末期公元180年……”

时，一个赶马人突然闻到一股香气从茶叶里飘散出来，顺手抓了一撮，开水一冲，汤色棕红，口感醇厚，香味独特。原来，绿茶在驮运的过程中发酵了，内地到普洱收茶的茶商喝后亦大为赞赏，因茶是在普洱府购得，遂名“普洱茶”。他们不知道茶叶来自六大茶山。统而言之，“普洱茶”有两层含义：一是泛指在普洱购得的产自六大茶山的茶；另一个概念是茶叶中的半发酵茶。从加工工艺又可分三种：鲜叶摘下经萎凋晒干后成为绿茶，半发酵的是普洱茶，全发酵的是红茶。从种群上又有“大叶茶”与“小叶茶”之分。内地江浙一带产的都是小叶茶，如龙井、铁观音，植株为灌木状。大叶茶是原生态的巨大乔木，分布在云南西双版纳、临沧、思茅地区，生长在老林里。我在西双版纳斑章山上见过两株爷爷级的古茶树，枝繁叶茂，采茶的需要爬上树去，产量有限，天价。但仍有内地茶商慕名而来，不讲价钱，包了。这种长在老林里的原生态大叶茶，现在已培育成灌木状，采茶不用再爬树。①

云南典型的立体气候特点，使得在不同的海拔、不同的地理环境条件发育着不同种类的植被。各种不同区系的植物汇聚云南，并在各种适生条件下得到自然保存、繁衍和发展，使云南成为天然植物王国。这种独特的地理环境和生态环境，也孕育了丰富的茶树品种资源。在云南不同种类的茶或沿着山脉、河流走向呈带状分布，呈跳跃式分布，或隔离分布，或呈局部或零星分布，而以茶、普洱茶、大理茶、滇缅茶分布最广，与其他茶种多层次交错。然而，这些多样性的茶树物种却围绕宽叶木兰化石的发现地，在澜沧江中下游地区连片集中分布；并沿北回归线自西向东延伸，横跨北回归线南北方向分布逐渐减少。②

2. 古茶园的历史。早在新石器时代，澜沧江流域就出现了一定

---

① 张长：《南糯山茶与南糯山人》，《光明日报》2018年8月24日。

② 袁正、闵庆文：《云南普洱古茶园与茶文化系统》，中国农业出版社2015年版，第13—14页。

规模的人类活动。之后，不同的族群陆续迁徙而来。自大理功果桥以下，澜沧江仿若一道屏障，阻隔了族群的迁徙。沿江南下的氐羌后裔的彝族、白族、纳西族、拉祜族等定居于河流东岸；从西部迁移而来的百濮族群后裔德昂族、佤族、布朗族等则与其隔江相望；从东部迁移过来的百越族群后裔壮族、傣族、水族等和从长江中下游逐步迁移而来的苗族和瑶族聚集于河流下游的普洱和西双版纳。多个民族酝酿出多彩的文化，使这一地区成为中国族群及其文化多样性最为丰富和密集的区域。

在澜沧江畔众多的生物中，最为重要也最有特色的物种便是茶。早在3540万年前，茶树的始祖宽叶木兰就已生长在这片土地，是最为古老的“居民”之一。云南是世界上野生茶树群落和古茶园保存面积最大、古茶树和野生茶树保存数量最多的地方，而云南澜沧江中下游地区是中国木兰属植物化石唯一分布区域。其独特的地理环境和生态环境孕育和保护了丰富的古茶树资源，2700年树龄的镇沅千家寨野生型古茶树矗立在哀牢山的原始森林中，被认为是世界上目前已知的年龄最大的野生茶树。逾千年树龄的澜沧邦崴过渡型茶树壮硕生长，这是较云南大叶种和印度阿萨姆更为原始、起源更早的茶树，用事实修正了野生型向栽培型过渡类型茶树的历史。这些著名的“茶树长者”们与遍布于这一地区的野生茶树群落和古茶园一起，有力地证明了澜沧江中下游地区是世界茶树原产地，也是茶树驯化和规模化种植发源地。

“其实，认真说起来，普洱茶是一个广泛的多层次的概念。它的名字来源于地名——普洱府。然而，在普洱府存在之前，这片土地就已默默的孕育茶树数千年”①。澜沧江中下游自古以来就是我国重要的茶叶产地，从现存的记载看，这一地区茶的利用和栽培可以追溯到唐朝以前。唐代樊绰编撰的《蛮书》中提到“茶出银生城界诸山”（普洱古属银生府），据此推算，茶树种植的历史至少有1100年。明代李时珍《本草纲目》中更为明确地记述了“普洱茶

---

① 袁正、闵庆文：《云南普洱古茶园与茶文化系统》，中国农业出版社2015年版，第7页。

出云南普洱”，而此时的普洱还是对整个澜沧江下游普洱茶区的泛称。清代《普洱府志》中载录《大清一统志》对此地的描述是：“民皆僰夷，性朴风淳，蛮民杂居，以茶为市。”这说明在清初普洱府就是多个少数民族杂居之地，民风淳朴，茶叶贸易兴盛。周边茶山所产茶叶大都送至普洱府经加工精制后，运销国内外，人们习惯将它们统称为“普洱茶”。明朝后期，普洱茶占据云南市场。清乾隆六十年（1795 年）普洱茶成为贡茶，改变了清宫廷的饮茶偏好，并迅速风靡京城，普洱府也闻名于世。当时，由于受到交通条件的限制，茶往往是通过马帮长途运输。为方便运输，茶农把采下的青叶杀青后揉捻，晒干或烘干，再软化并最终紧压成块状、碗臼状或饼状。遥远的路途注定了茶叶在售出前经历长时间的储存和再发酵，而运输中所经历的自然条件也为这种后发酵提供了助益。所以，古人喝到的普洱茶色重而味酽，这也为后来的普洱茶贴上了印象标签。

“普洱”为哈尼语，意为“有水湾的寨子”，作为地名最初指普洱山（位于今普洱市宁洱县）间的一个寨子，后慢慢扩大范围。元朝，“普洱”一名正式写入历史，作为银生城属地存在于典籍之中。明朝时，由于茶市的兴盛，当地人口与经济迅速发展，普洱城正式形成。1729 年始设普洱府，辖区范围包括今天的普洱市和西双版纳州。新中国成立后，普洱市名与其辖界也发生数次变化。直至 1973 年西双版纳州从思茅地区分设，普洱市辖界基本确定。2003 年，国务院批准设立思茅市。2007 年 4 月，思茅市改名普洱市。历经千余年，这个以地为名的古茶种不断发展，流传至今。普洱茶的原料是产于这一区域的云南大叶种茶。迄今为止，世界上已发现茶组植物中，生长和栽培在云南的占已发现茶种总数的 80%，以大叶种为主。云南的茶树几乎全省都有分布，但分布最为集中的区域还是在云南西南的澜沧江中下游地区。①

普洱市素有“一市连三国”“一江通五邻”之说。明朝万历年

① 袁正、闵庆文：《云南普洱古茶园与茶文化系统》，中国农业出版社 2015 年版，第 10 页。

间，普洱府已设官职专门管理茶叶交易。清代以来，国内外交易路线也已基本畅通，普洱府成为普洱茶生产和贸易的集散地，是茶马古道的起点，也成为了茶文化的中心地带，并形成了“普洱昆明官马大道”“普洱大理西藏茶马大道”等6条保存完好的茶马古道，被称为“世界上地势最高的文明文化传播古道”。这里的人、茶叶、茶文化沿着茶马古道向国内外扩散，将普洱茶带出大山，走向世界。

1993年4月，中国普洱茶国际学术研讨会和中国古茶树遗产保护研讨会在思茅举行，来自9个国家和地区的181位专家学者参加，他们一致认为：根据古地理气候研究，云南大约在二亿五千万年前，地处劳亚北古大陆的南缘，直面古太平洋，西侧则毗邻于泰提斯海。这里浅海广布，气候温润，雨量充沛，地势优越，许多古生物种子植物在这里发生并繁衍。经历过漫长的地质变迁之后，到1亿年前中生代后期，被子植物大量发生，其中山茶科植物及其近缘植物亦层出不穷地植根于斯，繁衍于斯。其后，大约在五千万年前新生代始新世时期，当先后发生了四次冰川侵袭之际，由于云南境内尤其是滇南、滇西南一带，幸免于遭受冰川袭击之灾，因而起源于第三纪早期的山茶科植物，在云南特定的自然生态条件下，则得以保存下来，并且繁衍得茂密而葱茏。至于当今世界上就已经发现的茶树凡37个种，3个变种而言，则几乎全数产于中国南部和西部，尤以云南为胜，其滇南地带则分布得更广更多，计拥有22个种，两个变种。此外，滇西、滇东、滇东北则次之，这些茶树大都集中在北纬21°—25°地带上。鉴于上述，茶树及其亲缘植物在云南境内分布如此之多、之广、之密、之久，世界上任何国家和地区皆无与之匹俦。据威利斯学说认定：“目前种属最多的地区，也就是那种植物的起源地区。”据此，以《保护古茶树倡议书》的名义郑重宣布：“中国是茶树的原产地，茶的故乡。中华茶文化传播于全世界。目前，云南、贵州、四川、广西、广东、湖南、江西、海南、福建、台湾等省（自治区）生长着数百年至千年的古茶树。有野生型的，也有栽培型的，也有过渡型的，其中部分珍稀大茶树为世界所罕见。它们是茶树原产地的活见证，是茶文化的宝贵遗产，是茶叶科学研究的重要资源。保护古茶树是人类的共同任务。”一场绵延近两个世纪之久的茶树原产地的论战，终于宣告结束。中国是世界茶树的原产地，已成为不刊之论。[①]

2012 年，云南普洱古茶园与茶文化系统入选全球重要农业文化遗产，作为保护区核心的景迈山景迈芒景古茶园，正是这一生态系统的缩影。2013 年 5 月，又被列为首批中国重要农业文化遗产。专家认为，普洱古茶园与茶文化系统包含完整的古木兰和茶树的垂直演化过程，证明了普洱市是世界茶树的起源地之一：野生古茶树居群、过渡型古茶树和栽培型古茶园以及改造后的生态茶园，形成了茶树利用的演进体系；具有多样的农业物种栽培，农业生物多样性及相关生物多样性；涵盖了布朗族、傣族、哈尼族等少数民族茶树栽培、利用方式与传统文化体系，具有良好的文化多样性与传承性；是茶马古道的起点，也是普洱茶文化传播的中心节点。该系统不但为我国作为茶树原产地、茶树驯化和规模化种植发源地提供了有力证据，是未来茶叶产业发展的重要种植资源库，还保存了与当地生态环境相适应的民族茶文化多样性，具有重要的保护价值。[②] 2013 年 5 月，国际茶业委员会授予普洱“世界茶源”的称号，标志着普洱作为“世界茶源”的地位得到全球公认，有力地证明了我国是最早发现、利用和栽培茶树的国家。

作为我国西南重要的生态安全屏障，普洱是北回归线上的一块绿洲，是全国首个绿色经济试验示范区，到 2017 年 12 月底，森林覆盖率 68.8%。[③] 目前，全市茶园面积 302 万亩，其中，现代茶园 164 万亩、野生古茶树群落 120 万亩、古茶园 18 万亩，有茶农 130 万人，2017 年，茶产业产值 231 亿元，面积和产值居全省第一。[④] 也大大增

---

① 陈文华：《长江流域茶文化》，湖北教育出版社 2004 年版，第 34—35 页。

② 袁正、闵庆文：《云南普洱古茶园与茶文化系统》，中国农业出版社 2015 年版，第 4 页。

③ 张勇：《云南：绿色发展已成经济转型新坐标》，《光明日报》2018 年 5 月 1 日。

④ 卫星：《加快建设普洱茶文化之源 打造全球知名普洱茶大品牌——在第十三届中国云南普洱茶国际博览交易会暨首届国际普洱茶产业发展大会上的致辞》，《普洱日报》2018 年 8 月 27 日。另外一组数据更为具体：2017 年，普洱市茶园面积 164.85 万亩，采摘面积 154.51 万亩，全年毛茶产量达 11.47 万吨，实现综合产值 231.36 亿元。面积、产值居全省第一位。见刘绍容、廖智若愚《茗聚普洱——从“茶博会”探寻各州（市）茶产业发展》，《普洱日报》2018 年 8 月 28 日。

加了采茶工的收入，如在镇沅彝族哈尼族拉祜族自治县者东镇樟盆村顺意茶叶专业合作社的茶叶基地里，由于春茶生长很快，每天都有新茶可摘，从2018年3月14日开摘以来，合作社的茶农从早上8点就开始采摘，一天下来可采摘9—19斤茶叶，收入都在120元以上，最多的可达200多元。[①] 而根据笔者的调查，西双版纳勐海县布朗山乡班章村的采茶工一天可以达到300元左右。

3. 景迈山古茶林。“景迈”为傣语，“景”为人聚居之处，“迈”为新，“景迈”即新的村寨之意。“景迈”一名最早见于明万历年间（1573—1620）吴宗尧的《抚按会题莽哒喇事情兵部议准移咨节略》，他写道：“窃闻莽哒喇者……攻打景迈。”明天启《滇志》明言景迈即八百媳妇国及其称谓的来源：“八百大甸军民宣慰使司，夷名景迈。世传其酋有妻八百，各领一寨，因名八百媳妇国。”清初，冯苏的《滇考》一文也说：“八百媳妇……蛮名景迈。”景迈茶山从茶叶进化演变史的角度来看极其重要，茶叶名气亦大（据了解，以前的茶商在外地购茶时只要抓起一把茶叶闻闻，就知道是不是景迈山的茶），但景迈山只是一处茶叶的原料产地而非茶叶的贸易集散地，因而在景迈山未发现与古茶贸易有关的诸如古茶商号、碑刻、石刻、匾、联、契约、古籍等古迹，而这些与古茶有关的古迹在勐腊易武古镇则比比皆是，因为易武是一处茶叶的贸易集散地。今天景迈山的村民主要为布朗族、傣族，还有少量哈尼族、佤族及汉族等。[②] 2013年5月，景迈山古茶林被国务院公布为第七批全国重点文物保护单位。早在2012年11月国家文物局公布更新后的《中国世界文化遗产预备名单》，景迈山古茶园就成功入选预备名单。2015年3月，普洱市向国家文物局正式递交“景迈山古茶林”申报世界文化遗产材料。景迈山古茶林申报世界文化遗产至少有四大优势：从国际层面看，可填补茶叶种植园地在世界文化遗产中的空白；从国家层面看，可进一步体现中国作为茶叶生产大国和在世界茶文化中极其重要的地位；从地方层面看，可确立云

---

① 卢英：《者东：采茶工活跃茶山日工资达200元》，《普洱日报》2018年4月4日。

② 何金龙：《普洱景迈山古茶林考古》，《大众考古》2015年第8期。

南西南地区作为世界茶起源地的地位；从遗产地层面看，普洱景迈山古茶园空间地域紧凑，遗产的真实性和完整性整体保护良好，利益相关者积极支持，工作推进有力。[①]

景迈山古茶林遗产区共涉及景迈、芒景和芒云 3 个行政村共 15 个寨子。景迈山古茶林保护规划确定的遗产区总面积为 177 平方公里，其中核心区面积 72 平方公里，涉及 10 个村寨（人口 5527 人，各类建筑 1982 栋）、3 个片区古茶林，面积约 1231 公顷，约 119.7 万棵古茶树，生态茶园面积约 1607 公顷；缓冲区面积 105 平方公里，涉及 5 个村寨，人口 822 人，各类建筑 297 栋，无古茶林，生态茶园（现代茶园）面积约 2078 公顷。

景迈山古茶园最高海拔 1662 米，最低海拔约 1100 米，平均海拔约 1400 米，年平均气温 18℃，在北回归线一侧，被认为是出产高品质茶叶的最佳海拔高度和区域。景迈山古茶林占地面积 2.8 万亩，茶树采摘面积 1.2 万亩。[②] 古茶树靠自然肥力生长，无任何污染，品质优良，是纯天然的绿色产品，衍生于古茶树上的“螃蟹脚”，品种珍稀，绝无仅有。在这里，森林、茶树与村落没有明确的界线。村民生活在茶林里，家家有树、户户种茶；茶与树为邻，人与茶相伴。从元代起，景迈山古茶林的茶叶已是孟连土司敬献皇帝的贡品，茶叶销往中原地区及缅甸、泰国等东南亚国家，是目前世界上所发现栽培型古茶树数量最多、面积最大、茶树个体年龄相对较长、保存比较完整的栽培型古茶林，被国内外专家学者誉为人类最早开发利用茶叶的“茶树自然博物馆”“世界上保存最完好的人工栽培型古茶园”“茶叶天然林下种植方式的起源地”。[③] 景迈山古茶园还是茶叶生产规模化、产业化的发祥地，是世界茶文化的根和源，保存完好的茶树基因是未来茶叶产业发展的重要种质资源库。[④]

---

① 虎遵会：《云南普洱景迈山古茶林正在申报世界文化遗产》，http：//yn. people. com. cn/n2/2018/0322/c378439 -31372522. html。

② 张蕾：《景迈山：用茶叶与自然对话》，《光明日报》2018 年 2 月 10 日。

③ 虎遵会：《云南普洱景迈山古茶林正在申报世界文化遗产》，http：//yn. people. com. cn/n2/2018/0322/c378439 -31372522. html。

④ 徐嘉怿：《特色魅力古茶山——澜沧县景迈古茶园》，《云南农业》2018 年第 6 期。

（二）普洱古茶园的生态价值

1. 支持服务。在茶园生态系统中的生物群落，除种树木和茶树以外，还包括杂草、昆虫、病菌、微生物、鼠等及茶园中套种的其他作物，在茶园生态系统中的各种联系错综复杂，其中营养联系是一个基本联系，能量转化过程贯穿于营养联系中。茶树是茶园生态系统中能量转化的第一过程和能量来源，把能量贮存于茶树的有机物中，害虫以茶树枝叶为食料，从茶树中吸取营养，病原菌微生物寄生在茶树上，枯枝叶落入土壤中，重组有机物，营养联系不断推动茶园生态系统的发展。

茶树群落的生长发育，调节和改善了茶园小气候的相对湿度，茶园的建立促进了该生态系统对外界不良气候因子的调节功能。茶树的种植还减少了太阳光直射地面和雨水冲刷，减轻土壤的生态灾害（水蚀、风蚀、光蚀）。茶树为其他物种的生存和繁衍提供了适宜的生态条件。对茶园有益、有害生物调查表明，茶园的有益生物增加，土壤有利于有益微生物生长发育旺盛、自食其力菌增长，鸟类种类也增加。由茶树介入原生态系统配置逐步优化，由于生物多样性，使生物系统趋于稳定，从而增加茶园生态系统的抗逆性，促进系统的良性循环。

在茶林中，绿色植物通过光合和呼吸的综合作用，固定大气中的碳，并释放氧气。茶树与其他植物一起维持了大气中的碳氧平衡，对降低大气温室效应起到非常重要的作用。另据研究表明，森林茶园的茶—作物—动物复合模式具有较高的光能利用率。传统森林茶园生态系统本身具有较强的病虫害抗性，系统稳定性较高。适时采摘、合理修剪、冬季清园等传统茶园管理方式，能够提高茶园的抗病抗虫能力。利用生态系统中动物种间竞争关系防治病虫，是少数民族传统智慧的集中体现。如青蛾瘦姬蜂能够有效地控制白青蛾幼虫数量，花翅跳小蜂可以寄生茶硬胶蚧。森林中一些树种也能够明显减少害虫的数量，如樟树。同时，古茶园郁闭度大，气温日差较小，有利于天敌的繁衍，增加了对病虫害的自然控制。[①]

---

① 袁正、闵庆文：《云南普洱古茶园与茶文化系统》，中国农业出版社2015年版，第65—67页。

2. 供给服务。由于古茶园总是以森林的姿态展现，让人们忽略了它提供食物、淡水、木材和纤维以及燃料的功能。茶农将粗制的茶叶送到加工厂进行精加工后，形成多种多样的茶产品，远销世界各地。同时，在茶园中获得的产品除了茶以外，还有野生和人工种植的菌类、寄生生物、粮食作物、果蔬、油、药材及其他经济作物。这些产品不仅为农户提供了家庭必需的基本口粮，也形成了当地农村家庭的生计基础。

相较于化肥农药投入高的台地茶，古茶园节约了成本。古茶树的茶叶和古茶园鲜叶制作的成品茶，口感优于台地茶园鲜叶制作的成品茶，醇厚度好，茶多酚、儿茶素、总糖和铁、锰、铜等微量元素含量高于台地茶。同时，古茶园由于乔、灌木的遮阴作用保证了更适于茶树生长的湿度和温度，形成特有的小气候，也使古茶树的茶叶品质更为优良。①

古茶园良好的生态环境和普洱茶的药用功能，也是普洱人长寿的秘诀。我国古代不少史籍中有关于普洱茶功效的记载，如古典名著《红楼梦》第六十三回就有喝普洱茶助消化的描写。中央电视台拍摄的纪录片《长寿密码》中《食以养生》也讲述了普洱茶与长寿之间的关系。科学研究也发现，茶叶含有大量的茶多酚与维生素 C，有较强的抗氧化性，预防多种疾病。茶叶中的叶绿素能够激发人体血液的再生能力。同时，茶叶还能使人体血液洁净，保持弱碱性。日本一位专家认为，普洱千年来旺盛的生命力在饮用后就可以感受到：可利尿、助消化、减肥、健身、增强食欲等。现代科学也证实，普洱茶内含多种对人体有益的酶，茶中的多酚类、色素类物质也具有多种生理功能，茶中所含咖啡碱和茶碱利尿，他汀类物质有潜在降血脂功效等众多好处。常饮普洱茶，对于调节人体免疫力、抗氧化、降低血压和血脂有着明显的功效。同时，普洱茶还能解油腻，助消化。茶中的众多与人体胃肠的生物酶系产生反应的酶类，增加了蛋白酶的分泌，促进胃蛋白酶活力的提高，使胃对蛋白质食物的消化能力加强，强化了

① 袁正、闵庆文：《云南普洱古茶园与茶文化系统》，中国农业出版社 2015 年版，第 67—68 页。

人体的消化能力，又因为刺激性小，有助于保护胃黏膜。[①] 如抗日战争期间，南侨机工在修凿滇缅公路的过程中，行经的路段瘴气袭人，许多机工染上疟疾后，由于缺医少药未能及时治疗而身亡。后来发现，存活下来的机工日常比较喜欢喝普洱茶，因为普洱茶有解毒、解瘴气的功效，能够有助于克服各种水土不服的问题。随后，南侨机工将这个重大发现带回马来西亚，并将普洱茶推广到家家户户，在那个特殊的年代，普洱茶成了救命茶。[②] 以云南农业大学教授盛军为首席科学家的研究团队利用分子生物学技术、高通量筛选技术、分子互作技术等手段，通过茶多酚作用新靶点的发现，揭示了普洱茶降低炎症的分子基础和作用机制；在普洱市人民医院进行了普洱茶辅助降血糖临床试验，结果表明其降血糖总有效率为72%；以高脂模型大鼠试验，阐明了普洱熟茶的降脂减肥作用特点及机制；采用通用骨质疏松动物模型，研究证实饮用普洱茶能够增加骨密度。[③]

3. 调节服务。浙江大学的一项对茶园碳汇集能力的研究表明：一是中国茶园的植被总碳储量为83.29百万吨，不同茶区茶园的生物量在每公顷48.93—52.89毫克碳，低于周边无干扰森林。二是中国茶园的初级生产能力（绿色植物用于生长、发育、繁殖所需要的能量值）是周边常绿阔叶林的2倍。三是中国茶园生态系统的总碳储中土壤碳占了很大一部分，其次是植被碳储量和其他碳储量。四是茶园是碳汇集地场所。相对于森林，茶园是一个有高碳输入和高碳输出的高碳流系统。尽管中国茶园的总面积仅是森林面积的1.19%，是草地面积的0.49%，但茶园固定下来的碳是森林系统的3倍，是草地系统的50倍。可见，茶园对于吸收大气中的碳含量，降低温室气体效应，调节小区域环境有着十分显著的作用。它是一个能提供经济价值，并

---

① 袁正、闵庆文：《云南普洱古茶园与茶文化系统》，中国农业出版社2015年版，第45—46页。

② 刀琼芬：《普洱茶不仅是养生茶也是救命茶》，《普洱日报》2018年8月29日。

③ 季征：《项目推广应用产生直接经济效益165.85亿元》，《云南日报》2018年6月28日。

同时能维持自身碳收支平衡的经济—生态双赢系统。[①] 同时，多数专家学者研究表明，普洱所在的西南茶区，相比国内其他地区的茶园固碳能力更强，应当是森林茶园所特有的生态特征。此外，新建成的茶园土壤碳损失能以一定的速度逐步恢复，42 年后可恢复到周边常绿阔叶林的土壤碳密度。国内目前采收茶园的平均种植年龄 35 年，未达到恢复年限，平均碳密度低于周边森林。古茶园种植年限均超过百年，其土壤碳密度与周边地区森林土壤碳密度相似，有利于土壤碳积累和储存。[②]

古茶园有高大树木遮蔽，起到了很好的气温调节作用，使得局部气候舒适宜人，有效地减少了蒸腾，获得优良的茶叶品质与良好的经济效益，对于涵养土壤水分也有积极的意义。

4. 多元共生。生物多样性不仅是未来医学、生命科学研究的宝库，更重要的是地球生命支持系统的核心和物质基础，是社会、文化、经济多样性的基础，是维护生态系统稳定性的基本条件。云南是“植物王国”，而普洱市正处于“王国”的中心区域，植物资源极其丰富，境内高等植物就有 352 科、1688 属、5600 种，占全省总量的 40%。属于国家级保护的珍稀植物有 58 种，其中国家一级保护植物有桫椤、水杉、望天树；国家二级保护植物有云南山茶、野茶树（包括野生型和栽培型茶树）、荔枝、铁力木、云南石梓、杜仲、毛叶坡垒、长蕊木兰、水青树、三棱栎、白乐树、四数木等。[③]

茶林（包括古茶树居群和栽培型茶园）主要分布在海拔 1400—2000 米的中山地带，一是树木以种类丰富的亚热带半湿性常绿阔叶林为主，代表树种有壳斗科的元江栲、高山栲、青冈、黄毛青冈、杯斗滇石栎，木楠科的山玉兰，松科的滇油杉、云南松、思茅松，蔷薇科的山樱桃，榆科的长柄紫弹树等。次生植被有针叶林、针阔混交林、次生阔叶林、灌丛及灌草丛等。据调查，仅在澜沧江景迈芒景古茶园生态系统中就有植物物种 125 科 489 属 943 种，林中有香樟、紫

---

① 袁正、闵庆文：《云南普洱古茶园与茶文化系统》，中国农业出版社 2015 年版，第 71 页。

② 同上书，第 70 页。

③ 同上书，第 57 页。

檀、铁力木、紫柚木、三棱栎澜沧黄杉等珍贵稀有树种。[①]

二是茶林中还有诸多花草，在人工培育的茶林中还有各类丰富的农作物。茶对气味十分敏感，有人用茶来吸收冰箱中的异味就是应用了它的这一特性。因而，在茶叶生长的环境中，其他植物所散发的气味会对茶的香气和品质产生影响。普洱的茶农利用山中天然的植物，赋予普洱茶特殊的香气。在景迈山人们常说发酵过的普洱茶带有兰花的香气，可能就与山中生长的50多种不同的兰花相关。

三是茶农还有意保留了生长在树上的各种伴生或寄生植物，如鸟巢蕨、齿瓣石斛等，这些植物鲜艳的颜色点缀了以绿色为主色的茶林。在春天花开时节，茶园中弥漫着香气。到5月茶花开时，整个茶山都充溢了清甜、馥郁的香气。茶叶此时张开气孔，与这些香味分子进行充分的交流。那些带着花香的茶叶，正是大自然汇聚天地精华的产物，是茶树与森林中植物生命共同孕育的精灵。

四是普洱地区昆虫种类繁多，其中，害虫320种、益虫406种，形成了天然的食物链，通过共生、寄生、竞争和捕食等关系保持了生态系统的微妙平衡，所以，古茶园从来没有爆发过大规模的病虫害。[②]同时，丰富的生命表现形式，不仅为人类带来了丰富的产品，也用多样化的生命表现形式和物种间关系启迪和教育着人类。当然，调查结果也显示，10个古茶园中，每个茶园都有病虫害发生，其中虫害有16种，除小绿叶蝉外，其他虫害发生较轻，有些害虫只是偶见。虽然古茶园有虫害，但虫害相对较轻，尚未对茶园造成严重危害，这与古园里生物种群比较丰富有关，被调查的茶园至少有6种以上的植被，这些植被为茶树的生长提供了良好的生态环境，抑制了虫害的暴发。古茶园病害有10种，较严重的是烟煤病、藻斑病、炭疽病、茶饼病，有的茶园数种病害并发，发生严重的烟煤病在大平掌茶园百叶发病率达29.5%；藻斑病在翁基茶园百叶发病率为29%，苔藓和地

---

① 袁正、闵庆文：《云南普洱古茶园与茶文化系统》，中国农业出版社2015年版，第58页。

② 同上书，第63页。

衣的危害也较严重；树荫底下的茶树发病率显著高于露天环境中。[1]

五是菌类和微生物由于其细小不可见，常常为人们所忽略。在茶园中它们位于生物链的末端，是分解者。正是它们将动、植物的腐尸、败叶枯枝分解成养分，散入土壤，真正形成茶园生态系统的平衡。

（三）普洱古茶园传统生态物质文化与生态文明物质建设耦合机制

1. 普洱古茶园传统生态物质文化是普洱生态文明物质建设的基础。对人类生存与生活质量有贡献的所有生态系统产品和服务统称为生态系统服务。已有的研究与实践表明，自然生态系统的具体功能虽然人工可以替代（如污水净化、土壤修复等），但是，在规模程度上的自然生态系统功能至少到目前为止仍然没有人工替代的可能，因此，自然生态系统的服务功能为人类提供的种种服务才显得尤为珍贵。虽然直到20世纪末人类才开始对生态系统这些直接价值之外的功能价值有系统的认识和论述，但生态系统能为人类提供多重服务这一思想迅速为全球所接受，生态系统提供人类福祉的思想在全球千年生态系统评估中全面地得以体现。[2]

丰富的生物多样性和古茶园生态系统的结构特征，赋予了古茶园强大的生态服务功能。自然生态系统不仅可以为普洱人的生存和发展直接提供各种原料或产品（食品、水、氧气、木材、纤维等），而且还具有调节气候、净化污染、涵养水源、保持水土、防风固沙、减轻灾害、保护生物多样性等功能，进而为人类的生存与发展提供良好的生态环境。[3]

普洱古茶园传统生态物质文化为生态经济的发展提供了支撑性基础。仅第十三届中国云南普洱茶国际博览交易会的3天展览交易，就

---

① 录丽平、仝佳音、马玉清、吕才有：《云南景迈古茶园病虫害调查及其防治》，《安徽农业科学》2014年第34期。

② 袁正、闵庆文：《云南普洱古茶园与茶文化系统》，中国农业出版社2015年版，第64页。

③ 同上。

实现交易总额13.81亿元，其中现场成交0.61亿元，签订协议2.2亿元，意向成交11亿元。参展企业达366户，其中茶叶企业348户、茶器具11户、茶叶机械7户，如天士力、澜沧古茶、普洱茶集团、七彩云南、陈升号、勐库戎氏、云南白药天颐茶业、祖祥茶业等。国际国内的2382名采购商到会寻找商机。在普洱茶产品拍卖中，46件拍品，成交44件，成交总金额达215.85万元。其中，公益拍品成交最高价为白水清先生提供的三饼88青，以42万元成交；名优企业拍品成交最高价为普洱茶投资集团有限公司提供的3.8公斤金龙献瑞生饼，以38万元成交；1公斤凤凰山单株古树茶以11.6万元成交；1公斤景福一号千年古树散茶以12.4万元成交；1公斤俊林号千年古树散茶以16.8万元成交；镇沅古茶树5年采摘权以30.1万元成交，又一次创造了普洱茶拍卖市场的新高。[①]

2. 生态文明物质建设为普洱古茶园传统生态物质文化保护传承提供保障。作为生态文明物质建设基础，普洱古茶园传统生态物质文化也有一些值得完善的地方。目前，普洱市及西双版纳州的生态环境主要存在两大类问题：一是历史遗留的生态问题，如历史上民族地区乡村基本上没有污水处理设备，家畜粪便随处可见，也没有专人打扫村寨卫生，等等。二是发展过程中产生的生态问题。如化肥、农药的使用问题，乱摘茶叶的问题，旅游开发过度的问题，等等。2016年8月15日，笔者来到西双版纳基诺乡基诺山寨考察时，发现基诺山茶厂大门与销售中心的外观富丽堂皇，并极具民族特色，但生产车间设备简单、洗手间陈旧简陋。18日，发现班章村委会所在地新班章正在大兴土木，建设茶叶销售与游客接待中心，已建成广场一座，或歌舞，或聚会，或集市。新修的公路边，一些茶叶树被泥土与石头压得东倒西歪。老曼娥村寨里生活垃圾、建筑垃圾随处可见，村民房屋缺乏统一规划，比较凌乱。

正如苏国文所希望的："所谓山好就是要最大限度地保护好我们现有的生态环境，特别是古茶园、防风防火林、风景林、水源林要进

① 张国营：《第十三届中国云南普洱茶国际博览交易会在普洱落幕》，《普洱日报》2018年8月29日。

行重点保护。今后无论有什么开发项目，这些地带绝对不能开发，也不能出租；这些地带不仅要有自然成长的树，而且村委会、村小组有责任组织老百姓在这些地带进行人工造林。要严禁捕猎行为，一定要坚持人与自然和谐发展的原则，用数十年时间，把上述所说地带建成国家级自然保护区。所谓水好就是要保护好所有的水源林，在政府的大力帮助下建成糯干水库、南翁巴大水坝（糯干水库、南翁巴大水坝早已建成并投入使用——著者注），进一步完善人畜饮水工程，真实地描绘出芒景、景迈山清水秀的美丽蓝图。"①

一是提升生态环境。自2010年启动普洱景迈山古茶林申遗工作以来，澜沧拉祜族自治县采取措施，全力提升普洱景迈山古茶林生态环境。第一，抓监督检查。抽调119名县、镇领导干部组建10个传统村落保护整治工作组，全力推进景迈山传统村落保护整治工作。组建申遗区巡查组，建立巡查举报奖励机制。成立县人大、县政协专项督查组，定期不定期进行专项巡察视察，提出整改意见建议。在县广播电视台设立违法违规建设行为曝光栏目，形成有效震慑。认真清理无资质建设企业，严控建筑材料上山，堵住违规建设源头，设置4个执勤堵卡点，加大进村主干道24小时设卡检查力度。严格实行民居新建或改造审批制度，建立《乡村建设规划许可证审批管理（试行）》，未经相关部门审批一律不允许新建或改造民房。第二，抓项目实施。景迈山已立项村落共有传统民居376栋，目前传统民居修缮累计开工243栋（完成240栋），尚未修缮133栋，完成修缮总量的64.6%。环境综合整治方面，主要实施排污、供电、道路和绿化等工程项目。② 再如正在建设的普洱茶小镇位于普洱中心城区南部，离普洱思茅机场约20分钟车程。普洱茶小镇以保护性开发为原则，以深挖和弘扬普洱茶文化为突破口，打造产业特征突出、功能配套完善、人居环境优美、带动作用明显的中国普洱茶全产业链小镇。建设项目主要包括：世界普洱茶中心、普洱茶研究院、普洱茶博物馆、古茶时光仓、茶创科技园、云茶水岸商业街、普洱茶庄园、名家茗品工坊、

---

① 苏国文：《芒景布朗族与茶》，云南民族出版社2009年版，第70—71页。

② 王廷泽：《推进普洱景迈山古茶林申遗工作》，《普洱日报》2018年3月16日。

百和广场、茶祖圣殿、茶山剧场、茶妈妈体验区、茶马古巷、摄影基地等。项目总规划面积3610亩，总投资36亿元，预计2020年建成开放。[①]

二是创新推广和销售形式。如定期进行“茶博会”活动，云南省茶博会自2006年起举办，经过多年持续打造，已成为西南地区规模最大、最具影响力的专业茶展。2018年8月26日，首届国际普洱茶产业发展大会在普洱举行，正式拉开第十三届中国云南普洱茶国际博览交易会的帷幕。本届“茶博会”以“一带一路·共享普洱”为主题。8月28日，“茶博会”在普洱闭幕，呈现出高端化、国际化、绿色化、专业化、信息化、市场化等特点。[②] 8月27日，在第十三届中国云南普洱茶国际博览交易会二楼展区，一位身穿民族服装的小女孩在向大家展示一片茶叶。这位小姑娘来自澜沧拉祜族自治县富东乡邦崴村，她手中那片茶叶摘自邦崴村千年过渡型古茶树，中国国家邮电总局还以此茶树发行过邮票，在茶界小有名气，号称“茶源之源”。2017年末，邦崴村未脱贫人口为1399人，为了让贫困户乘“茶博会”之风增加收入，驻村第一书记周义把这棵古茶树的叶子带到“茶博会”上，以旅游纪念商品的形式售卖茶叶标本。[③]

对普洱市许多品牌茶企而言，发展茶山游等融合发展的路子，将一举多得。如坐落在西双版纳勐海县的大益茶庭，一天最高的销售额有上百万元，绝大多数消费者还是找上门来的旅游散客。在昆明长水机场的大益茶庭，店面很像是以茶元素为主题的星巴克：时尚简约的装修风格，里面售卖“金普芮”系列茶饮料和各式咖啡，有普洱手工饼系列茶食，甚至还有西双版纳一绝甜品“泡鲁达”！一次性冲泡普洱茶的茶饮机更让人大开眼界。大益集团董事长介绍，茶庭项目自2012年就开始准备，如今全球共有20多家，计划开遍世界各大城市。为了便于延揽人才，大益集团在北京设立大数据中心，在广州设

---

① 王承吉、卢磊、吕禾：《一带一路共享普洱——第十三届中国云南普洱茶国际博览交易会掠影》，《普洱日报》2018年8月27日。

② 李奕澄、沈浩：《云南普洱茶国际博览交易会闭幕》，《云南日报》2018年8月29日。

③ 付颖：《变着“花样”卖茶叶》，《普洱日报》2018年8月29日。

立营销中心，上海是大益茶庭的总部。[①]

三是大力发展林下立体生态茶园。2016 年 8 月 15 日，笔者在西双版纳基诺乡基诺山寨就发现不少台地茶。18 日，在从勐海县城到班章村调研的路上，也发现许多台地茶，“台地茶之父”肖时英认为，立体生态茶园的特点就是利用空间来增加产量，提高质量。立体化打破了以往单一种茶的种植方式，可充分利用空间，构成宽大的立体采摘面，把土地充分利用起来。[②] 距离普洱市区约 10 公里的立体生态茶园，茶树的种植及修剪都迥异于传统手法——采取多品种组合种植、修剪出一个平面及一个斜面共两个采摘面。肖时英说：“别看整个茶园面积仅 110 亩，里面种植的茶树品种多达 27 个，多品种组合种植，这是全国首创。”在防治虫害方面，茶园通过引入鸟雀和蜘蛛等害虫的天敌，同时在茶园散养土鸡的做法，取得了较好的防治效果。常见的茶树害虫有 40 多种，20 余种就可以被鸡消灭。进行多品种组合双行种植，能很好地错开春茶发芽高峰期，不同茶种可以优势互补，能增强对病虫害的抵御能力，可以防止水土流失、提高土地利用率，发挥抗旱防寒作用等。此外，多品种组合双行种植，再进行系统修剪，形成立体的两个采摘面，采摘面增加了一倍，茶叶产量也相应增加了一倍。[③] 显然，虽然这样的立体生态茶园与只种植一种茶树的台地茶有许多不同，但还是没有像古茶园那样种植于林下。因此，应该大力推广林下立体生态茶园建设。

少数民族对茶园的粗放式管理，在一定程度上是由于茶园本身的特点决定的。森林茶园生态系统中上层乔木和茶树本身的枯枝落叶，为茶园提供了丰富的养料。古茶园生态系统本身具有较强的病虫害抗性，系统稳定性较高。人们在研究传统茶园的生态系统结构后，发现了这一生态系统的科学价值，并仿照传统森林茶园的生态系统结构对现代茶园进行改造，构建现代生态茶园。林下立体生态茶园建设主要利用的传统茶园管理的关键技术有：立体复合种养技术、有害生物无

---

① 徐元锋：《小茶叶如何提档升级——来自云南省普洱茶产业的调查》，《人民日报》2016 年 3 月 26 日。

② 张珂嘉：《创造有品种特性的品牌茶》，《普洱日报》2018 年 8 月 29 日。

③ 李奕澄：《普洱打造“立体生态茶园”示范区》，《云南日报》2018 年 9 月 2 日。

害化治理技术、生态茶园无害化施肥技术、废弃物循环利用技术、衰老茶园的更新复壮技术等。普洱生态茶园的建设，按照以茶为主，立体种植，多物种组合的形式，以林—茶—草的主体种植模式进行茶园的改造。在茶园内纵横交错种植高大乔木为茶树遮阴，树种可选用香樟、松、杉、千丈、岩桂及水果等，以每亩配植6个树种以上、栽种8棵的标准进行配置；茶树下种牧草或其他作物，减少杂草危害，发展养殖业，减少病虫危害。通过动物粪便的综合利用形成循环体系，降低茶园的施肥量。另外，降低茶园茶树密度，减少茶园中人为管理的干扰也是普洱生态茶园建设中传统智慧的创造性体现。[①] 同时，镇沅古茶树5年采摘权以30.1万元成交，需要做好监管，不能过度采摘。

二　普洱古茶园与茶文化系统传统生态制度文化和生态文明制度建设

党的十八大以来，普洱市委、市政府以建设全国唯一的国家绿色经济试验示范区为总平台，率先在全国探索推行GDP与GEP双核算、双运行、双提升机制，把“绿水青山”具体量化为“金山银山”，2017年绿色GDP占比达94%，走出了一条生态与生计兼顾、增收与增绿协调、绿起来与富起来统一的绿色发展新路。[②] 古茶树作为一种不可再生、不可复制的宝贵资源，政府负有保护的主体责任。2017年出台的中央“一号文件”首次提到茶叶，并纳入国家战略。习近平总书记在2017年首届中国国际茶叶博览会的贺信中指出：中国是茶的故乡。茶叶深深融入中国人的生活，成为传承中华文化的重要载体。从古代丝绸之路、茶马古道、茶船古道，到今天丝绸之路经济带、21世纪海上丝绸之路，茶穿越历史、跨越国界，深受世界各国人民喜爱，并对发展茶产业、壮大茶品牌、传承茶文化提出了殷切期

---

① 袁正、闵庆文：《云南普洱古茶园与茶文化系统》，中国农业出版社2015年版，第104—105页。

② 卫星：《加快建设普洱茶文化之源 打造全球知名普洱茶大品牌——在第十三届中国云南普洱茶国际博览交易会暨首届国际普洱茶产业发展大会上的致辞》，《普洱日报》2018年8月27日。

望。这些政策和讲话精神，为建立健全普洱古茶园与茶文化系统的生态制度提供了依据。这就需要在普洱茶文化系统优秀传统生态制度文化的基础上，逐步架构一套适合当地生态文明建设的制度文化。

（一）普洱古茶园与茶文化系统传统生态制度文化的危机

普洱茶农业系统，随着经济的发展，也面临着一些威胁。近50年来，人口增长、不合理采摘、过度开发、大面积毁茶种粮、种甘蔗、单一化茶园替代，以及在紧邻古茶园周围建新茶园等，导致了古茶园生态系统的退化。尤其是近几年来，古茶园生产的天然有机茶引起国际国内市场的极大关注，商家过分炒作古树茶叶，当地茶农受经济利益驱使，砍伐野生古茶树，毁灭性采摘古茶园茶叶，云南省古茶园的面积由20世纪50年代的33000余公顷，减少到21世纪初的20000公顷。[①] 茶树从生到死的整个生命周期长达百年以上，茶树百年以上已进入迟暮之年。云南一些大茶树多数树龄较大，均在百年乃至千年以上，虽然由于年老体衰不能适应恶劣的自然环境而毁损或死亡，但毕竟是少数，引起古茶树、古茶园生存危机的主要还是人为因素。

一直以来，当地村民对古茶园进行的是粗放式管理，对古茶园的管理主要是除草，每年定期一至两次砍掉杂草以及过密的幼树。若发现古茶树上生长过多“螃蟹脚”（扁枝槲寄生）或其他寄生植物，则摘除这些植物并砍去枯死的枝条。但不当的管理措施和办法将影响古茶树的正常生长，甚至使茶树死亡。

一是过度管理。如20世纪60年代至70年代初，澜沧县农科所技术员到景迈对古茶园进行改造试验，采取改土（深耕施肥，改坡地为台地）、补苗、台刈更新等措施，对古茶园内的茶树和其他植物造成了一定的负面影响。随着社会发展，人们对有机食品的需求增加，古茶受到越来越多的关注，价格迅速提高，人们对古茶园的管理更加积极。除草的频度由一年一两次提高至四五次，并由原来的以刀砍草

---

① 袁正、闵庆文：《云南普洱古茶园与茶文化系统》，中国农业出版社2015年版，第110页。

变成用锄头锄草，有的农户甚至把古茶园的地皮翻起。其实，草本和灌木无利用价值，但只要不影响茶树生长，应适当予以保留。

二是过度保护。如近年来，部分农户为求高产，将古茶树盲目台刈，对古茶园破坏严重，虽然引起管理部门的关注，增设森林警察，规定农户一律不准修剪古茶树，杜绝了严重破坏古茶园的行为，但也影响了一些必要的管理措施，如传统的整枝及去除病枝（感染病虫害或成为桑寄生科植物寄主的枝条）等。[①]

三是过度开发。古茶树、古茶园的生态环境受游客影响越来越大，过度消费的现象日趋严重。旅游开发过火，游客人数太多，势必逐渐影响茶叶的品质，并产生许多生态问题。如在景迈山古茶林普洱茶品牌的有力带动下，2017 年，景迈山接待国内外游客近 100 万人次，同比增长 36%。2018 年 3 月 26 日，普洱再次在昆明召开普洱山、凤凰山普洱茶品牌建设新闻发布会，向社会推介普洱山和凤凰山古茶林普洱茶。[②] 1 年游客就达 100 万人次，平均每个月有 8.3 万人次，对景迈山古茶林保护与周边生态环境肯定有不同程度的消极影响。

此外，随着近年来普洱茶热在国内的不断升温，普洱茶价格居高不下，特别是云南几座著名茶山和树龄在百年以上的古茶树的茶叶价格被炒作得越来越高。如冰岛古树茶和老班章古树茶，一饼 357 克的纯料卖价可达上万元，2017 年所谓的“老班章茶王树”鲜叶甚至创下了 30 多万元一公斤的天价。普洱茶的几个主要产区，2018 年清明节期间采摘的新鲜古树茶叶售价一般可达到五六千元一公斤，少数名山、名寨的茶王树鲜叶一公斤可卖到一万元甚至数万元，而且继续看涨。连年的暴利让茶农尝到了甜头，更令各地普洱茶商赚得盆满钵满，便有了古茶山开发热潮的不断高涨，也潜藏着许多隐忧，从根本上不利于云南茶产业的做大做强。首先，这些著名茶山所在的古镇或村寨缺少科学的发展规划，开发较为盲目，呈现出无序和混乱。其

---

① 齐丹卉、郭辉军、崔景云、盛才余：《云南澜沧县景迈古茶园生态系统植物多样性评价》，《生物多样性》2005 年第 3 期。

② 虎遵会：《云南普洱：立法为古茶树撑起“保护伞”》，http://www.puernews.com/jdpe/185258262937705176 8。

次，这些开发大都把逐利放在首位，较少考虑到古茶山保护。再次，一些毁林造地式的开发，已经表现出了强烈的破坏性，改变甚至危及到了当地良好的原生态。①

四是由于古茶园茶产量低、规格不齐、市场化和深加工程度低等原因，虽然其高品质获得了消费者的认可，也具有了较高的价格，但目前市场上缺乏古树茶的监管机制，以台地茶冒充古树茶的现象泛滥，使得古树茶的价值没有得到体现，不利于其可持续发展。② 临沧市双江县勐库镇冰岛村茶人张余林的话一针见血：勐库冰岛村是临沧市双江县著名的古代产茶村，以盛产冰岛大叶种茶而闻名，是双江县最早有人工栽培茶树的地方之一。随着冰岛茶价格不断走高，市场上涌现出一些假的冰岛茶。③

与此同时，随着经济社会的不断发展，受暴利驱使的部分茶农为追求眼前利益而忽视了对古茶树的保护，出现了对古茶树过度采摘、不科学采摘、滥施农药化肥等现象，有的甚至使用生长调节剂“加速”古茶树的生长，不仅导致了古树茶品质的明显下降，还对古茶树造成了一定程度的损害。如不及时制止，将会愈演愈烈。④

如澜沧县邦崴千年过渡型古茶树位于富东乡邦崴村，生长在海拔1900 米高的高寒气候环境里，为乔木型大茶树。古茶树树枝直立、分枝密，树高 11. 8 米，树幅 8. 2 ×9 米，基部干径 1. 14 米，最低分枝 0. 7 米，树龄 1700 余年，制成茶叶滋味回甜爽口。2012 年，邦崴千年过渡型古茶树从企业手中移交到富东乡党委政府手中进行管理，为进一步保护邦崴古茶资源，提升邦崴古茶区域性品牌，提高邦崴茶王的经济价值，带动富东茶产业的发展，助推全乡的脱贫攻坚工作，富东乡党委政府多措并举，围绕古茶树进行茶产业规划，每年只采摘春茶一季，而且适量适度采摘。

---

① 任维东：《别让开发热潮毁了普洱茶山》，《光明日报》2018 年 4 月 28 日。

② 袁正、闵庆文：《云南普洱古茶园与茶文化系统》，中国农业出版社 2015 年版，第110—112 页。

③ 廖智若愚：《提升茶品质 抵制假茶品》，《普洱日报》2018 年 8 月 29 日。

④ 虎遵会：《云南普洱：立法为古茶树撑起“保护伞”》，http：//www. puernews. com/jdpe/1852582629377051768。

此外，近年来，由于茶叶市场的急剧升温，导致一些不法分子受利益驱使，纷纷进入保护区内非法采挖移栽种植野生古茶树，严重破坏了野生古茶树资源及其群落生长。

目前，地方各级政府热情过高，也是一个值得忧虑的问题。如2017年11月云南省政府办公厅发布的《云南省茶产业发展行动方案》（以下简称《方案》）提出，将以普洱茶、滇红茶、滇绿茶为重点，着力推进茶产业基地提升、主体培育、品牌打造、科技创新、质量保障等重点工作，打造“千亿云茶产业”。《方案》提出，到2020年，全省茶叶面积稳定在630万亩左右，茶叶产量达到38万吨，综合产值达到1000亿元；茶农来自茶产业人均收入从2900元增加到4000元；打造综合产值5亿元以上重点县、市、区30个，其中，50亿元—100亿元2个、20亿元—50亿元10个。到2022年，全省茶叶面积稳定在630万亩左右，茶叶产量达到40万吨，茶叶综合产值达到1200亿元以上；茶农来自茶产业人均收入达到4500元；打造综合产值5亿元以上重点县、市、区35个，其中，100亿元1个、50亿元—100亿元2个、20亿元—50亿元15个。[①] 一是本来茶叶就产能过剩，而且新增的都是台式茶，茶园除了茶树，几乎没有共生物，茶叶的品质必然大受影响。二是综合产值要达到1000亿元、全省茶叶面积稳定在630万亩左右，势必贪大贪多，况且利润如何保证？所以，今后较长一段时间，应该是提升生态质量，控制面积增长。以增加面积来增加茶叶数量，是得不偿失之举。

（二）建立健全普洱古茶园与茶文化系统的生态制度

1. 完善政策法规。为了有效保护普洱茶农业系统，普洱市已经制定了一些规范性文件、条例和措施，如《云南省澜沧拉祜族自治县古茶树保护条例》《澜沧拉祜族自治县景迈芒景古茶园风景名胜区管理暂行规定》《澜沧拉祜族自治县关于保护景迈、芒景古村落的决定》等。这些地方法规对其他地区保护古茶树、古茶园等具有借鉴意

---

① 刘绍容、廖智若愚：《茗聚普洱——从“茶博会”探寻各州（市）茶产业发展》，《普洱日报》2018年8月28日。

义，同时利于更高层面的相关法律法规的制订与完善。如 2009 年 5 月 27 日批准的《云南省澜沧拉祜族自治县古茶树保护条例》第二条规定：本条例所称古茶树，是指分布于自治县境内百年以上野生型茶树、邦崴过渡型茶树王和景迈、芒景千年古茶园及其他百年以上栽培型古茶树。第四条规定：自治县人民政府对古茶树实行加强保护、合理利用的方针，实现生态效益、经济效益和社会效益相协调。第六条规定：自治县的工商、公安、国土资源、环保、农业、水利、旅游、交通、科技、教育、文化、广播电视等部门按照各自的职责，做好古茶树的保护管理工作。古茶树所在地的乡（镇）、村民委员会应当协同有关部门做好古茶树的保护管理工作。[①] 第十一条规定：对景迈、芒景古茶树上衍生的特有药材“螃蟹脚”，实行单数年采摘，严禁在双数年采摘、收购、加工和出售。第十二条规定：在古茶树保护范围内禁止下列行为：（一）对古茶树折枝、挖根、剔剥树皮。（二）盗伐树木、毁林开垦。（三）搭棚、建房、挖沙、取土。（四）砍树取蜂、采摘果实、采集药材。（五）丢弃废物、倾倒垃圾。（六）施用化肥和农药。（七）毁坏古茶树保护标志和保护设施。（八）猎捕野生动物等。[②]

与此同时，加强地方法规建设。如《云南省西双版纳傣族自治州古茶树保护条例》（自 2011 年 8 月 1 日起施行）、《云南省西双版纳傣族自治州古茶树保护条例实施办法》（自 2012 年 12 月 28 日起施行）、《云南省临沧市古茶树保护条例》（自 2016 年 12 月 1 日起施行），特别是自 2018 年 7 月 1 日起正式实施的《普洱市古茶树资源保护条例》（以下简称《条例》），共 6 章 30 条，分为总则、古茶树资源保护与管理、开发与利用、服务与监督、法律责任、附则六个方面，3000 余字，突出了古茶树资源保护中的重点、难点、盲点和迫切需要解决的问题，同时还明确古茶树定义、各级各部门的职责，古茶树资源保护补偿、激励机制等，整个条例具有鲜明的原则性与可操作性、前瞻性与针对性、市内实际与市外经验相结合的普洱地方特色

① 《云南省澜沧拉祜族自治县古茶树保护条例》，《普洱日报》2018 年 1 月 5 日。

② 《云南省澜沧拉祜族自治县古茶树保护条例》，《普洱日报》2018 年 1 月 8 日。

和特点。《条例》的颁布与实施，标志着普洱市古茶树资源的保护步入规范化、法治化轨道。一是不仅从法律上给予了古茶树资源明确定义，还填补了古茶树资源保护基础工作空白，为加强古茶树资源保护、规范古茶树资源开发利用提供了强有力的法制保障。二是不仅能够通过立法的方式来规范古茶树资源保护与开发利用之间的关系，还能引导茶农科学采摘、科学管理、优质优价，使古茶树资源的生态价值、文化价值和经济价值得到更好体现。

在概念定义上，《条例》坚持保护优先、管理科学、开发利用合理的原则，并兼顾文化传承和品牌培育的全面发展，将古茶树、古茶树资源定义为："本条例所称古茶树是指本市行政区域内的野生型茶树、过渡型茶树和树龄在一百年以上的栽培型茶树；古茶树资源是指古茶树，以及由古茶树和其他物种、环境形成的古茶园、古茶林、野生茶树群落等。"[①] 把古茶树、古茶园、古茶林、野生茶树群落等都纳入古茶树资源范畴，并对栽培型古茶树的认定作了规定，明晰了保护对象，最大程度地扩大了《条例》的保护范围。在职责划分上，《条例》明确规定由市、县（区）林业行政部门负责古茶树资源的保护、管理、开发利用工作，市、县（区）农业、茶业、发展改革、公安、财政、国土资源、环境保护、住房城乡建设、文化、旅游、市场监管等部门按照各自职责做好古茶树资源保护工作，厘清了部门之间的职责，避免出现管理不到位或推诿责任。在体制机制创新上，《条例》结合普洱古茶树资源丰富、分布广等特点，设定了名录管理和分类保护制度，规定了监控预警、制定管护技术规范、夏茶留养等制度，以及鼓励、支持品牌培育和促进古茶树资源合理开发利用的机制，不仅为古茶树资源的保护、开发提供了技术规范，更激发了古茶树所有者、管理者和经营者的保护热情。在法律责任上，《条例》完全按照地方性法规的设定权限，明确了禁止性行为的法律责任。同时坚持"以人为本"的理念，按照教育和处罚相结合的原则，结合普洱实际缩小了行政处罚自由裁量权的空间，让《条例》以人为本、更具可操作性。《条例》更加注重加强对政府职能部门的监督问责。

① 《普洱市古茶树资源保护条例》，《普洱日报》2018 年 4 月 4 日。

规定对不履行法定职责，或者滥用职权、玩忽职守、徇私舞弊的相关职能部门工作人员，由所在单位或者上级行政机关责令改正，对直接负责的主管人员和其他直接责任人员依法给予处分；构成犯罪的，依法追究刑事责任。[①]

此外，还成立澜沧县文化遗产管理中心、景迈山古茶园保护管理局和森林公安景迈芒景古茶园派出所，建立县、镇、村三级保护管理机构；制定《景迈村茶叶市场管理公约》《芒景村保护利用古茶园公约》，从村级层面提出古茶林管护的具体措施，通过乡规民约控制对茶园的利用规模。景迈山实行的是“减法”保护，如严禁擅自移栽、砍伐古茶树和古树，严厉查处毁林、盗林等违法行为；加强传统民居的保护和提升改造，严格控制民居的建筑风格和外观；引导居民到遗产区外已规划范围内新建住房，逐步减少遗产区的人流和车流，保持原有生态和人文环境。景迈山古茶林的申遗工作得到了当地民众的积极响应。经过民主决策，村民们在关键路口自发设立关卡，禁止山外的茶叶、未审批的建筑材料、违禁农药化肥等流入景迈山。车辆穿过景迈大寨村，路面就变成了弹石路面。修建弹石路并非因山间运料困难而就地取材，而是一个极具环保意识的决定——柏油路面在夏天高温时会散发气味污染茶树，就摒弃了这种修筑方式。[②] 笔者在班章村老曼峨调研时也发现，离班章村委会驻地近 4 公里的公路也是弹石路面，而新班章则是水泥路，新班章也是村委会驻地。据村民介绍，这样的安排是专门为了发展该村的生态旅游。

如 2007 年 2 月芒景村民委员会、芒景村古茶保护协会发布的《芒景村保护利用古茶园公约》共有 13 条，基本上是禁止性条款。第一条就明确规定：“保护和管理好、利用好古茶资源是芒景布朗人民的神圣职责和义不容辞的光荣义务，每个布朗族公民都要把古茶园视为生命的一部分，视为中华民族的瑰宝，像爱护自己的眼睛一样爱护古茶园。”[③] 第二条规定：“布朗族农户对国家所分给的茶园无论面积

---

① 王博喜莉：《铸法治利剑 护一叶之绿》，《普洱日报》2018 年 5 月 4 日。

② 张蕾：《景迈山：用茶叶与自然对话》，《光明日报》2018 年 2 月 10 日。

③ 苏国文：《芒景布朗族与茶》，云南民族出版社 2009 年版，第 156 页。

有多少、方位在何处，拥有（科学）管理权；（规范化、标准化）采摘权；无权砍伐茶园内任何一棵林木，包括已枯烂的林木和树根，保持古茶园的原始性、生态性。严禁在古茶园内使用化肥农药；严禁在古茶园内种植其他农作物；严禁在古茶园内乱扔垃圾和污染物；严禁在古茶园内猎捕野生动物；严禁毁灭性采摘等自杀行为。违者取消其管理权和采摘权。"[①] 第四、五、六、十一条分别规定："每一位布朗族村民都要自觉维护古茶的名声，为打造古茶品牌作出应有的贡献。以信誉诚信促销售，以高质量、高标准求高经济效益。严禁古茶、台地茶不分混拌采摘或将台地茶冒充成古茶卖的不良行为，违者处150%的罚金。""为确保芒景茶的纯真，维护芒景茶的名声，打造芒景茶的品牌，芒景境内的鲜叶不得往外流，外面的鲜叶也不得流进芒景。违者，除全部没收所拉运的鲜叶外，加罚拉运鲜叶总价值30%的处罚金。""芒景境内的布朗族村民可以到外村外乡去收购干茶，但不得拉入芒景境内，更不得当成芒景茶去卖。违者，对拉入的干茶除全部没收外，加罚所拉入干茶总价值的50%处罚金；对把外村外乡的茶当成芒景茶去卖的人，一经发现，罚所卖干茶总价值的30%处罚金。""为了更好地保护古茶原貌，古茶园内提倡挖塘种茶，严禁开挖种植沟，违者必须恢复原貌，每米种植沟给予10—30元的处罚。"[②] 笔者在班章村也发现，非本村的茶，不准进入该村，以免鱼目混珠。

普洱古茶园与茶文化系统与中国其他全球重要农业文化遗产最大的不同是，它的管理部门是林业部门。这就需要与农业部门协调，并建设防灾减灾体系，加强重大灾害预警与防御能力；完善森林生态环境相关法律法规，维持森林生态系统的稳定性，合理规划茶园生态系统所处的空间结构，综合提升茶园的各项生态系统服务功能；保护传统农业物种和有利于农业发展的茶园生物多样性。

当然，古茶园的保护传承，并不是几部地方法规就能够解决问题

① 苏国文：《芒景布朗族与茶》，云南民族出版社2009年版，第156—157页。

② 同上书，第157—158页。

的，有些问题还需要深度解决。如《普洱市古茶树资源保护条例》第十四条规定，古茶树资源所有者、管理者、经营者应当按照技术规范对古茶树进行科学管理、养护和鲜叶采摘；对过渡型、栽培型古茶树应当采取夏茶留养的采养方式，每年的六至八月不得进行鲜叶采摘。应该说，这一规定遵循了传统采摘规律，不能竭泽而渔，采摘要节制，让茶树有足够的休养生息的时间。但是，夏茶留养，意味着拥有过渡型、栽培型古茶树的茶农将减少夏茶的收入。如何让这些茶农自觉遵守这一规定，还有许多工作要做。云南省政府也应该出台专门保护本省古茶树的法规，既统筹管理全省古茶树资源，不能让各个地方政府各自为政，也提升了法律级别层次。

2. 抓标准化建设。无论时代如何变化与发展，人们对绿色食品的需求永远都不会变，永远都是一样的。关于茶叶质量标准、绿色标准化建设方面，以前由于技术发展有限等原因是不可能做到的，这正是新时代民族地区生态文明建设大展拳脚的地方。如普洱祖祥高山茶园有限公司董事长董祖祥的经历就值得深思：“我做有机茶叶已经近 20 年，前 10 年都是亏的，主要原因是有机茶叶本身成本就比一般茶叶要高，很多环节，比如除草、防治病虫害等工作都需要人工来完成，而且有机茶产量低，在刚开始的时候有机茶的价格也没有现在这么好。扭亏为盈是在 2009 年纽伦堡的一个展会，我认识了一位德国的企业家，在对我的茶叶生产线进行实地考察后，他认可了我的有机茶，一直合作至今。有机茶的检测非常严格。有一次，在出口 10 吨茶叶给德国茶商时，德国茶商在茶里发现了蝗虫，便将蝗虫送回德国化验，如果化验不合格，证实蝗虫带有病毒，那这 10 吨茶叶将会面临血本无归的境地。所幸经过化验，蝗虫没有病毒，茶叶得以安全卖出。从那之后，我就有了打造一条完全符合有机标准的茶叶生产线的念头，生产线完全按照制药的标准打造，力争做到绿色、有机、生态。绿色有机是未来茶叶市场发展的一个大趋势，希望更多的茶农、茶企加入到绿色有机茶叶的种植与生产中来。”①

① 廖智若愚：《将有机进行到底》，《普洱日报》2018 年 8 月 29 日。

班章系傣语地名，“班”即窝棚，“章”即桂花树，班章村意为桂花树窝棚村，因村委会驻班章寨而得名。班章建寨始于1476年，最早是布朗族居住，距今已有500多年，而古代濮人在这里种植古茶树则有近千年的历史。全村辖一个村民小组，有老班章、新班章、老曼娥等6个自然村，老班章在布朗山乡政府北面，为哈尼族村寨，古茶园里是标准的大叶种茶，条索粗壮，芽头肥壮且多绒毛，在普洱茶界被认为具有“茶王”的地位；新班章距离老班章7公里左右，也是哈尼族村寨，是村民从老寨迁出后建立的；老曼娥为布朗族村寨，有186户、816人，古茶园面积4000余亩，古茶树大多在500—1000年以上，出产的晒青毛茶以其特别的苦、厚、酽的韵味，被称之为拼配茶品里的“味精”。老曼娥村民几乎每家都有炒茶灶、锅，他们不仅热情地请笔者喝茶、解答问题、带笔者考察古茶树，而且还赠送2袋采自自家茶树且自己加工的茶叶，笔者深切地感受到了布朗人浓浓的好客情怀。老班章古树茶的主要特点是厚重醇香，生津快、回甘持久。近年来，各级党委、政府推出了许多加快茶产业发展的政策，该自然村也出台了相应的措施，对提高茶叶品质提出了更高要求。如制定了老班章茶叶限采令，把茶树的采摘季节以规定的形式确定下来；制定防伪措施，给每一饼茶颁布“身份证”，顾客可根据产品上的标号查询到茶叶的原产地、农残、茶叶编号等信息，以防假冒。目前，老班章共有茶叶面积5000亩左右，年产量大概50至60吨。2018年，老班章古树茶平均价格为每公斤8000元至10000元。[①]

3. 打造更多更好的古茶树产品品牌。早在2014年4月普洱景迈山古茶园保护管理局正式成立，标志着普洱景迈山古茶园申遗工作和保护管理工作已建立长效机制。同年6月，普洱市提出“天赐普洱，世界茶源”的城市品牌。2017年2月7日，普洱市在昆明召开新闻发布会，正式发布“普洱景迈山古茶林普洱茶”品牌。普洱市全面启动该品牌建设工作，构筑诚信联盟、产品标准、标志使用监控、产品检验“四条防线”，明确特定的企业、特定的产区、特定的原料、

① 刀琼芬：《靠品质赢得信任茶》，《普洱日报》2018年8月29日。

特定的工艺、特定的标志“五个特定”，使每一片普洱景迈山古茶林的普洱茶都能做到“四有四可”（即有标识、有标准、有检测、有监控；可识别、可查询、可追溯、可信任）。2017 年推出的景迈山古茶林普洱茶，就是一款以“同一区域、同一产业、同一品牌、同一标识”为目标，以联盟为主体，以标准为引领，由政府部门、行政机关和检验机构为其品质背书的名山普洱茶产品。今后，将在 26 座古茶山的基础上以八大古茶山普洱茶品牌打造为突破口，坚定不移抓标准、抓品牌、抓融资、抓庄园、抓整合、抓“互联网 +”，推动普洱资源禀赋变为物质财富，无形资产变为有形资本，“绿水青山”变为“金山银山”，让茶产业真正成为普洱富民又富市的支柱产业。[①] 2017 年，普洱市有茶叶企业 2173 户，主要加工企业 178 户，初步形成以龙头企业为引领，农民专业合作社为纽带，小微企业和茶农为基础的产业集群。全市茶叶产品获得中国驰名商标 3 个、云南老字号两个、云南省著名商标 34 个、普洱市知名商标 43 个。[②]《普洱市古茶树资源保护条例》第十八条也规定，市、县（区）人民政府应当引导茶叶专业合作机构规范发展，统一古茶树产品生产标准，进行质量控制，提升产品质量和水平。同时，鼓励和支持茶叶生产企业强化产业融合，打造古茶树产品品牌，争创各级各类名牌产品；对具有特定自然生态环境和历史人文因素的古茶树产品，申请茶叶地理标志产品保护。当前和今后一个时期要做的是，在如何保证绿水青山更好的基础上，使之变成更大的“金山银山”。

2. 完善支持研究的政策措施。大力支持相关单位开展研究，以达到多维利用的目的。一是开展普洱茶农业系统生态管理研究。当地民族管理古茶园的历史悠久，有很多好的传统管理经验，这些都需要总结和传承。可由政府立项，科研机构、相关高校、地方技术部门和农户共同参与，发掘和总结古茶园管理的传统经验和成功模式，通过示范和培训，使农民对生物多样性保护的重要性有更高的

① 虎遵会：《云南普洱：立法为古茶树撑起“保护伞”》，http：//www. puernews. com/jdpe/1852582629377051768。

② 刘绍容、廖智若愚：《茗聚普洱——从“茶博会”探寻各州（市）茶产业发展》，《普洱日报》2018 年 8 月 28 日。

认识，提高农民对古茶园保护的积极性。探索并推广既不影响古茶园的经济价值，又保护了生物多样性的管理措施，如适当干预当地农户对古茶园的管理，尽快寻求并推广最佳修剪方法。

二是开展生态科技创新研究。充分利用2013年6月成立的云南省普洱茶产业技术创新战略联盟这一平台，充分发挥普洱茶研究院、云南农业大学、云南普洱茶集团、云南天士力帝泊洱生物茶集团有限公司等单位的力量，为加速推进普洱茶产业科技创新，强化品牌、标准化、品质、大批量、影响力“五要素”作出更大的贡献。[①] 生态科技创新投入不仅是普洱茶产业绿色发展的需要，而且有丰厚回报。如2007年以来，在云南省相关科技计划支持下，以云南农业大学教授盛军为首席科学家实施了“普洱茶科学研究行动计划”，对普洱茶品种选育、茶园种植和栽培、发酵规律和原理、生产工艺和设备、科学功效和应用、新产品开发和推广进行创新研究，系统解决了普洱茶产业发展的关键技术瓶颈。在多年种质资源收集的基础上，研究团队选育出适合进行生态化种植的优质茶树品种“普茶1号”和“普茶2号”，因具有良好的抗虫性和抗逆性，在全省多个产茶州市推广种植，已达107.95万亩，近3年直接经济效益达35.61亿元；开发“茶菌复合生态种植”等多个适合全省茶园特点的生态化茶树栽培技术，改善了茶园土壤环境、提高了茶叶品质和质量，在项目的带动下，6.9万亩生态茶园获得中国或欧盟有机茶园认证，生态茶园推广应用228.77万亩，产生直接经济效益124.85亿元。在普洱茶加工技术、工艺和装备创新中，研究团队将远程控制、设备互联等技术与普洱茶生产过程相结合，设计开发了以普洱茶自动发酵机为代表的系列加工装备，实现了生产的清洁化和自动化，普洱茶生产周期从60天缩短至35天，相关设备推广应用取得直接经济效益1.79亿元。项目推广应用产生直接经济效益总共达到165.85亿元，为普洱茶产业转型升级作出了重要贡献。这一项目获2017年度云南省科学技术进步奖特等奖。同时，研究团队根据普洱茶的品质特征、地理特征和树龄长短

---

① 郑舒文：《茶界大咖“茶博会”分享云茶产业创新成果》，《普洱日报》2018年8月27日。

等，制备出普洱茶生茶、熟茶各三个等级、三种型制的标准样，形成了《云南普洱茶标准实物样说明》，填补了普洱茶标准领域“有文字、无实物标准”的空白，为规范行业生产、稳定普洱茶等级质量、消费者识别普洱茶品质提供了科学指导。[1]

三是创新生态保护制度形式。2018 年 5 月 21 日，为保护好世界唯一的“邦崴千年过渡型古茶王”，澜沧县委、县人民政府为其购买保险，该保险由中国人民财产保险股份有限公司澜沧支公司承保，年保费 25 万元，保险金额为 5000 万元，开创了国内“千年古茶王”保险的先河。根据协议规定，在保险期间内，由于雷击原因直接造成被保险古茶树林木的死亡损失，保险人按照保险合同的约定负责赔偿；支公司还提供一套技防设施（小型气象站、24 小时高清监控探头实施监控）。澜沧县在购买保险的同时，还将开展四项工作：一是聘请国内外茶叶专家成立保护“邦崴过渡型古茶王”专家委员会，共同研究做好保护“邦崴过渡型古茶王”工作；二是动员社会各界爱心人士共同参与建立“邦崴过渡型古茶王”保护资金会，专项用于“邦崴过渡型古茶王”保护和邦崴村公益事业发展；三是不断加大保护力度，通过技防和人防相结合，抓好“邦崴过渡型古茶王”管护防范工作；四是在 2019 年邦崴山举办斗茶大赛时，开展邦崴宣言，呼吁全民共同宣誓、共同遵守、共同监督、共同传诵，唤起保护“邦崴过渡型古茶王”意识，共同手拉手保护好、传承好“邦崴过渡型古茶王”资源。[2] 应该说，这一保护措施是非常及时的，值得推广。

虽然村民保护古茶树的意识还达不到古代村民的水平，但近年来已经大有进步，逐步从自在转变为自觉。墨江哈尼族自治县景星镇新华村洒次村民小组的保护独具一格：“我们村有一种茶，叫‘凤凰窝’。凤凰窝产量很低，一年只能采摘一次。茶园里和周围的朽木腐植物为茶树提供了天然的肥料，特殊的地理位置和气候为茶品质的形成奠定了基础。目前，村里成立了合作社，茶叶由合作社统一加工出

---

① 季征：《项目推广应用产生直接经济效益 165.85 亿元》，《云南日报》2018 年 6 月 28 日。

② 谭春：《云南澜沧为“古茶王”上五千万保险，将聘专家成立保护委员会》，https：//www.thepaper.cn/newsDetail_ forward_ 2145786。

售。凤凰窝因为品质好，现在价格很高，我们的茶叶都装在集体仓库，用三把锁锁住，钥匙分别由三个人保管，少一把钥匙仓库门都无法打开。对于凤凰窝的保护和种植，我们可谓煞费苦心，在种植上不使用任何化肥农药，精心呵护，为的就是让凤凰窝的价格和价值成正比。"[①] 显然，生态质量意识已在村民心中深深扎根，对于推动该地生态文明建设必将产生深远影响。普洱市应在现有条例的基础上进一步推动古茶树、古茶园保护的法律法规建设。在古茶树、古茶园的立法中应当遵循可持续发展原则、尊重和体现生态规律的原则、保护与合理开发利用并重的原则、尊重和体现当地的文化、民族习惯的原则、公众参与的原则。

与此同时，古茶园旅游开发要因情况而异，古茶园与梯田不同，游客太多，会严重影响其生长和品质，并威胁到周边的生态安全。所以，有的村民抵制古茶园旅游开发，这是村民保护自觉性的体现，应该尊重他们的选择。这也说明古茶园的保护利用，一定要全过程征求村民的意见，他们世居在古茶园，对其最为了解，最有发言权。古茶树资源的利润已经非常丰厚，最好不要走旅游开发的路子，而应该在提升品质、多样化保障如增加补贴等方面多下功夫。即使旅游开发，也一定要把握好度，不能单纯追求游客数量的增加。一定要控制游客数量，让茶树在以前的环境中自由生长，尽可能减少游客的"骚扰"，避免出现游客带去的各种生态问题；尽可能让游客与古茶树保持一定的距离，不能对古茶树构成生态威胁。笔者在老曼娥自然村时，就非常喜欢该村的氛围。由于没有旅游开发，没有游客，村子非常安静。而基诺山寨也是中国少数民族特色村寨，已被开发为旅游胜地，每人门票 160 元，国家级非物质文化遗产基诺族大鼓舞的演出已经常态化，游客较多。

一些企业的质量意识也大为提升，值得推广。如由于资源稀缺，景迈山古茶林每年的普洱茶产量不足 300 吨，而市场上冠以"景迈""景迈山""景迈古茶"名义销售的茶叶却远远超出这个数字，大量良莠不齐、真假难辨的"景迈茶"充斥市场，造成景迈山古茶林普

---

① 张珂嘉：《让"凤凰窝"的价格和价值成正比》，《普洱日报》2018 年 8 月 29 日。

洱茶品牌的严重弱化，保护和打造当地茶品牌迫在眉睫。2016 年 6 月，澜沧古茶公司、澜沧县芒景古茶农民合作社等 5 家企业发起成立普洱景迈山古茶林普洱茶诚信联盟，在国家普洱茶产品质量监督检验中心支持和配合下，制定出《普洱景迈山古茶林普洱茶（生茶）紧压茶》产品标准，确定景迈山古茶林普洱茶产地及定义：以景迈、芒景两个行政村辖区内多个村寨的茶林（不包括生态茶园）作为产地范围；在此范围内，经过特定加工工艺制成的普洱茶（生茶）紧压茶具有“明显的蜜香、杯底留香持久”特征。[①] 当然，也不能仅靠企业的自觉。在这一层面上，政府应该对普洱市茶叶生产加工场所加大清理整顿的力度。严格执行《地理标志产品普洱茶》《普洱茶加工技术与管理规范》及国家有关茶叶的质量标准，规范农资市场，严格执行“茶叶可用”与“茶叶禁用”农药的分类管理，杜绝剧毒有害农药流入茶叶基地；坚决取缔无营业执照、无生产许可证、无卫生许可证的小型茶叶加工厂，特别是加工条件差、管理粗放、不符合食品卫生标准、造成资源浪费的茶叶初制所和普洱茶加工厂，扭转茶叶初制所泛滥、无序竞争、抢夺原料、竞相压价的局面；进一步对茶叶经营市场进行规范，坚决打击假冒伪劣、以次充好、虚假宣传、误导消费等不法行为。

三　普洱茶文化系统传统生态观念文化和生态文明观建设

普洱茶产区是我国民族最为丰富的地区之一，仅普洱市就居住着汉族、哈尼族、彝族、拉祜族、佤族、傣族等 51 个民族，其中世居民族 14 个，具有丰富的传统生态观念文化多样性。其与茶相关的少数民族传统生态观念文化，也是茶文化系统中重要的组成部分。茶观念文化内涵丰富，包含了各民族与茶相关的信仰禁忌、风俗习惯、行为方式与历史记忆等文化特质及文化体系。此外，作为普洱茶农业系统的重要组成部分的传统文化，包括茶叶种植、采

---

① 张蕾：《景迈山：用茶叶与自然对话》，《光明日报》2018 年 2 月 10 日。

摘、加工和饮用的相关知识以及围绕茶形成的资源分配制度、自然崇拜、节庆活动等，这些对普洱茶农业系统的维持具有重要意义。然而现代文化对传统文化的不断冲击，对很多年轻人认知和传承传统茶文化造成了影响，加上熟知传统生活习俗、宗教信仰、礼仪的老人相继离世，传统茶文化也面临威胁。[①] 为此，普洱市应在生态文明观建设过程中，既通过各种形式保护传承普洱茶文化系统优秀传统生态观念文化，也在此基础上形成本土特色的现代生态文明观。

（一）普洱茶文化系统传统生态观念文化

1. 信仰禁忌。在普洱，哈尼族、拉祜族、佤族、布朗族等民族中有许多神话传说，如佤族的《新谷颂词》、布朗族的《祖先颂》、拉祜族的《种茶歌》，都记录着茶与农耕生产的密切关系。据专家考证，最早发现利用野生古茶树的民族是古代濮人（布朗族祖先），他们是最早驯化和种植栽培茶叶的民族，如今在澜沧县景迈、芒景布朗山寨，每年都举行隆重的祭祀活动，祭拜“茶神”。人们崇拜这些图腾，因为它们与祖先们的某种生命源息息相关，如德昂族就称自己是茶的儿女。茶不仅蕴藏着各族人民祖先与子孙们文化信息的承传关系，还体现了各民族的团结与友谊。茶园生态系统是地区少数民族文化与民族认同的基础。传统知识、节庆、人生礼仪等重大社会、个人的文化行为都或多或少地与茶相关。年代久远、生长茂盛的茶树往往成为茶园中的茶神树，人们认为其能够保佑茶园获得丰收，是一种精神寄托。

在与茶相关的活动之中，布朗族的山康节规模较大、参与人数较多。除布朗族外，这一地区还有其他众多少数民族有着茶树崇拜和“茶王”信仰，这与普洱茶为主的栽培与野生栽培茶的起源密切相关。

芒景布朗人热爱茶也热爱自己的祖先，为报答祖先的恩情，遵照

---

① 袁正、闵庆文：《云南普洱古茶园与茶文化系统》，中国农业出版社2015年版，第112页。

祖先遗训，每年 4 月 17 日要举行一次祭拜茶祖、呼唤茶魂的活动，布朗族称这一活动为“好国龙、书扎大腊、书扎在大勒、书扎大罕”（意为山康茶祖节）。新中国成立以前，每隔三年要举行一次剽牛活动，通过这样的活动来传承祖先的遗训，传承民族文化，达到保护古茶园保持生态平衡、以利发展、建设美好家乡的目的。这个良好的民族习俗不是现在才有的，更不是乱编的，其历史已经有 1702 年（到 2008 年），有史料可查。在布朗族民歌中有这样的流传唱法：“帕（叭）哎冷啊帕（叭）哎冷，你是我们的英雄，你是我们的创始人，你给我们留下金山银山，你给我们留下竹棚和茶树，我们世世代代安康幸福。你留下的高尚品德永远是我们的灵魂，你的话我们要装在骨髓里面，牢记在心里，你的话我们要装在牙齿中，天天讲、天天做。”由于有这样一种文化理念的支配，古茶园才能够比较完整地保留到今天。①

2. 风俗习惯。云南是个多民族的边疆省份，以普洱市为中心的澜沧江中下游世居少数民族悠久的种茶、制茶历史，孕育了风格独特的民族茶道、茶艺、茶礼、茶俗、茶医、茶歌、茶舞、茶膳等内涵丰富的茶文化和饮茶习俗。不同民族对茶的加工和饮用方式更是各具特色，如傣族的“竹筒茶”、哈尼族的“土锅茶”、布朗族的“青竹茶”和“酸茶”、基诺族的“凉拌茶”、佤族的“烧茶”、拉祜族的“烤茶”、彝族的“土罐茶”等作为传统的饮茶习俗，仍代代相传。在各民族的婚丧、节庆、祭祀等重大节日和礼仪习俗中，茶叶常常作为必需的饮品、礼品和祭品。同时茶还有许多药用的功效，可以说茶对当地各民族的影响已经浸透到生活、精神和宗教各个方面。

澜沧拉祜族自治县是以拉祜族为主的多民族居住地区，不同少数民族在长期的历史过程中形成了不同的茶树栽培、管理、利用习惯，是整个地区文化多样性形成的基础。在此基础上，各少数民族以不同的形式在节日、祭祀、礼仪、民俗、艺术等各方面将其表现出来。如在饮食习俗上，布朗族利用茶叶作饮料、蔬菜和草药，用茶叶制成特

---

① 袁正、闵庆文：《云南普洱古茶园与茶文化系统》，中国农业出版社 2015 年版，第 64—65 页。

殊食品——茶酱。傣族人发明了用茶叶花染饭（黄色）和用茶护肤美容，及利用茶叶制作茶餐、菜肴。

在澜沧景迈、芒景一带，随便找到一块山地，只要看到有人耕作，你就可以找他们聊农事，聊大山和人。闲聊中，他们会把冷饭、腌菜、盐巴和辣椒搬出来让你吃，这是他们农事生产中的“吃饭”。更为玄妙的是，他们会抓出一把生茶叶，也要你跟他们一样，用生茶叶蘸盐巴辣椒当菜吃。在布朗族居住的大山上流传着这样一句话：“上山不带饭可以，不带茶不行!”布朗人日常把茶叶摘下来带在身上，劳作或歇息时把茶叶撮一撮出来，放在嘴里嚼。从吃“得责”（野茶）生茶到口含“腊”条（栽培型茶），普洱茶与布朗人如影随形。①

3. 古茶园传统管理知识。现代茶园远看是茶，近看也是茶，为高密植梯田式茶园，它与蓝天互相辉映，需施足够的化肥，喷洒一定量的农药。而古茶园的茶树是像天空的星星一样，零零散散地种在大树林里，与万木丛林共存，与数十种野花、药草相伴，靠天然肥料和自身的防灾能力生长，吸收了极为丰富的植物元素，无任何污染。普洱古茶园大多是接近天然林地的乔木林地，传统上，茶农对茶园的管理较为粗放。生长在万木丛中的古茶树主要依靠自然肥力生长，不需要人工施肥、浇水、除虫。每年秋茶采摘结束后，以人工镰刀割草或锄头除草的方式剪除林下杂草，根据茶园面积的不同，需 3—8 个工日。由于山区交通不便，茶叶向外运输困难，古茶树仅在春季采摘，而在其他时间就可以积累养分。云南古茶树群落能够存在数百年甚至上千年，除了得天独厚的自然环境和茶树丰富的遗传多样性为古茶树的生存提供了根本保证外，也得益于这些传统种植管理方式。这种源自传统经验的耕作方式使村民获得了与自然和谐相处的生存方式，实现了真正意义上的天、地、人和谐共处，为其他同类地区合理利用土地，发展适应本地条件的生存方式提供了有效借鉴。

天然林下种植茶树的模式，是当地民族在逐渐摸索茶树生长习性

---

① 袁正、闵庆文：《云南普洱古茶园与茶文化系统》，中国农业出版社 2015 年版，第 49—53 页。

的基础上对森林生态环境的模拟和利用，是一种特殊而古老的茶叶栽培方式。山地农业与茶园的共荣共生，是当地村民的主要生计方式。在种植农作物的同时，当地还有多种畜禽养殖品种，较为出名的有黄牛、水牛、小耳朵猪、山羊、本地兔、鸡、麻鸭、鹅等。这些丰富的农业生物多样性，与茶林一起形成了立体的生态农业模式。

在森林茶园管理过程中，当地人有意识地选择和保护古茶园中遮阴树种，而这些树木大多具有一定的经济或文化价值。在茶树的栽培中，一些少数民族为防治病虫害、提升茶叶的口感等，在茶园中有意识地栽种树木、花果或蔬菜，不但提高了土地利用效率，还获得了更好的茶叶品质。如布朗族以栽培和养护野生茶树为主，在森林茶园中保留了大量野生水果和木本蔬菜，家庭手工制作的生茶品质优良，香味极佳。普洱市各民族创立了多种大叶种茶与云南樟、大叶种茶与旱冬瓜间种系统，以防治茶树病虫害，生产出优质茶叶，也保护了水土和生态环境。①

芒景、景迈万亩古茶园形成的初期布朗族还处在原始社会，因此，它由群体开挖种植，为群体所享受。这一时期茶叶在人类生活中的作用主要体现在两个方面，即作为药物使用和作为蔬菜食用。作为药物使用时需添加一定的配方，可惜的是这些配方很早以前就已经失传。随着社会的发展，人群居住逐渐扩散，出现了自然寨，古茶园由大群体所有演变成为各个小群体所有；进入私有制时代后，每个个体拥有的数量是不同的，有大、中、小之分。古茶园自形成至今，不施任何肥料，不喷洒任何农药，主要靠自然肥料生长，根据自然生态的变化每年除草一次，一般为阳历11—12月，除草时不挖翻地皮，而是用刀刈去杂草（对茶叶生长有害的草），注意保护小茶苗，保留良种树，适当修剪茶树杈枝。茶园里面的枯树可以砍来烧，活树不经主人同意，一律不准砍伐。茶园里不栽种其他粮食作物，茶园四周留有防火地带（布朗族称为防火林）。防火林相当于神山，任何人不得随意砍伐。为什么芒景、景迈种粮食的田地离村寨很远（相距5—10公

① 袁正、闵庆文：《云南普洱古茶园与茶文化系统》，中国农业出版社2015年版，第92—94页。

里)，就是因为很古以前就有明确规定，种粮食的田地必须在防火林以外。实践证明，古茶树与原始森林是共存的，互相依托，互相供给水分和肥料。森林一旦被破坏，古茶树也就自然消亡。景迈大平掌的茶树有一部分为什么死掉，就是因为原始森林遭到严重破坏，茶树顶不住风吹日晒、霜冻的袭击。这一沉痛的历史教训不得不引起当代人的反思。① 一直到20世纪90年代，芒景、景迈茶叶种植基本上为林下种植法，并把所有的茶园视为神山保护，周围设有防护线，布朗族称之为“白列”。在防护线内除茶树外，不得种任何农作物，这样就排除了因种其他农作物而带来的各种不利因素。每一块茶地里都设有一棵不可侵犯的神茶树，布朗族把这种神茶树称为“的瓦那腊”，任何人进入茶园看见神茶树都不敢随便乱来。②

4. 茶叶传统制作技艺。普洱茶（贡茶）制作技艺的国家级代表性传承人李兴吕曾说：“我的手艺没有什么秘密，谁想知道我都可以教。可是制茶不仅是一门技术，靠的是悟性，火候大小，时间长短，全凭一心感受。差之毫厘，出来的就不是贡茶。”③ 可见，传统制作需要较高的技艺。茶叶收获的第一个步骤是采摘。普洱茶一般每年有三个采摘期，农历2—4月为春茶采摘，5—7月为夏茶（雨水茶）采摘，8—9月为秋茶（谷花茶）采摘。采摘方式为人工手采。采摘嫩芽按照标准分为三类：制高档名茶采一芽一叶或一芽二叶、一芽三叶；大宗茶以一芽二叶为主。

在长久制茶过程中，普洱茶也形成了独特的工艺。杀青、揉捻、晒干、压制成形的技艺由来已久。传统普洱茶是以云南大叶种晒青毛茶直接蒸压而成，大多为团、饼、砖、碗臼等外形。在茶马古道漫长的运输途中逐渐发酵而成，20世纪70年代，人工发酵普洱茶的生产工艺基本定型，现代经人工发酵后压制的普洱茶也称“熟普”，而用晒青毛茶直接压制的普洱茶称“生普”。清代以来，随着普洱茶的兴盛，收售加工普洱茶的商号也越来越多。由于高山大河的阻隔，直到

---

① 苏国文：《芒景布朗族与茶》，云南民族出版社2009年版，第54—55页。

② 同上书，第64页。

③ 袁正、闵庆文：《云南普洱古茶园与茶文化系统》，中国农业出版社2015年版，第96—97页。

明清时期，普洱茶才随着马帮开始了与汉地、藏区、南亚和东南亚各地文化的交流。普洱茶进入宫廷后，风靡京都，清乾隆皇帝写诗赞颂道："独有普洱号刚坚，清标未足夸雀舌。点成一碗金茎露，品泉陆羽应惭拙。"是给以它众茶之上的至高评价。[①]

（二）生态文明观建设促进普洱茶传统生态观念文化升级换代

1. 建成名副其实的古茶之乡。所谓古茶之乡，就是要把保护好古茶园作为每一个村民的自觉行动，作为历史使命来要求，要像爱护眼睛一样爱护它，决不能再出现乱砍滥伐现象；采摘古茶要讲季节，要讲究规范，要注意量。雨季停止收购古茶鲜叶，给古茶正常成长留下基本条件。不仅要算古茶的鲜叶价值，还要算古茶的观赏价值，要下决心做好保茶还林工程，使台地茶尽快回到林下种植状态，为后代创造新一代古茶园。"今天的古茶园是1000多年前的先人种下的，1000多年后的古茶园是我们当代人种下的"是我们当代人的传承诺言。[②]

普洱生态文明观建设过程中，应进一步大力发展生态技术。在普洱茶制作技艺方面，应该分类施策。古茶树的茶叶采取传统制作技艺，以保持原汁原味。现代生态茶园与台地茶的茶叶则采取现代制作技艺。普洱茶产业要走绿色发展之路，为大家种出最干净的茶叶；要走特色发展之路，满足消费者需求的多样性，形成多种多样的特色品牌；要走科学发展之路，要建立在严谨的科学基础上，在良种繁育、发酵机理、工艺技术、病虫害防治等方面开展重大科技攻关，提升科技水平；要走持续发展之路，实行严格保护，严禁破坏环境，严禁过度采摘，保护古茶树的遗传多样性与独特性；要走规范发展之路，建立健全严格的标准，强化初制所的管理，规范市场秩序，保障整个行业从种植、加工到销售的健康发展。[③] 为了保护宝贵的古茶园，应重

---

① 袁正、闵庆文：《云南普洱古茶园与茶文化系统》，中国农业出版社2015年版，第82页。

② 苏国文：《芒景布朗族与茶》，云南民族出版社2009年版，第70页。

③ 王博喜莉：《第十三届中国云南普洱茶国际博览交易会在普洱举办》，《普洱日报》2018年8月27日。

视对古茶园的管理，重视对病虫害的防治，政府应提供相应的资金支持，加大对茶农的培训，提高茶农对茶园的保护意识，减少强采。在对虫害的防治上，要以物理防治和生物防治为主，加大对天敌的保护，可人为放入一些天敌来抑制虫害的发生，将虫害控制在允许的范围内；在病害的防治上，应维护茶园生态平衡，用科学的方法管理茶园，禁止捋采、强采，提高古茶树的抗性。

2. 建成名副其实的民族文化之乡。就是要借助于村落改造的好政策，把山寨建设成为地地道道的布朗山寨、傣家山寨，并养成良好的卫生习惯，要把会说民族语、会唱民族歌、会跳民族舞、会讲民族史、穿民族装作为民族人的基本特征，要继承本民族的优良传统、高尚品德，把村民培养成有文化、有礼貌、懂技术、会经营，勤劳、智慧、勇敢、朴实、好客的新一代农民。同时，除学校教育外，对村民最好的教育就是恢复和开展各种传统活动。如镇沅彝族哈尼族拉祜族自治县拟定于4月8日至9日在老乌山古茶山按板镇罗家村及振太镇文怕村举办“茶叶开采节”，有古老的祭茶仪式、斗茶大赛、茶叶拍卖等活动。[①] 在祭祀古茶树这一过程中强调古茶树、古茶园的重要性，其与当地少数民族的茶崇拜心理能很好地结合，从而起到比较好的教育作用。

第十三届中国云南普洱茶国际博览交易会暨首届国际普洱茶产业发展大会期间，虽然有“茶城美食一条街”、由100幅茶马古道经典图片组成的普洱茶文化之源图片展等活动的推出，但并没有看见传统舞蹈的出现，不能不说是一个遗憾，结果变成了茶叶、茶叶产品、茶具、食品交易会。如今很多做茶的生意人只顾经济，忘了文化，卖茶时被问起茶产地和历史由来都说不清楚，这是不对的。普洱茶的灵魂就在茶文化，如果没有茶文化，卖茶的成本就只是加工费而已，只有加入茶文化，茶叶才会随之升值。目前，茶从生活层面的“柴米油盐酱醋茶”上升到“琴棋书画诗酒茶”，“世界茶源”的称号，突出了普洱在中国乃至世界茶文化发展历程中的地位和作用，要让更多的普洱人都知道普洱茶的来龙去脉、历史由来，传承好普洱茶的历史，弘

---

① 镇沅县委宣传部：《老乌山：举办“茶叶开采节”》，《普洱日报》2018年4月4日。

扬好普洱茶的文化。[1] 韩国国际普洱茶研究院院长姜育发也认为："在研究普洱茶、推广普洱茶的进程中，我发现普洱茶有着改变体质、瘦身减肥的功效，不仅可以给身体带来健康和美丽，还可以让心情舒畅，是一种精神层面的享受，很符合当下的社会风尚，建议将其作为焦点，作为普洱茶市场开拓的一个营销策略，拓展普洱茶市场。"[2]

保护利用好普洱茶传统观念文化，既传承了普洱古茶观念文化系统，也让村民多了一条脱贫致富之路。在实际工作过程中，普洱市已经有了比较好的基础。

一是初步建立"非遗"名录保护体系。近几年来，普洱市紧紧围绕"保护为主、抢救第一、合理利用、传承发展"的工作方针，大力加强非物质文化遗产保护与传承，初步建立起非物质文化遗产名录保护体系，代表性传承人得到有效保护，少数民族文化遗产和文化生态保护区建设有序开展，非物质文化遗产博物馆、民俗博物馆和传习所建设稳步推进，非物质文化遗产保护政策法规化进程日益加快、保护经费逐年增加、机构和人才队伍建设不断加强，形成了全社会保护非物质文化遗产的社会风气。2012 年，编辑出版《普洱市非物质文化遗产保护名录大典》。到 2018 年 7 月底，普洱市共有各级"非遗"保护名录 362 项，其中，国家级 5 项，省级 43 项，市级 314 项。项目代表性传承人 219 人，其中，国家级传承人 4 人，省级 50 人，市级 165 人。[3] 2018 年 8 月 28 日，第十三届中国云南普洱茶国际博览交易会闭幕。汤仁良、肖时英、邹炳良等 8 位专家被授予"普洱茶传承工艺大师"，大国茶匠肖时英研究员招收了首批 10 位学徒，绿色匠人精神有了传承人。[4]

二是开发了一批传统文化产品。除在生产生活中大力传承建立在古茶园基础上的传统生态观念文化外，这些传统生态观念文化实际上完全可以轻松地转化为"金山银山"，变成真正的生产力。如近年来普洱市着力实施文化"珍珠链"工程，充分挖掘茶文化，开发一批

---

① 张诗韵：《传承普洱茶历史 弘扬普洱茶文化》，《普洱日报》2018 年 8 月 29 日。

② 张珂嘉：《找准焦点做营销》，《普洱日报》2018 年 8 月 29 日。

③ 市文体局：《普洱市"非遗"项目的保护与传承》，《普洱日报》2018 年 8 月 29 日。

④ 李奕澄、沈浩：《云南普洱茶国际博览交易会闭幕》，《云南日报》2018 年 8 月 29 日。

以民族服饰、民族歌舞、民族节庆、民族餐饮、民族工艺品为主要内容的文创产品。每年各县（区）都开展节庆民俗活动，举办“葫芦节”“神鱼节”“木鼓节”等民俗节庆。思茅区哈尼家园文化传播有限公司致力于利用普洱本土多样和独特的资源优势，保护和传承普洱市原生态传统服饰文化以及旅游产品的开发，生产经营传统服饰、舞台妆、刺绣、编织和手工艺产品。江城阿卡庄园集中开发绿色生态的土特产、田房茶及民族民间手工艺品等特色产品，将农业产业、旅游文化产业融为一体，让彝族的农耕文化得以传承和弘扬。随着阿卡庄园的土特产开发和销售步入轨道，又把江城哈尼族彝族自治县国庆乡彝族民族文化能人召集在一起成立了彝人公社，将彝族的歌舞和手工制作的小商品进行设计和包装，吸引数十名文艺爱好者和彝族文化传承人加入到彝人公社。目前，阿卡庄园与江城的绝色空间精品坊合作，由绝色空间精品坊负责设计，以订单的方式让当地村民参与到产品的生产制作中来，带动他们增收致富。

贺哈布梵演艺有限责任公司地处孟连傣族拉祜族佤族自治县勐马镇勐马村贺哈村民小组，贺哈系傣语谐音，意为扎根的地方。贺哈村民小组拥有独特的民族文化基础，如《山神舞》《女子傣刀舞》《马鹿舞》等，而贺哈独有的《山神舞》是贺哈布梵演艺有限责任公司的代表性作品。随着公司的影响日益增大，受邀演出日渐增多，已辐射周边县市乃至缅甸，为慕名前来贺哈村民小组旅游观光的游客表演60余场，收入共计30余万元。文化富民最典型的例子是广为人知的澜沧拉祜族自治县老达保快乐拉祜演艺公司，一个典型的少数民族山区贫困村寨变成快乐拉祜的致富村，依靠的就是文化力量。公司成立以来，演出分红成为贫困户增加收入的重要来源，文化脱贫也成为普洱市扶贫工作的亮点之一。

安定镇是景东彝族自治县传统彝族文化保留最为完整和最具代表性的彝族乡镇。全镇人口97%为彝族，16个村大部分地处无量、哀牢山腹地的山区和半山区，贫困面大、贫困程度深。景东无量山文化传播有限公司紧紧围绕保护、传承和科学开发特色文化资源，带领300余名贫困农民通过表演民族歌舞、制作手工刺绣产品增加收入。2015年，安定镇青云村被评为“云南省十大刺绣名村”。同年，通过积极争取，获得省、市文化精品扶持资金共36万元，公司与景东密撒把艺术团紧密合作，创编彝族原生态歌舞剧《彝山素描》，组织安定镇青云村、青联村63名民间艺人进行创作排练，并于2015年、2016年分别在景东县人民会堂和普洱大剧院举办专场演出，成为景东县的一张文化名片。

与此同时，立足普洱丰厚的民族文化资源，重点打造了《天赐普洱》《狂欢佤部落》等精品文化项目，人文纪录片《天赐普洱》登录中央电视台，并在22个国家播出，原生态歌舞《佤部落》走进国家大剧院并在全国大中城市巡演，《阿佤人民唱新歌》《快乐拉祜》《想那个地方》等民族歌曲传唱大江南北。[①] 此外，近年来，一些表现普洱茶历史、普洱风光和少数民族文化的影视作品也越来越多地展现在观众面前，其中，最有代表性的当属《茶颂》，这部32集电视连续剧自2013年在中央电视台播放以来备受推崇。有人说《茶颂》就是一壶普洱茶，展示了澜沧江流域各少数民族与茶之间的紧密联系，是一部关于普洱茶、关于普洱茶文化、关于与普洱茶有关的各少数民族的奋斗史，再现了普洱茶文化的恢宏博大，源远流长。[②] 而电影《阿佤山》在2013年11月获第五届英国万像国际华语电影节“优秀原创故事片”和“最佳民族电影”两项大奖。该剧讲述了某城市房地产公司总经理杨志达为了寻找红毛树，回到曾经工作过的西盟阿佤山，遇见当年的初恋情人叶娜，并围绕一棵古老红毛树的买与卖引发了一系列故事，通过人与人、人与木鼓、人与树的几组矛盾交织，揭示人与自然和谐共存的主题，展示神奇美丽的佤山风光和丰富独特的佤族文化，赞美阿佤人山一样质朴宽厚的胸怀、火一样奔放炽热的情感。

下一步，应当针对存在的问题，如普洱市保护项目点多面广，抢救性保护任务较重，但目前各级政府对“非遗”保护的专项资金和传承人补助投入有限等短板，对症下药，加大资金投入的力度，如可以在普洱茶每年销售收入中提取一定比例作为保护传承的专项基金。

---

① 张诗韵、张国营：《人有情怀 物有市场》，《普洱日报》2018年8月29日。

② 袁正、闵庆文：《云南普洱古茶园与茶文化系统》，中国农业出版社2015年版，第89页。

3. 建成名副其实的人好之乡。“一个人喝茶是和心，两个人喝茶是和气，一家子喝茶是和睦，一个国家喝茶是和谐，全世界喝茶是和平”[1]。所谓人好就是村民要有一定的文化素质和思想素质，要遵纪守法，言行文明，驾车要遵守交通规则，要文明行车，要人与人和谐相处，建立友谊，要通过努力把芒景、景迈建设成为无毒、无偷、无酗酒斗殴、无假冒伪劣商品区。[2] 还有一种品茶说法对保护古茶提升古茶价值也是有害的，如茶开汤后有的人说：“叶价好，汤色也好，就是苦涩味重了一点，价钱应低一点。”这种说法，实际上就是叫老百姓把茶园里的树砍掉。所谓古茶，就是茶与万木丛林共存，与数十种野花、药草相伴，阳光辐射不够，通风不够，不苦不涩一点怎么可能呢？要解决这个问题简单得很，只要把古茶园里面的大树，特别是那些红毛树砍掉一部分，两年以后就不苦不涩了。这样做行不行呢？肯定不行，国家不会允许的。所以，我们认为不能过分强调享受而破坏生态平衡。[3]

---

① 张国营：《第十三届中国云南普洱茶国际博览交易会在普洱落幕》，《普洱日报》2018 年 8 月 29 日。

② 苏国文：《芒景布朗族与茶》，云南民族出版社 2009 年版，第 69—71 页。

③ 同上书，第 68 页。

第六章　内蒙古敖汉旱作农业系统与生态文明建设

旱作农业技术模式的应用是中国农业尤其是北方地区克服水资源短缺，实现农业可持续发展的必然选择。旱作农业技术的发展实现了水资源的高效利用与较高的农作物产量的同时，还实现了农业生态环境的逐步改善。经济效益主要包括两个方面：以节水效益为代表的资源节约效益和以高产为代表的生产效益；生态效益主要表现在水土保持和生态环境保护两个方面。旱作农业可以通过合理的农作制度、节水措施和旱作农艺技术，有效地减少水资源浪费，涵养水源，防止水土流失，保护生态环境，旱作农业生产方式对促进当地生态环境建设具有积极作用。[①] 内蒙古赤峰市敖汉旗位于中国古代农业文明与草原文明的交汇处，兴隆沟的考古发现证实粟和黍的栽培已有 8000 年的历史，是当今世界所知最早的人工粟和黍的栽培遗存，被誉为“旱作农业发源地”。粟和黍在长期的演化过程中形成了抗旱、早熟、耐瘠薄等特点，是干旱、半干旱地区发展旱作节水农业的重要作物选择，在适应气候变化、促进农业可持续发展中发挥了重要作用，形成了独特的旱作农业生态系统景观。2012 年，敖汉旱作农业系统被认定为全球重要农业文化遗产，是世界第一个旱作农业文化遗产，内蒙古唯一的全球重要农业文化遗产。2013 年，又被认定为第一批中国重要农业文化遗产。

---

① 白艳莹、闵庆文：《内蒙古敖汉旱作农业系统》，中国农业出版社 2015 年版，第 111 页。

一 敖汉旱作农业系统的传统生态文化

敖汉旗位于西辽河上游南部黄土台地、黄土丘陵区，是由沙地向丘陵过渡的农牧交错区，是京津地区和环渤海经济圈重要生态屏障。从自然地理角度分析，该地区地貌类型多样，生境复杂，具有较高的生物多样性。丰富的动植物资源，既可以满足人们的生活需要，又为植物、动物的驯化提供了种类丰富的生物基因库。敖汉杂粮品质优良，营养丰富，尤其是粟和黍的营养价值突出。同时，作物的生态适应性是在长期自然选择和人工诱导双重作用下形成的，不同作物种类、同一作物的不同品种甚至同一品种的不同生育期，在不同的生态环境下，经过长期的适应、演化，形成了各自的生态特性。敖汉旱作农业系统的传统生态观念文化又为生物多样性及其生态特性的形成与发展提供了文化内涵，如流传在敖汉旗境内的耕技、庙会、祭敖包、祭星、撒灯以及扭秧歌、踩高跷、呼图格沁、跑黄河等活动大都是为了祈求一年风调雨顺、五谷丰登和庆祝丰收。

（一）敖汉旱作农业系统概述

1. 敖汉旗的自然环境。“敖汉”系蒙古语，汉语为“老大”“大王”之意。1636 年，建制敖汉旗。敖汉旗位于内蒙古赤峰市东南部，南与辽宁省毗邻，东与通辽市接壤，距锦州港 130 公里，是内蒙古距离出海口最近的旗县。全旗南北长 176 公里，东西宽 122 公里，总土地面积 8300 平方公里，辖 16 个乡镇苏木、2 个街道办，225 个行政嘎查村、19 个居委会，总人口 60 万，其中，蒙古族人口 3.3 万，是全区人口第一旗。[①] 敖汉旗是以农业为主、农牧结合的大旗，同时也是典型的旱作农业区。农业人口 53.4 万人，劳动力 29.7 万人。种植业在国民经济中占重要地位，全旗耕地面积 400 万亩，其中，粮食作物播种面积稳定在 320 万亩，粮食总产达 20 亿斤以上，是东北三省、京津地区农畜产品主要供给基地。

---

① 《敖汉简介》，http://aohan.gov.cn/about/ahjj/。

敖汉旗地处努鲁尔虎山北麓，科尔沁沙地南缘，是燕山山地丘陵向辽河平原的过渡地带，属半干旱温带大陆性季风气候，是典型的旱作雨养农业区，降水量多年平均保持在310—460毫米。年平均气温5℃—7℃，无霜期130—150天。敖汉旗四季分明，太阳辐射强烈，日照丰富，气温日较差大。冬季漫长而寒冷，春季回温快，夏季短而酷热，秋季气温骤降。降水集中，雨热同期，有效积温高。全旗土地资源丰富，有褐土、壤土等多种类型，土壤中含有丰富而均衡的有机质、铁磷等矿物质。敖汉旗地理坐标为北纬41°42′—43°01′，东经119°32′—120°54′，这个纬度是世界公认的最适宜优质粟、黍生长的黄金纬度。独特的气候条件，不同的土壤类型，使以谷子为重点的敖汉杂粮生产更具地方特色，赢得了“敖汉杂粮，悉出天然”美誉。

2. 起源与演变。2002—2003年，中国社会科学院考古研究所内蒙古工作队在敖汉旗兴隆沟遗址进行了大规模发掘，在距今5000年左右的兴隆洼文化中期的大型聚落遗址发掘出的碳化黍粒，为敖汉旗作为旱作农业的发源地提供了确凿的证据。加拿大多伦多大学对这些碳化黍粒进行C14鉴定后认为，这些谷物距今7700—8000年，比中欧地区发现的谷子早2000—2700年，比中国河北武安磁山遗址出土的粟的遗存（距今7000—7500年）也早500—1000年，也证明了西辽河上游地区是粟和黍的起源地和中国古代北方旱作农业的起源地之一，也是横跨欧亚大陆旱作农业的发源地。

敖汉旗有着近万年的农耕文明，旱作农业历史悠久。一系列震惊中外的考古研究发现了一万年以来不同时期3400余处人类聚落遗址，挖掘了以当地地名命名的小河西（距今8200年以远）、兴隆洼（距今约8200—7400年）、赵宝沟（距今约7200—6400年）、红山（距今约6700—5000年）、小河沿（距今约500—4500年）等五种考古文化，以及与旱作农业相关的生产工具，如锄形器、铲形器、刀、磨盘、磨棒、斧形器等，见证了敖汉旗的农业起源和农业发展历程。

3. 全球重要农业文化遗产地范围与功能区划分。一是全球重要农业文化遗产地范围。敖汉旗旱作农业系统全球重要农业文化遗产地，是指敖汉旗南部以杂粮生产为主的旱作农业区，位于北纬41°41′22″—北纬42°25′15″，东经116°43′38″—117°52′41″，总面积3355. 22

平方公里。行政范围包括敖汉旗所属新惠镇、宝国吐乡、丰收乡、贝子府镇、金厂沟梁镇和四家子镇等6个乡镇。区内耕地面积118.8万亩，以谷子等杂粮生产为主，包含了农业文化遗产保护、发展与展示的全部要素。为了更好地进行整体保护，已建议修改为全旗范围，行政范围包括敖汉旗所属乡镇苏木。

二是功能区划分。按照地域主体功能，将全球重要农业文化遗产地划分为遗产保护区和遗产发展区。遗产保护区包括宝国吐乡和四家子镇，主要包含农业生态保护区、农业景观保护区、农业文化展示区以及旱作农业研究基地；遗产发展区涵盖新惠镇、丰收乡、金厂沟梁镇和贝子府镇，包括有机农产品生产加工企业、生态农产品种植片区和农业文化遗产旅游发展带。

4. 全球重要农业文化遗产保护区。一是农业生态保护区。该区域主要以保护基本农田、农田生态和自然生态为主，兼顾农业的经济效益和社会效益。区内禁止任何目的的农用地占用及破坏生态环境的毁林、工矿企业建设等活动。农业生态保护功能区覆盖四家子镇南部和宝国吐乡东部。二是农业景观保护区。该区域主要以农业景观保护为主，在确保基本农田面积的基础上，持续、大规模种植旱作杂粮。农业景观保护区域主要包括四家子镇北部和宝国吐乡西部等地。三是农业文化展示区。该区域以农业文化展示为主，主要负担农业文化遗产的宣传、教育和科普。区内不仅包括博物馆式的文化展示，还应当包含活态的农耕文化保护和相关的农业民俗、节庆与祭祀等展示与保护。农业文化展示区主要包括新惠镇城区（博物馆等）和宝国吐乡兴隆洼村“华夏第一村”所在地。四是旱作农业研究基地。该区域以旱作农业种质资源保护与旱作农业系统科学研究为主要功能，旱作农业研究基地为四家子镇南大城村。

5. 全球重要农业文化遗产发展区。一是有机农产品加工企业。以生产有机农产品和有机农产品加工为主的企业，并承担生态产品研发的工作。包括敖汉生态产业园、农产品加工龙头企业、以有机杂粮生产加工为主的小型生产企业和合作社。二是生态农产品种植片区。以生态旱作作物种植为主，能够大面积连片种植传统旱作作物的区域。在土地条件较好的地区发展有机谷子的种植，也可以发展其他杂粮、杂豆的生产。三是旅游发展带。该区域依托敖汉特色农业生态景观、农业民俗文化和休闲农业设施等发展农业文化遗产旅游。旅游发展功能区包括特色农业景观展示点、农业民俗文化展示点、农业考古遗址点以及旅游基础设施。

（二）敖汉旱作农业系统传统生态物质文化

1. 传统农作物品种。敖汉旗是典型的旱作农业区，农作物品种丰富多样，以粟和黍为代表的旱作农业生态系统在生物多样性方面有着其独特性与不可替代性，其中，敖汉旗栽培的粟和黍属于兴隆沟粟和黍的古老品种遗存，有8000多年的历史，加之这些品种绝大部分种植在山地或沙地，无污染的土质和空气、施用自制的农家肥，造就了它们悉出天然的优质特性，是其他地区的品种无法比拟的。

粟，属禾本科黍族狗尾草属中的一个栽培种。粟在农作物中被列为小杂粮之首，有“百谷之长”之称。我国古称稷或粟，在我国北方俗称谷子或小米。我国是世界第一大粟生产国，产量占世界的80%左右。敖汉旗的小米主要分布在南部山区，谷子农家品种主要有齐头白、五尺高、二白谷、独秆紧、叉子红、花花太岁、绳子紧、兔子嘴、长脖雁、金镶玉、老来白、老虎尾等50多种，不同品种都有其独特的生物学特性和重要的遗传资源价值，如齐头白品种幼苗绿色，叶较上冲，穗长21厘米，穗呈圆筒形，紧码，出米率高，米质佳，抗粟瘟病，易感白发病，抗旱、抗倒伏，一般亩产150—200千克，适于上等水浇地种植。①

《本草纲目》说，小米“治反胃热痢，煮粥食，益丹田，补虚损，开肠胃”。小米营养价值和利用价值极高，含蛋白质11.42%，比大米还高；含粗脂肪4.28%，（优质米）维生素A、B_1，分别为0.19毫克/100克、0.63毫克/100克，还含有大量的人体必需的氨基酸和丰富的铁、锌、铜、镁、磷、钙等矿物质，以及对某些化学致癌物质有抵抗作用的维生素E；谷子的维生素B_1健脑，锌促进幼儿发育，硒对动脉硬化、心脏病有医疗作用。好谷子产出好小米，敖汉小

---

① 白艳莹、闵庆文：《内蒙古敖汉旱作农业系统》，中国农业出版社2015年版，第25页。

米质量上乘，独具特色，小米粒小，色淡黄或深黄，质地较硬，制成品有甜香味，素有“满园米相似，唯我香不同”的美誉，米色清新，品质纯正，营养丰富，属米中之上品。敖汉小米蛋白质含量、脂肪含量均比普通小米高，也高于大米、面粉，人体必需的 8 种氨基酸含量丰富而比例协调；维生素、矿物质元素的含量亦较丰富。小米熬粥营养丰富，有“代参汤”之美称。常吃敖汉小米，有降血压、防治消化不良、补血健脑、安眠等功效，还有减轻皱纹、色斑、色素沉积等美容的作用；非常适合怀孕期妇女及产后进补食用，是平衡膳食、调节口味的理想食品。①

黍，也称糜黍，是禾本科黍属的一类种子形小的饲料作物和谷物，在我国北方俗称糜子。黍是我国北方干旱半干旱地区主要制米作物之一，生育期短，耐旱、耐瘠薄，和粟一样是旱作农业中不可多得的作物。黍的农家品种也很多，散穗型的有大粒黄、大支黄；侧穗型的有大白黍、小白黍；比较高产的是密穗型的疙瘩黍、高粱黍（又称千斤黍）和庄河黍，不同品种都有其独特的生物学特性和重要的遗传资源价值。黍的蛋白质含量相当高，一般在 12% 左右，最高可达 14% 以上，特别是糯性品种，其含量一般在 13.6% 左右，最高可达 17.9%。淀粉含量 70% 左右，其中，糯性品种在 67% 以上，粳性品种在 72% 以上。脂肪含量 3.6% 左右。黍籽粒中人体必需 8 中氨基酸的含量均高于小麦、大米和玉米，尤其是蛋氨酸，每 100 克小麦、大米、玉米分别为 140 毫克、147 毫克和 149 毫克，而黍为 299 毫克。

荞麦，也称花荞、甜荞、荞子，是蓼科荞麦属的一种淡绿色或红褐色的植物或谷物。敖汉旗的荞麦是引进品种，按品种分类可分为大粒和小粒，主要有小粒荞麦、黎麻道、蓝莎等，生态适应性特点是：喜温、日中性、喜湿、生长发育快。荞麦的丰富营养和医疗保健价值很早就被人们认识，其蛋白质、纤维素、各种维生素和矿物元素含量均高于其他禾谷类粮食作物，特别是荞麦中含有其他粮食没有的维生素 P（芦丁），它具有软化血管、保护视力、降低人体血脂和胆固醇的作用，对预防和治疗高血压、心血管病、糖尿病有很好的效果，故

---

① 白艳莹、闵庆文：《内蒙古敖汉旱作农业系统》，中国农业出版社 2015 年版，第 19 页。

被誉为“二十一世纪农作物明星”。敖汉人自己则把荞麦视为“家珍”。荞面中所含的苦味素，有清热、降火、健胃之功效，被誉为“益寿食品”“长寿食品”。荞麦蛋白质中含有丰富的赖氨酸成分，铁、锰、锌等微量元素比一般谷物丰富，而且含有丰富膳食纤维，是一般精制大米的10倍，荞麦具有很好的营养保健和食疗作用。荞麦皮常常用来填充枕头的枕芯，软硬适度，冬暖夏凉，特别是枕在上面不会“落枕”。①

高粱。敖汉旗高粱的品种很多，主栽品种为当地培育的杂交品种，敖杂1号和敖杂2号，还有一些当地农家品种，如大青米、关东青、大白高粱、大红高粱以及黏高粱等，喜高温、抗旱耐涝、喜光、耐盐碱。高粱自古就有“五谷之精”的盛誉。高粱营养成分丰富，主要利用部位有籽粒、米糠、茎秆等。籽粒的主要养分含量有：粗脂肪3%、粗蛋白8%—11%、粗纤维2%—3%、淀粉65%—70%。高粱籽粒中亮氨酸和缬氨酸的含量略高于玉米，而精氨酸的含量又略低于玉米，其他各种氨基酸的含量与玉米大致相等。高粱糠中粗蛋白质含量达10%左右。高粱矿物质中钙、磷含量与玉米相当。高粱的籽粒和茎叶中都含有一定数量的胡萝卜素，尤其是作青饲或青贮时含量较高。高粱味甘性温，食疗价值极高。②

2. 相关生物多样性。敖汉旗的野生植物有被子植物类、蕨类和裸子类、苔藓类、地衣类、菌类、藻类，组成了庞大繁杂的自然生态系统。被子植物达88科713种，主要有山杨、旱柳、胡桃楸、榛、蒙古栎、北五味子、山杏、山楂、秋子梨、小叶锦鸡儿等。裸子植物主要有油松、侧柏、麻黄等。牧草主要有虎榛子、线秀菊、紫丁香、达乌里胡枝子、山竹子等。近年来，人工种草发展很快，小叶锦鸡儿、沙打旺、草木樨、敖汉苜蓿等在各地均有大面积种植。野兽主要有狐、狍、蒙古兔、沙鼠、刺猬等，鸟类有环颈鸡、石鸡、百灵鸟等，鱼类有鲤鱼、鲫鱼、雅罗鱼等。敖汉旗境内的大黑山自然保护区

---

① 白艳莹、闵庆文：《内蒙古敖汉旱作农业系统》，中国农业出版社2015年版，第19—20页。

② 同上书，第20—21页。

是一个以保护草原、森林、湿地、地址遗迹景观等多样生态系统和珍稀野生动植物栖息地，以及西辽河水源涵养地为主要对象的丘陵山地综合性自然保护区。由于其特殊的地理位置及自然条件，形成了多样的生态系统，包括山地森林生态系统、草原生态系统、湿地生态系统、农田生态系统、人工林生态系统。①

3. 传统旱作农耕器具和古建筑。敖汉旱作农业使用的传统农耕器具包括：种地用的木梁弯弯犁、簸梭、石磙等；除草用的锄头和小手锄；收割用的镰刀；脱粒用的碌碡、木杈、木锨、簸箕、扇车等；米面加工用的石碾和石磨等。

古敖汉人住所简单，先后有马架子、地窨子、土窑洞等，都是就地取材。如8000年前的兴隆洼就开始搭建马架子，这是最早的房屋，而且一直延续到20世纪七八十年代。敖汉最早的马架子是用泥巴和树枝搭成的窝棚——用几根圆木搭成“人”字形的骨架，糊上一层泥墙，再盖上敖汉特产的“洋草”，两头开个门就建成。在地上铺一层厚厚的洋草，就成两排通铺，虽然也有北方大炕的形状，但不能像炕那样烧火取暖。马架子最大的优点是搭建容易、便宜。但是，马架子里的生活非常艰苦，冬天无热炕，不仅要穿棉衣上“炕”，还得戴帽穿靴，即使这样，晚上也常常被冻醒。

地窨子。根据古书记载，东北地区至少在一两千年前，就有了“夏则巢居、冬则穴处”的居住习俗。“穴处”即是住在“穿地为穴”的屋子里。这种地穴或半地穴式的房子在敖汉很普遍，一直延续到解放初期，敖汉人称为“地窨子”。地窨子一般都是南向开门，里面搭上木板，铺上厚草和兽皮褥子即可住人。冬季寒冷或雨季潮湿的时候，在舍内正中拢起火堆取暖，支起吊锅做饭。地窨子中居处，有一定的礼仪规矩。一般北向是“上位”，是老年、长辈人居处的地方，年轻和晚辈人只能在东、西两侧居处。地窨子盖造方便，保暖性好，但耐用性很差，通常每年都要重新翻盖一次。所以，近三四十年作为正式住宅的地窨子已经很少见到。

---

① 白艳莹、闵庆文：《内蒙古敖汉旱作农业系统》，中国农业出版社2015年版，第33—34页。

土窑洞。敖汉地区在沟的壁上开挖成的供人居住的洞穴很多，集中在新惠以南的黄土丘陵区，是生土建筑的一种。土窑洞所需建筑材料很少，施工简单，造价低，冬季保温条件好，故沿用至中华人民共和国成立后，敖汉人称为土窑，现今在新惠附近的西山柳条沟村、王爷地村、巴当瓦盆窑村等地还有很多遗存。

4. 多彩的农业景观。一是农林牧复合景观。敖汉旗处于典型的农牧交错带，地形复杂，地貌多种多样，包括水体（0.2%）、冲积平原（6.7%）、沟谷（24%）、黄土台地（27.9%）、丘陵（24.3%）、低山（4.5%）、洪积平原（3.5%）和沙地（8.9%）等，多样的地貌造就了敖汉旗优美的农业景观。[①] 同时，敖汉旗是农、林、牧三大产业的耦合地带，南部为低山丘陵区，中部为黄土丘陵区，北部为沙漠平原区，为农、林、牧三大产业的发展提供了有利条件，坡坡岭岭、沟沟坎坎，形成了敖汉旗独特的农林牧复合景观，为农作物的生长和质量起到了良好的保障作用。二是旱作梯田景观。关于敖汉旱作梯田景观很早就有记载，曾先后两次（1068 年、1077 年）出使辽国的苏颂在《使辽诗》中多处提到辽国的农牧业情况，如“居人处处营耕牧”，“田塍开垦随高下”等。最典型的要数《牛山道中》一诗：“农人耕凿遍奚疆，部落连山复枕冈。种粟一收饶地力，开门东向杂夷方。田畴高下如棋布，牛马纵横似谷量。”这是一种特殊的旱地梯田方式。在中原农耕技术的基础上，创造出特殊的农耕方式：垄作和梯田。1012 年冬，出使到辽国的宋人王曾在回国后报告契丹的见闻时提到：“所种皆从垄上，盖虞吹沙所壅。”这是对自战国以来“上田弃亩，下亩弃畎”的利用，以应对当地干旱但风沙严重的自然环境。三是多样性农作复合景观。敖汉旗地处欧亚草原区亚洲中部亚区，地带性植被以草原为主。由于地形、气候和人类经济活动的影响，从南到北植被类型具有明显差异，依次发育着低山丘陵森林草原、黄土丘陵干草原和沙地杂草类草原，通常在敖汉旗的旱作农业系统中，粟和黍与豆类、高粱、玉米等间作套种或者换茬种植，具有较强的水旱适应能力，多种类型轮作，提高了粮食的安全

① 白艳莹、闵庆文：《内蒙古敖汉旱作农业系统》，中国农业出版社 2015 年版，第 43 页。

性，也增加了景观的色彩。[①] 这些都为生态旅游开发准备了良好的物质条件。

（三）敖汉旱作农业系统传统生态观念文化

在敖汉旗长期的农业耕作实践中，原始的民间文化经过数千年的沉淀，逐步形成了耕技以及歌谣、节令、习俗等丰富多彩的具有地方特色的旱作农业观念文化，并世代传承。一方面指导了农业生产，也丰富了敖汉人的精神生活，并成为社会稳定、文化发展的原动力。

1. 传统农耕方式。敖汉以黍和粟种植为代表的旱作农业，保持了连续的传承，时至今日还有古老的耕作方式、耕作工具和耕作机制，呈现了与所处环境长期协同进化和动态适应。由于粟和黍多生长在旱坡地上，且株型较小，不便于机械化作业，时至今日仍保持着牛耕人锄镰收的传统耕作方式。同时，为了适应当地干旱少雨的气候条件，敖汉旱作农业系统形成了一系列的传统农业节水肥力保持以及病虫害防治等生态技术，千百年来支撑着敖汉经济社会的发展和百姓的生存需要，为敖汉旗传统农业的可持续发展提供了保障。

节水技术主要有：一是隔沟交替灌溉。即每次只灌作物根系的一侧，交替进行，不仅可以控制田间超量灌溉的渗漏损失，而且通过部分根区干湿交替，可使干根区产生根源信号控制蒸发，湿根区吸收水分，能增加侧向扩散，避免深层渗漏，减少水肥损失。二是在干旱地区和缺墒季节，采用“以松代耕”“以旋代耕”“高留茬免耕套播”等方式，可以增加水分入渗深度和蓄水保墒能力，减少水分流失（跑墒），节约用水。

肥力保持办法。为了保持土壤肥力，敖汉旱作农业系统长期以来全面利用作物植株，有效缓解了区域农田土壤的贫瘠化。一是谷子是粮草兼用的高效作物，在提供食物多样化与缓解种植业与畜牧业争地的矛盾中，谷子有其他作物不可替代的重要地位。二是作物收获之后，农民将秸秆直接还田，秸秆铡碎后与水土混合，土堆沤发酵腐

---

① 白艳莹、闵庆文：《内蒙古敖汉旱作农业系统》，中国农业出版社 2015 年版，第 44—46 页。

熟，均匀地施于土壤中。三是秸秆过腹还田，即二级转化，是将秸秆作为饲料，经过牛、马、猪、羊等牲畜消化吸收后变成粪、尿，以畜粪尿施入土壤还田。过腹还田不仅提高了秸秆还田的利用效率，而且避免了秸秆直接还田的一些弊病，尤其是调整了施入农田有机质的碳氮比率，有利于有机质在土壤中转化和作物对土壤中有效态氮的吸收，降低农业成本，促进农业生态良性循环。

病虫害防治技术。敖汉旗的旱作农业耕种中主要采取施用农家肥、轮作和间作套种方式控制病虫害。轮作是实行耗地作物与养地作物相结合的科学轮作制度，如黍—马铃薯—谷—豆—黍的轮作方式，使得黍的种植四年轮作一次。逐渐提高土壤肥力，降解病虫草害，实现土壤营养的良性循环，持续增产。谷子不宜重茬，连作病害严重，杂草多，还会大量消耗土壤中同一营养要素，致使土壤养分失调。在种植上一定要选好地块和茬口，农谚有“谷后谷、坐着哭”之说，因此，必须进行合理轮作倒茬，以调节土壤养分，恢复地力，减少病、虫及杂草的危害。谷子较为适宜的前茬作物有豆类、马铃薯、麦类、玉米等。①

2. 独特民俗。一是以祭星为代表的独特民俗。敖汉旗从远古的祭祀活动，到近代的祈福习俗，无不和农耕文化有着密切的联系。敖汉旗的传统习俗很有名气，呼图格沁和祭星分别于 2007 年和 2009 年被列入内蒙古区级非物质文化遗产名录。如正月初八祭星是敖汉旗蒙古族人所独有的祭祀风尚，此风尚至今在四家子镇牛汐河屯仍有保留。位于敖汉旗境内的国家级重点文物保护单位城子山遗址，被专家称为“中国北方最大的祭祀中心”，此外，还有诸多不同时期的出土文物，均与祭祀有关。

撒灯。敖汉旗中南部地区至今还保留着在元宵节期间“撒灯”的习俗，撒灯有撒黑灯和撒官灯两种。撒黑灯即用草纸包上拌了煤油的谷糠或锯末做成若干“灯捻儿”，或用玉米瓤、松塔浸油，于夜幕降临时撒落在路边、街道或院内，以祈一年风调雨顺、人畜平安。撒官灯除上述撒灯方式外，还有表演形式。民间很重视撒灯这

① 白艳莹、闵庆文：《内蒙古敖汉旱作农业系统》，中国农业出版社 2015 年版，第 48 页。

一习俗，每有撒灯队伍到来，均热情出迎，并希望把灯撒到自家的院内、畜圈、井台等地，以求一年吉祥、发旺。撒灯活动要持续3天（正月十四到十六日），连办3年。最后一天回到本村，由灯司老爷宣布“扣灯”。撒官灯盛行于20世纪50年代以前，撒黑灯则流传至今。①

跑黄河。敖汉旗中南部地区，自清乾隆、嘉庆时期起，在元宵节期间还有办“黄河灯会”（俗称“跑黄河”或“转九曲”）的习俗，一直传承至今。进入正月，会首便组织村民出资出力，在平坦的地方用秫秸、麻绳、木桩布成9、12或24连城的“黄河阵”。黄河灯会不办则已，欲办必须连办3年，中间不许间断，否则均视为不祥。现在，“跑黄河”中的迷信色彩已十分淡薄，有益于人们体力、智力锻炼的娱乐形式仍被继承下来。

呼图格沁。“呼图格沁”蒙古语为“求子”，另称“好德歌沁”，是集蒙古族歌舞、戏剧等形式为一体的综合表演。形成于清初，世代口头相传，至今已近300年，仅存于敖汉旗乌兰召村，被国内外专家学者视为“弥足珍贵的蒙古族民间艺术瑰宝”。清顺治五年（1648年），建海力王府在今乌兰召村，“呼图格沁”成为受王府支持的民间文化艺术形式之一。“呼图格沁”于每年的正月十三至正月十六在乌兰召村举行，演出内容包含供奉、复活、上路、入院、进屋、驱邪祝福、求子女、送神等多个部分。参与者跳起吉祥的舞蹈，唱着自编的地方歌曲，语言滑稽幽默，表演生动活泼，“呼图格沁”成为对蒙古族民间歌舞戏曲研究的重要素材和优秀文化遗产。②

二是旱作特有的祈雨和庆丰收方式。敖汉十年九旱，求雨便成了每年必做仪式。敖汉的祈雨文化已持续几千年，城子山遗址最早就是先民祈雨的场所，距今4200—3800年，是目前国内发现的规模最大、祭坛数量最多的祭祀遗址。古代敖汉大地上，野猪是一种很常见的动物。每次闪电打雷的时候，野猪们都吓得趴在地上不敢

① 白艳莹、闵庆文：《内蒙古敖汉旱作农业系统》，中国农业出版社2015年版，第52—53页。

② 同上书，第54—55页。

动。久而久之，先民认为雷电（也就是龙）是野猪的天敌，野猪事实上是龙的食物。为了吸引巨龙降临大地带来雷雨，他们制作了众多猪形的玉器，作为祈雨时的神物。祈雨时还要唱大戏，在村子中央搭台，一般是连着三天晚上唱大戏，有时是皮影戏，有时是评剧。敖汉皮影以优美的雕刻造型与动听的地方唱腔相结合，并用当地乡土语言道白，“戏中有画，画中有戏”，独具特色。敖汉皮影常用影调、外调和杂牌子三种唱腔，观众可到后台参观，深切感受民间艺术的魅力。驴皮影主要有“泥马过江”“大奸臣张邦昌”的片段，评剧主要有“刘伶醉酒”“井台会”“金沙江畔”“黄草坡”等。地秧歌则是敖汉人一种庆丰收的形式，自清代乾隆、嘉庆年间汉人流入即在敖汉旗流行。通常以 40、60、80 人结伍表演。有的加狮子、龙灯、旱船、小车会等杂耍，群众称之为“出会”或“办热闹”。

三是多民族融合的传统节日和生产实践农谚。敖汉旗以汉族为主，其次为蒙古族、满族和回族，还有少量的朝鲜族、壮族、苗族、达斡尔族、锡伯族、彝族、土家族、藏族、鄂温克族、鄂伦春族等。各民族长期共处，不仅结成了新的地缘关系和密切的共同经济生活，而且由于婚姻往来和不断的文化交流，在民族风俗等方面也已逐渐融合。除民族特有的风俗习惯外，一系列汉族传统节日的风俗也都被各族人民很好地继承下来，如春节、元宵节、清明节、端午节、中秋节等。同时，敖汉还有丰富的农业生产实践农谚，如农事活动类农谚：“春种早一日，秋收早十天。一年两头春，黄土变成金。二月清明麦在前，三月清明麦在后。清明不断雪，谷雨不断霜。大旱不过五月十三。有钱难买五月旱，六月连天吃饱饭。头伏萝卜二伏菜，三伏种荞麦。七月十五定旱涝，八月十五定收成。处暑不出头（庄稼），到秋喂老牛。荞麦种早籽粒稀，荞麦种晚怕霜欺。天上鱼鳞斑，地上晒谷不用翻。”[①] 此外，敖汉旗还有丰富的民间文学，如荞麦的传说、叫来河的传说、黄羊洼祭敖包的传说等。

3. 传统饮食文化。粟是良好的食品营养源，中医及民间素以小

---

① 白艳莹、闵庆文：《内蒙古敖汉旱作农业系统》，中国农业出版社 2015 年版，第 60 页。

米制作滋补粥食，用来调养身体。糜子是传统的制米作物，黄米及其加工制品是糜子产区的主要口粮和保健食品。同时，糜子是传统的制酒原料，糜子产区几乎家家户户都有用糜子酿制黄酒的习惯，但多为自酿自用。糜子及糜子面可以制作多种小吃，风味各异，形色俱佳，主要有炒米、炸糕、枣糕、糜面杏仁茶等。敖汉荞麦因“粒饱、面多、粉白、筋高、品优”等特点深受青睐，每年都有一定数量的荞麦出口到日本、韩国等国家。敖汉也有用荞面制作的特色美食，每到新荞面上市之时，敖汉家家户户以及大小饭店的餐桌上，最多见到的是“敖汉拨面”，在敖汉人心里蕴含的就是“家乡味道”。“敖汉拨面”以“敖汉第一特色美食”的地位深深扎根在每个敖汉人心里，以赤峰第二特色美食的声誉向全国推广。①

二　敖汉旱作农业系统传统生态文化与生态文明建设现状

近年来，随着各级政府的重视，在保护传承敖汉旱作农业系统优秀传统生态文化的同时，通过生态文明建设，在生态文明物质建设、制度体系建设及生态文明观提升等方面取得了突出成绩。与此同时，虽然敖汉旗原始地理环境和自然风貌没有大的改变，但由于气候变化与社会变迁，敖汉旱作农业系统遭遇着生产力落后、市场竞争力差、传统文化流失、生物多样性和生态环境面临严重威胁等多重挑战。

（一）敖汉旱作农业系统传统生态文化与生态文明建设的措施与成绩

1. 敖汉旱作农业系统传统生态物质文化与生态文明物质建设的措施与成绩。传统生态物质文化最为丰富，也保护传承得较完整，尤其是优质品种，更是得到青睐，为敖汉地区的生态文明物质建设打下了比较充分的物质基础。

---

① 白艳莹、闵庆文：《内蒙古敖汉旱作农业系统》，中国农业出版社2015年版，第69—70页。

一是持续开展以植树种草为中心的大规模生态建设。新中国成立初期，敖汉有林的面积仅16万亩，风蚀沙化、水土流失严重，至70年代中期全旗森林覆盖率不足10%。“遍地黄沙随风滚，满目荒凉草木稀”。从南往北，依次呈现三种地貌。南部山区山体破碎，“十年九旱，一年不旱，洪水泛滥”；中部丘陵流水切割，“天降二指雨，沟起一丈洪”；北部沙地风沙肆虐，“人迷眼，马失蹄，白天点灯不稀奇”。[①] 敖汉旗地貌2/3为山地，1/3为平原。大部分山区为土石山，少部分为黄土丘陵。区域地貌由于地形的南北分异，形成两种土壤侵蚀类型分区。敖汉旗南部降雨量大于北部区，是较典型的水蚀区，中部为河流冲积平原，北部以老哈河为轴线，两岸分布有风沙地，为风蚀区。20世纪70年代，每年流失表土近2000万吨。到20世纪80年代初，水土流失面积近1000万亩，是赤峰市总水土流失面积的1/4。1987年，水土流失面积占全旗总面积的94%，而且以中度侵蚀以上占的比例较大，占总侵蚀面积的60%以上。专家测定，每年流走的悬移质达2937万吨，相当于50厘米厚表土的耕地8.8万亩。严重的土地大失血，使先天营养不良的贫瘠山村愈加羸弱，农业生产受到严重威胁。[②]

面对恶劣的生态环境，敖汉旗委、旗政府实行一把手生态建设负责制，把加强领导作为振兴林业的关键，对旗、乡主要领导实行生态建设一票否决制，带领全旗广大干部群众开展了以植树种草为中心的大规模生态建设。从1978年到2002年，敖汉旗造林保存面积378万亩，平均每年以16万亩的速度递增。到2002年底，全旗林地面积已经达到502万亩，是新中国成立初期的31倍，其中，人工林面积493万亩，森林覆盖率达到37.6%，人工种草保存面积130万亩，人工造林、种草均居全国各县（旗）级前列。在长期的生态建设实践中，敖汉旗探索总结出了一系列林业适用技术和生态建设模式。敖汉人发明、研制和推广应用的JKL－50型开沟犁，使造林成活率达到85%以上，比传统方法提高30个百分点；总结研究的抗旱造林系列技术，

① 白艳莹、闵庆文：《内蒙古敖汉旱作农业系统》，中国农业出版社2015年版，第40页。
② 同上书，第42页。

填补了“三北”地区抗旱造林技术的空白；黄羊洼退化沙化草牧场防护林建设模式、宝国吐的山区综合治理模式等成为半干旱地区生态建设的典型模式。[①] 1987—1995年，水力侵蚀中强度和极强度侵蚀面下降200%以上，水蚀面积从1995—2000年又减少305平方千米。[②] 敖汉旗生态环境明显改善，旱作农业系统的物质支撑得到有力保障，人民生产生活水平显著提高。

自20世纪50年代以来，敖汉旗一直是全国林业建设的试点示范单位，先后荣获“三北”工程（一期、二期、三期）先进单位、全国造林绿化先进单位、全国科技兴林示范县、全国林业生态建设先进县、全国防沙治沙先进单位等荣誉称号。2002年6月，敖汉旗被联合国环境规划署授予“全球环境500佳”光荣称号，成为中国唯一获此殊荣的县级单位。2003年2月19日，被全国绿化委员会、国家林业局授予“再造秀美山川先进旗”荣誉称号。敖汉旗坚持不懈植树造林，改善生态环境的先进事迹，为我国生态建设树立了一面红旗，成为全国学习的榜样。经过多年治理，流动沙地已由1975年的57万亩减少到现在的5.22万亩，半流动沙地由171万亩减少到8.79万亩，固定沙地则由31万亩增加到98.87万亩，有100万亩农田、150万亩草牧场实现了林网化，基本实现了水不下山、土不出川。[③] 到2017年11月，全旗水土流失综合治理面积达561万亩，森林覆盖率42.22%。全旗生态林业产值达3.1亿元，活立木蓄积量达566万立方米，林木总价值达33.96亿元，相当于人均在绿色银行保值储蓄5726元，农牧民人均年增收114元，林业生态经济效益总价值达122.3亿元。[④] 2017年，林产业完成退化林改造与修复7.5万亩，新增樟子松2.5万亩、文冠果3万亩、经济林2万亩、山杏改接扁杏和沙棘抚育改良1万亩。完成营造林11.5万亩，实施人工种草5万亩。全力推进大黑山国家级自然保护区规划调整工作，持续开展矿山植被

① 《关于授予内蒙古自治区赤峰市敖汉旗“再造秀美山川先进旗”的决定》，http://www.forestry.gov.cn/main/4818/content-796826.html。

② 白艳莹、闵庆文：《内蒙古敖汉旱作农业系统》，中国农业出版社2015年版，第42页。

③ 同上书，第40—41页。

④ 张国锋：《内蒙古敖汉旗生态立旗 绿色永恒》，《中国水利报》2017年12月8日。

恢复。启动了“智慧森林”防火系统项目，组建了3支专业防火队伍。实施了坡耕地水土流失、京津风沙源水利水保、北部五乡镇饮水扩建等工程，巩固灌溉面积7万亩，治理水土流失10.2万亩。[①] 如金厂沟梁镇2012—2017年五年完成造林5.6万亩，其中残次林更新2.5万亩，新增樟子松1.2万亩，残次林占比由18.7%下降到13.2%。有林面积增加3.5万亩，其中高效节水经济林1万亩，其中规模以上集中连片经济林6处。全镇有林面积37.1万亩，森林覆盖率达71.3%，比2012年提高0.8个百分点。林业总产值3.5亿元，对群众增收贡献率进一步提高。[②] 良好的生态环境极大地改善了农业生产条件，为优质农产品的生产提供了环境支持，也为杂粮的发展创造了良好的机遇。

二是乡村生态环境持续改善。2017年，全旗持续开展水、大气、土壤污染专项治理，出台《全旗畜禽禁养区划定实施方案》和《全旗生猪标准化规模养殖场建设规范》。秸秆转化率达到40%，敖汉旗被列为东北地区秸秆处理行动样板县。同时，改扩建通村公路119公里。[③] 如金厂沟梁镇2014年以来主动作为，积极克服资金短缺等诸多困难，三年总计投入资金2.64亿元，完成98个自然村建设任务，自然村覆盖率达94.23%、人口受众率达到96.1%。通过工程实施，农村生产生活环境进一步改善，群众喝上放心水、住上安全房、走上硬化路、用上稳定电，网络更畅通。[④]

三是建设敖汉旗旱作农业系统公园。经过多年论证，敖汉旗旱作农业系统公园建设项目正在逐步实施。敖汉旗旱作农业系统公园建设项目计划投资2.8亿元，建设地点在敖汉旗新惠镇河东新区东山，主要建设内容包括：第一，小米博物馆（含生态展览馆），总建筑面积

① 于宝君：《政府工作报告——在敖汉旗第十七届人民代表大会第二次会议上》，http：//www. aohan. gov. cn/zhengwu/ghjh/29284. html。

② 邓相奇：《金厂沟梁镇政府工作报告》，http：//www. aohan. gov. cn/zhengwu/ghjh/29284. html。

③ 于宝君：《政府工作报告——在敖汉旗第十七届人民代表大会第二次会议上》，http：//www. aohan. gov. cn/zhengwu/ghjh/29284. html。

④ 邓相奇：《金厂沟梁镇政府工作报告》，http：//www. aohan. gov. cn/zhengwu/ghjh/29284. html。

为7503.34平方米。建筑造型采用玉猪龙形，内部设展厅、多媒体厅、报告厅、儿童体验室、藏品库及附属用房等。主题博物馆除进行敖汉旗旱作农业文化展示外，设计半地穴式主题展厅，用于展示“中华祖神”。同时设专区展示敖汉小米产地环境、品质特点、生产情况、地理标志、荣誉报道等。第二，龙源湖，规划设计总面积为80亩，湖面设计为红山玉器文化的代表形象玉猪龙形状，水秀舞台位于龙形头部“龙睛”之处，水秀建设喷泉配套基础土建工程，设计安装音乐喷泉系统、电影放映系统（水幕、崖壁）、音响系统等设备，并进行水幕电影及崖壁电影等文化创意产品艺术创作。此外，修建湖岸游船码头1处、观水平台1处和建筑面积为100亩的龙源湖广场。第三，悬挑玻璃观光栈道，位于龙源湖湖区北部的山体陡坎上，是观赏龙源湖水景的重要观景区。栈道总面积490平方米。第四，九曲黄河阵及民俗活动广场，建筑面积为50亩，其中九曲黄河阵建筑面积20亩；民俗活动广场建筑面积20亩；停车场建筑面积10亩。第五，文化景观广场，总面积7200平方米，其中附属用房1015.5平方米。敖汉旗旱作农业文化公园项目建成后，可以成为当地一座标志性文化公园景区，也为外地游客提供了一处不可多得，进一步了解敖汉旗深厚的历史文化背景和人文特色的胜地。①

四是传统农作物品种开发、生产规模及销售成效显著。敖汉小米和其他杂粮杂豆产业无论是种植规模、加工销售，还是有机产品打造等方面，都走在了赤峰市乃至自治区的前列。

第一，传承和发展传统品种。保护种质资源。自2013年开始，敖汉旗组织技术人员对全旗范围内的农家传统种植品种进行入户搜集与整理。通过“逐村推进”的方式先后完成了具有杂粮种植传统的15个乡镇的搜集整理工作，入户近千家，共搜集到谷子、玉米、高粱、黍子、芝麻、糜子等传统品种218个，其中谷子品种92个。对搜集到的每个品种都单独装袋，分别建卡，将种子的农家俗名、生长性状、抗病抗逆性等信息进行逐一登记，还对每个品种保留地做了

① 《敖汉旗旱作农业系统公园建设项目》，http：//aohan.gov.cn/about/csjs/36697.html。

GPS 定位。

开展试验示范。敖汉旗积极探索与国内知名高校及科研院所开展产学研相结合的各项合作，与中国农业大学在农业新技术、新品种研发、示范推广应用等方面进行合作。与赤峰学院在农业文化遗产保护与发展研究，杂粮种植技术、品种研发、推广进行院地合作。2014 年以来，连续建立全球重要农业文化遗产品种保护基地。2016 年，新建基地 17 亩，种植 15 种作物、371 个品种，采用现代科技手段，实时田间动态监测，做到了基地集品种保护、新品种试验示范于一体。

加强品种研究。与赤峰农牧科学院在杂粮种植技术、品种研发、推广等方面进行合作，已培育出谷子品种两个：敖汉金苗和敖汉红谷。与中国农科院谷子研究所进行谷子新品种培育、旱作种植技术开发、敖汉小米产业发展、科技人员培训等深度合作，建立了以国家谷子产业技术体系首席科学家刁现民为院长的敖汉小米研究院。与中国航天科技集团公司、北京神舟绿鹏农业科技有限公司实施谷子等杂粮品种的航天育种工作，2016 年 9 月 15 日，敖汉谷子（4 个）及高粱、糜子、荞麦、文冠果各 1 个计 8 个种子样品（共 192 克）搭载天宫二号航天器飞上太空，开展航天育种，2017 年 1 月 11 日，传统作物种子回到敖汉。敖汉旗将提供育种基地 500 亩，引进、示范、推广航天培育的农作物品种；建设集观光体验、科技研发、人员培训于一体的现代艺术农业基地及辐射辽西、东北地区的农作物品种研发试验站；合作成立一家科技公司，全程负责航天育种品种选择、搭载上天、育种管理、试验推广、科普宣传等事宜，服务于航天育种及敖汉旗农业发展。到 2017 年 12 月底，在敖汉旗气象站已经完成第一轮育种试验，并在海南谷子育繁基地继续进行育种试验。

2017 年 9 月，敖汉旗农业文化遗产保护与小米产业发展院士专家工作站成立，由旗委组织部牵头，旗农业技术服务中心配合，李文华领衔，下设两个工作团队，即农业文化遗产保护团队和敖汉小米产业发展团队。前者由中科院地理所闵庆文研究员负责，团队 10—15 人，其中敖汉旗 3 人，主要研究方向为遗产保护、生态保护、社会学等。后者由中国谷子产业体系首席科学家刁现民研究员负责，团队 10—

15人，其中敖汉旗5人，主要研究方向为育种、农学、产品研发、食品营养、市场营销等。首个院士专家工作站的揭牌成立，将进一步增强敖汉旗农业遗产的保护与传承，促进小米产业向更高端发展。[①]

第二，谷子面积、产量持续稳步增加。敖汉旗谷子种植品种有黄金苗、吨谷、大红谷、赤谷系列，张杂系列及小粟粮、老虎尾等30余种传统农家品种。2013年以前，赤谷系列品种播种面积占主导地位，2013年以后，口感好的黄金苗逐步取代赤谷系列品种独占市场，黄金苗系列品种播种面积占谷子总播种面积的50%，红谷占15%，赤谷系列占20%，吨谷占8%，其他品种占7%。黄金苗种植面积虽然大幅上升，但由于易倒伏，在赤峰农科院专家支持下，敖汉旗对传统农家品种黄金苗进行选育、提纯、扶壮，于2013年培育出谷子新品种"敖汉金苗"。从2014年开始推广，三年累计推广面积达12.8万亩。

申遗成功的四年间，谷子价格由1.6元/市斤上升到2.8元/市斤，最高价格5.2元/市斤，实现了快速增长。2016年，谷子产量达4.4亿斤，产值超12亿元，仅种植谷子一项，可为农民人均收入增加2000多元。2017年，谷子种植面积达90万亩，外销2亿斤，产值10亿元，带动农民人均增收1000元。经中国作物学会粟类作物专业委员会对近年来全国县级谷子生产规模和优质品种面积统计，敖汉旗稳居首位，是全国谷子市场价格信息的"晴雨表"。[②]

第三，加工规模。清朝，敖汉小米就是宫廷贡米。20世纪90年代，敖汉本地种植户中就有人以"敖汉小米"的商品名称对外销售产品，以区别周边地区产的小米，价格也比其他小米高出一筹。近年来，敖汉谷子产业逐步向"龙头企业+合作社+基地+农民"形式方向发展，初步形成了以龙头企业为带动，合作社为补充的发展模式，农民实现订单种植，种植风险减小。到2017年12月，全旗谷子加工企业184家，其中杂粮加工龙头企业4家，杂粮加工企业180

---

① 《敖汉旗首个院士专家工作站揭牌成立》，http://www.aohan.gov.cn/Article/Detail/88989。

② 锦川、庞逸男：《第五届世界小米起源与发展会议在我旗隆重召开》，http://aohan.gov.cn/news/now/36394.html。

家，年加工能力在5万吨以上。敖汉旗注册成立杂粮种植加工农民专业合作社366家，其中，国家级示范社2家，辐射带动农户2万余户。引进远古农业、内蒙古金沟农业等龙头企业，扶持培育了蒙惠公司、刘僧米业等本土企业，壮大敖汉惠隆杂粮种植等农民专业合作社。引进敖汉远古生态农业科技发展有限公司投资3800万元建设杂粮食品加工，年深加工杂粮5700吨，实现销售收入5000万元。内蒙古金沟农业发展有限公司投资4000万元建设包括年产2万吨精品杂粮杂豆加工和荞麦深加工。扶持本土企业内蒙古蒙惠粮食有限责任公司5万吨杂粮加工项目，总投资4700万元，建设年生产成品杂粮杂豆、玉米粉、小麦粉37700万吨，副产品9800吨，可实现年销售收入1.7亿元。敖汉旗惠隆杂粮农民专业合作社是全国“百佳示范”合作社，建设有机杂粮基地已达11000亩，销售杂粮200万斤，实现销售收入900万元，仅此一项可以为入社农户增收120万元以上，人均纯增收200元。加入合作社的108户扎赛营子村农民，每户年平均收入能达到5万多元，比入社前增加1.5万元。

第四，品牌打造。敖汉旗打造了“八千粟”“兴隆沟”“孟克河”“兴隆洼”等一大批绿色有机小米品牌。敖汉远古生态农业公司以8000年谷物注册了“八千粟”商标。内蒙古金沟农业发展有限公司以出土距今8000年的碳化的粟和黍的兴隆沟遗址的“兴隆沟”商标，已发展有机杂粮基地4.5万亩，绿色杂粮基地20万亩，公司投资1.6亿元建设的杂粮收储及杂粮精深加工项目已投产。惠隆杂粮种植农民专业合作社以敖汉旗境内的三大河流之一的“孟克河”为注册商标，谷子全部种植在孟克河两岸的山坡地上，生产过程严格采取有机农业的种植标准，天然雨水浇灌，生长环境优异，小米质量上乘，营养丰富，已开发出四色米、月子米、石碾米等三大系列12个品种。2015年，孟克河牌小米入选全国名优特新农产品目录，同年9月合作社荣获农业部颁发的“全国百家合作社”，孟克河牌小米荣获“全国百家合作社百个农产品品牌”。海祥杂粮种植农民专业合作社位于敖汉旗金厂沟梁镇上长皋村，合作社紧紧依托敖汉旗五种考古文化之一的距今8000年的“兴隆洼”文化，注册了“兴隆洼”农产品商标，入社农户达700余户，企业订单面积达到12000余亩。

2014年10月25日，敖汉远古农业有限责任公司的“八千粟”牌小米荣获第十二届中国国际农交会金奖及第十三届中国国际粮油产品及设备技术展示交易会金奖。2015年，内蒙古金沟农业发展有限公司的“兴隆沟”牌小米在第十三届中国国际农产品交易会上喜获金奖。敖汉旗惠隆杂粮种植农民专业合作社“孟克河”有机小米品牌荣登全国百家合作社百个农产品品牌榜，成为赤峰市唯一入选的品牌，内蒙古自治区只有3个品牌入选，而全国涉及小米品牌的只有两个。2015年11月，内蒙古禾为贵农业发展有限公司的“禾为贵”牌小米在第十六届中国绿色食品博览会上获金奖，2016年又摘得第十七届中国绿色食品博览会金奖。敖汉小米加入《全国地域特色农产品普查备案名录》，入选农业部《2015年度全国名特优新农产品目录》，敖汉小米获批国家地理标志证明商标。

为了确保敖汉小米产业的健康发展，2015年7月，成立了由全旗66家龙头企业、合作社组建的敖汉小米产业协会，将产业链条统一起来，带领产业个体抱团闯市场。联合中国农业科学院作物研究所、内蒙古农业大学农学院、内蒙古农科院等19家单位共同发起组建了内蒙古谷子（小米）产业技术创新战略联盟。敖汉旗小米产业的组织化程度不断提高，为敖汉小米产业协同发展提供了平台。全国农产品加工产业发展联盟在敖汉旗成立小米产业专业委员会，全力打造“敖汉小米”区域公用品牌。

第五，小米销售规模。首先，线下销售。近年来，敖汉旗积极为谷子生产加工企业、农民专业合作社搭建杂粮农产品宣传、推介平台，并与全国各地的多家知名企业、超市签订了购销合同，在北京、大连、沈阳等城市都设立了敖汉小米直销处，内蒙古金沟农业的“兴隆沟”小米已成功进入华南、华中销售市场，并与物美、超市发、大润发等超市合作，产品直供各大超市，有机小米价格达到23元/斤。敖汉远古公司与中粮集团进行销售合作，产品进入中粮集团销售平台。惠隆杂粮合作社的“孟克河”牌系列杂粮自2008年投入生产至今，已远销广州、上海、北京、四川、山西、河南、沈阳、大连等地。2016年，借助京蒙对口帮扶契机，敖汉旗与海淀区人民政府就敖汉小米“三进”即进食堂、进超市、进展厅的相关事宜达成合作。

其次，线上推广。敖汉旗村头树农产品销售有限公司成立于2011年10月，致力于敖汉旗生态农产品的网络销售，公司品牌“村头树”是互联网时尚杂粮品牌，主要经销来自于荣获“全球环境500佳”敖汉旗的绿色原生态杂粮，通过互联网的电商平台，从原产地直达消费者家庭，目前，已经入驻淘宝网、天猫商城、京东商城、1号店等大型网络超市，20余种农产品行销全国各省市区的700余个市县区，产品获得广大消费者的一致好评，回头客近30%，是内蒙古最大的一家网上杂粮销售企业。敖丰粮贸与国内知名网商方家铺子合作，开展网络销售。2016年，敖汉旗启动农村淘宝项目，敖汉小米实现了通过网络外销，建立“从田头到餐桌”的新型流通方式，开辟优质农产品绿色通道。

2. 敖汉旱作农业系统传统生态制度文化与生态文明制度建设的措施与成绩。由于种种原因，敖汉旱作农业系统传统生态制度文化传承至今的极少，缺乏其他民族地区全球重要农业文化遗产那样比较系统的传统生态制度文化，这就为新中国成立以来特别是改革开放以来生态文明制度建设提供了巨大的空间。

一是在保护传承方面，第一，成立了专门的管理机构。2013年3月，组织成立敖汉旗农业遗产保护与开发管理局，被《世界遗产地理》誉为“天下第一局”。该局隶属于旗农业局，机构规格为股级，负责全旗农业文化遗产的统一规划、管理、监督、开发及利用，落实保护管理政策，严格按照保护与发展管理办法及相关规划进行保护、传承和开发利用。为进一步加强全旗农业文化遗产保护管理工作，依据《关于敖汉旗科级事业单位清理规范方案的批复》（赤机编发［2016］27号）规定，经赤峰市编委办批复，敖汉旗农业遗产保护与开发管理局更名为敖汉旗农业遗产保护中心，机构规格由股级升格为副科级，隶属关系、职能职责、机构编制等不变。

第二，编制了专门的保护与传承规划以及管理办法。2013年2月，制定《敖汉旱作农业系统农业文化遗产保护与发展规划(2013—2020)》。为了加强敖汉旗全球农业文化遗产标识管理，按照相关法律法规制定了《敖汉旗全球农业文化遗产标识使用与管理办法(试行)》，于2016年4月21日印发实施，明确了农业文化遗产标识使用的申请、使用与管理、监督与检查等内容，为提高敖汉农产品质量及品牌知名度提供了平台。

第三，完善相关标准体系。2015 年，编制《绿色谷子全程机械化生产技术规程》，被列为第一批内蒙古自治区地方标准修订项目计划，成为自治区标准，面向内蒙古绿色谷子逐步实现全程机械化、标准化生产的实际，填补了谷子种植的选地、整地、种子、播种、田间管理、病虫草害防治和收获的技术规程的空白，内容严谨、合理、科学、适用、可操作性强。2016 年 4 月 25 日，《地理标志产品敖汉小米》地方标准通过自治区专家审查，予以公布实施，规定了敖汉小米的地理标志产品保护范围、术语和定义、要求、试验方法、检验规则及标志、标签、包装、运输、贮存等十项内容，填补了敖汉小米地理标志保护产品无支持标准的空白，进一步规范了敖汉小米生产和经营行为，是敖汉旗乃至赤峰市首个关于地方特色产品保护管理的规范性文件，敖汉小米的保护管理工作从此有规可依。2017 年 9 月 17 日，敖汉在北京举办“2017 中国·敖汉小米品牌建设研讨会暨《敖汉小米食用指南》发布会”，并由农业部食品营养研究所权威发布全国首部《敖汉小米食用指南》，全方位地展示了敖汉小米的品牌，赋予了敖汉小米新的内涵，建立了敖汉小米独有的标准体系。2017 年 12 月，敖汉旗人民政府等 13 家单位获批首批“国家食物营养教育示范基地”创建单位。全旗“三品一标”（无公害农产品、绿色食品、有机农产品和农产品地理标志统称“三品一标”）农产品达到 90 个，国家地理标志证明商标达到 8 件。敖汉旗被列为全国畜牧养殖大县种养结合整县推进试点、国家有机产品示范创建区和自治区农产品质量安全县。①

二是生态环境治理方面，敖汉旗逐步形成了一套比较完善的政策体系。2018 年 4 月，敖汉旗编制印发《敖汉旗污染防治攻坚战“三年行动计划”实施方案》，由指导思想、奋斗目标、主要任务、保障措施四部分组成，紧紧围绕水、大气、土壤污染防治和问题突出区域

① 于宝君：《政府工作报告——在敖汉旗第十七届人民代表大会第二次会议上》，http：//www. aohan. gov. cn/zhengwu/ghjh/29284. html。

生态环境问题，制定出台了重金属污染治理工程、固体废弃物安全处置工程、自然保护区综合整治工程、绿色矿山建设工程等“十二大”治理工程专项方案。[①] 为全面推进全旗老哈河上游生态保护和环境整治“三年行动计划”工作，2018年4月19日，经旗政府研究决定成立全旗老哈河上游生态保护和环境整治“三年行动计划”工作指挥部，由旗政府旗长于宝君担任总指挥。指挥部下设6个专项推进工作组，围绕老哈河上游生态保护和环境整治“三年行动计划”，依据各自职能开展工作。指挥部负责安排部署老哈河上游生态保护和环境整治“三年行动计划”各项工作，研究提出并督促落实老哈河上游生态保护和环境整治“三年行动计划”的重大事项、政策措施、项目资金安排、执法监察等，统筹推进老哈河上游生态保护和环境整治五大工程，协调解决老哈河上游生态保护和环境整治工作中的突出问题，指导、督促、检查、推动有关生态环境保护工作的组织落实。[②]

2018年6月7日，敖汉旗人民政府办公室发布《敖汉旗农村牧区人居环境整治工作实施方案》，重点整治乡村公路沿线、公共场所、河道、村庄等区域的生活垃圾、建筑垃圾和河道垃圾，治理生活污水以及乱堆乱放、乱搭乱建等行为。做到无“五堆”（无垃圾堆、无粪堆、无柴草堆、无杂物堆、无土石堆），无“五乱”（无乱排、无乱放、无乱烧、无乱画、无乱摆），无污水直排，无牲畜外养，无私搭乱建，无随处倾倒，无占道占场，坚决杜绝生活、建筑垃圾排入河道。尤其是全旗的乡村振兴示范带和自治区新农村新牧区建设示范点村，道路沿线可视范围的垃圾，庭院内外卫生干净，村容村貌整洁，绿化美化水平明显提升。实现农村牧区人居环境治理工作常态化，杜绝“脏、乱、差、散”现象。该文件还包括四个附件：《敖汉旗2018年农村牧区人居环境整治工作领导小组》《敖汉旗农村牧区人居环境整治工作考核办法》《敖汉旗农村牧区人居环境整治工作实施细

---

① 《我旗编制实施污染防治攻坚战“三年行动计划”》，http：//www. aohan. gov. cn/zhengwu/ghjh/29519. html。

② 《敖汉旗人民政府办公室关于成立敖汉旗老哈河上游生态保护和环境整治“三年行动计划”工作指挥部的通知》，http：//www. aohan. gov. cn/zhengwu/ghjh/31600. html。

则》《敖汉旗农村牧区人居环境整治工作考核评分标准》。[①] 这不仅有助于改善乡村生态环境，对于旱作农业系统保护传承也有重要作用。

3. 敖汉旱作农业系统传统生态观念文化与生态文明观建设的措施与成绩。一是传统农耕技术及工具的创新。近几年，敖汉旗广泛应用新技术，探索研究示范推广了谷子全膜双垄沟播栽培技术。同时，将全膜双垄沟播栽培技术与膜下滴灌、水肥一体化、配方施肥、大小垄种植、机械精量播种、机械收割、病虫草害综合防治等技术配套组装，形成了谷子种植“一增七推两提早”综合配套高产栽培技术，谷子单产大幅增加，总产也相应提高。

一增，即合理增加种植密度。为克服随意播种习惯，充分利用光、水、肥等资源，综合考虑品种特征特性、分蘖能力、地力水平、水肥条件等因素，合理设计种植密度，亩有效穗数控制在20000—35000穗。采用精量播种机播种，根据谷子品种特性及土壤条件确定播种量，每亩用种量为150—500克。

七推，即推广优良品种；推广全覆膜技术；推广大小垄种植技术；推广测土配方施肥，以产定肥技术；推广全程机械化作业技术；推广膜下滴灌，水肥一体化技术；推广病虫草害综合防治技术。合理轮作，避免重茬，预防为主，综合防治草害。

两提早，即提早整地。提倡秋整地，深松土壤30—35厘米。结合深松整地，亩施优质腐熟农家肥2000公斤以上，培肥地力。提早播种。当地温稳定在8℃—10℃时播种，敖汉旗一般在4月下旬至5月上旬播种，播种深度3—4厘米。[②]

二是一些传统民俗得到传承。如四家子镇作为自治区级历史文化名镇，坚持每年正月初八举办青城寺大型祭星活动，传承自治区级非物质文化遗产。下房申村“黄河灯会”被赤峰市人民政府公布为敖汉旗第五批非物质文化遗产名录。“小古立吐祭祖”“嘎海吐传统粉条”等项目被敖汉旗人民政府公布为敖汉旗第三批非物质文化遗产名

---

① 《敖汉旗人民政府办公室关于印发〈敖汉旗农村牧区人居环境整治工作实施方案〉的通知》，http://www.aohan.gov.cn/zhengwu/ghjh/31629.html。

② 郭永鹏：《敖汉旗谷子“一增七推两提早”高产栽培技术》，《中国农技推广》2014年第12期。

录，建成总面积达 9.2 万平方米的村民文化活动广场 77 个。[①]

三是通过新的方式推广与展现。第一，世界小米起源与发展会议。2014—2017 年，敖汉旗委、旗政府分别以小米起源、产业发展、绿色有机、品牌和贸易为主题，连续承办了四届世界小米起源与发展会议。敖汉小米立足文化、品牌、资源优势，已经成为实施供给侧结构性改革的“风向标”、富民强旗产业的“主力军”。编写中国名牌敖汉专刊、赤峰画报敖汉专刊、两届世界小米大会会刊作为迎宾赠品，提高了敖汉旱作农业及小米知名度。2018 年 9 月 8 日，第五届世界小米起源与发展会议在敖汉旗召开，以“全球·中国重要农业文化遗产·敖汉旱作农业系统与乡村振兴”为主题，邀请海内外专家学者、商业精英深入研讨敖汉 8000 年农耕文化的深厚底蕴，发掘其当代价值，探寻传承农业文化遗产、推进乡村振兴的实践路径。

第二，微电影。以敖汉旗工商联会员企业总经理国秀玲先进事迹为题材的微电影《谷乡之恋》（2016 年拍摄完成），先后荣获第五届亚洲微电影艺术节“金海棠”好作品奖、“中国梦·扶贫攻坚影像盛典”剧情类三等奖。《谷乡之恋》反映农村青年回乡创业的励志故事，影片反映国秀玲从服装裁剪到养猪致富，再到发展生态农庄，逐步成长为享誉全国的模范人物。国秀玲的生态农庄和她的合作社，目前是远近闻名的有机农业发展样板。2015 年，国秀玲又瞄准市场全力打造一款纯天然原生态“喝豆浆”的小米，并把她生产的有机产品推向了餐桌，于 2015 年底开办了敖汉旗第一家“溢满源”一村乡土铁锅宴有机食品餐厅。高天宏在谈到创作微电影《谷乡之恋》时说，它传承了传统的农耕理念，想要表达的就是对土地的爱恋和保护。《谷乡之恋》用了很多镜头表达天人合一、以人为本、物取顺时、循环利用传统农耕思想。谷乡，说到底其实就是故乡。同时，借助于主人公国秀玲回农村创业为契机，发展绿色养殖和种植业，并在城里开饭店，将绿色农庄牧场的产品搬上餐桌，在源头保证食品

---

① 李青松：《四家子镇政府工作报告》，http：//www. aohan. gov. cn/zhengwu/ghjh/29284. html。

安全。

第三，为了提高敖汉小米附加值，赋予敖汉小米文化内涵，创作小米主题歌曲《敖汉小米香天下》，全面展示敖汉旗以谷子为主的厚重的八千年农耕文化底蕴，敖汉人锲而不舍、代代传承的精神及做大做强敖汉杂粮产业的决心和信心。

第四，初步实现一、二、三产业融合发展。2016 年，建设农业景观田 1000 亩，杂粮种植产业带 30 万亩。开发了黄羊洼农业文化观光园，打造了农业文化遗产主题餐厅，推出了小米饭农家院、温泉采摘园等项目，年接待游客 30 万人次。设计开发仿古艺术品、玉器、民俗产品和农产品等旅游商品 100 余种。敖汉精包装杂粮、小包装粉条、小磨香油（礼品盒）、杏仁乳、沙棘汁等土特产品备受青睐。创办全旗首家农业文化遗产主题餐厅——一村乡土铁锅宴，成为赤峰市休闲农业旅游示范点，实现了从种、养到绿色餐桌的有机食品服务链条，开启了敖汉旗农业文化遗产进入餐饮行业的先河。

（二）敖汉旱作农业系统传统生态文化与生态文明建设存在的问题

1. 磨合阶段。整体看，敖汉旱作农业系统的传统生态文化与生态文明建设还处于磨合阶段，而敖汉旱作农业系统保护与传承处于初级阶段，存在不平衡不充分的问题，[①] 主要表现在为“十过十忽”：一是过度强调碎片化保护与传承，忽略整个系统（这个是共生系统，相互依存，不能一支独大，否则，也破坏了系统的完整性）保护与传承。二是过度强调核心地区（即使以乡镇为单位划分的 6 个核心区域，但因面积太大，有 100 多万亩，保护与传承的实际效果也不得而知）保护与传承，忽略周边地区保护与传承（有心无力，资金缺口极大）。三是过度强调经济效益，忽略社会效益。四是过度强调管理主体作用，忽略村民主体作用。五是过度强调发展，忽略保护与传承。六是过度强调物的保护与传承，忽略人的保护与传承。七是过度

---

① 詹全友：《内蒙古敖汉旱作农业系统的保护与传承研究》，《贵州民族研究》2019 年第 1 期。

强调物质性保护与传承，忽略非物质性保护与传承。八是过度强调产量，忽略质量提升（2017 年，全旗谷子总产量 2.475 亿公斤，比 2010 年的 0.6 亿公斤增加了 1.875 亿公斤），形成小米独大之势。九是过度强调优良品种保护与传承，忽略“劣质品种”保护与传承。十是过度强调小米保护与传承，忽略其他共生品种的保护与传承（2017 年，全旗谷子种植面积 90 万亩，比 2010 年的 40 万亩增加了 50 万亩）。

2. 敖汉旱作农业系统传统生态物质文化与生态文明物质建设存在的问题。一是地理环境保护不够。首先，敖汉旗自然风貌正在发生改变。敖汉旗的旱作农业系统中的谷子大多种植在山坡地。虽然山坡地改为平地可以防止水土不流失、提高产量，但是，敖汉旗旱作农业系统赖以存在的最基本自然风貌逐渐遭到破坏，这对于敖汉旗旱作农业系统保护与传承来说，甚至是致命的。因为如果基本自然风貌消失了，敖汉旗旱作农业系统也就失去了生存之根基。其次，区域联手不够。敖汉旗旱作农业系统既不是自治区级的农业产业园，也不是赤峰市级农业产业园。同时，赤峰市也没有建立市级旱作农业系统产业联盟，统筹全市旱作农业系统保护与传承，导致相邻的翁牛特旗等旗县虽然历史上也是旱作农业系统的重要组成部分，也大面积种植谷子，但因为非敖汉小米，就成了“后妈”，只能贴牌销售。最令人忧心的是，这些相邻旗县由于不是旱作农业系统保护与传承的区域，也就没有起码的保护与传承措施，任其自生自灭，最终可能使敖汉旗的旱作农业系统成为“孤岛”。①

二是传统种质资源搜集困难。传统种质资源散落农家，而且能存留这些品种都是交通不便、道路难行的偏远地区，同时，由于信息闭塞，无法统计种植的农户、面积和品种，造成搜集困难。随着新农村建设步伐不断加快，面对旧房子的拆除，很多品种被遗弃，即使保存最好的新惠镇扎赛营子村，传统品种也只有 20—30 个（以前该村有 40—50 个，全旗品种搜集保护最好，有 218 个，敖汉旗农业遗产保

---

① 詹全友：《内蒙古敖汉旱作农业系统的保护与传承研究》，《贵州民族研究》2019 年第 1 期。

护中心有专门仓库保存)。长期下去，势必导致农作物多样性的缺失。

三是产品口感下降。获得国际、国家级多种荣誉的新惠镇扎赛营子村（村支书王国军2015年以“遗产保护实践探索”获得“全球重要农业文化遗产保护与发展贡献奖”），是敖汉旗旱作农业系统保护与传承最好的村之一，成立的惠隆杂粮种植农民专业合作社坚持“三不”原则：不使用化肥，使用农家肥、有机叶面肥（国家配发，符合环保标准)；不使用现代农药，利用倒茬轮作、生物农药防虫杀虫；不覆膜，且坚持人工收割。尽管如此，虽然村产“孟克河牌小米”比用化肥种植的小米好吃，但口感还是赶不上原生态方式种植的小米。

3. 敖汉旱作农业系统传统生态制度文化与生态文明制度建设存在的问题。一是法律法规有待完善。国家层面，全球农业文化遗产保护与传承是一个巨大的系统工程，无论是动态保护、活态保护还是适应性保护、产业化保护，都需要完备的法律法规提供支持，急需纳入立法层面，特别是在农业文化遗产标志使用上，由于缺乏法律法规支持，标志在使用和规范上存在一定难度。同时，现有相关政策法规刚性不足，约束性指标少，指导性指标多，保护、传承与发展、破坏缺乏明确界限。即使对破坏性处罚，力度也不大。地方（自治区层面、赤峰层面、敖汉旗层面）层面，小米品牌相关标准不健全，没有出台敖汉旗农产品“三品一标”认证奖惩办法，监管措施和能力有待提升等。

二是投入机制有待健全。全球农业文化遗产保护与传承涉及方方面面，大量人力、物力的投入需要足够的财力作保障，而全球农业文化遗产保护与传承工作属性就决定了其资金来源只能是“输血”为主。对于敖汉旱作农业系统来说，如传统农耕器具、传统品种的搜集与整理，农耕记忆的保护、博物馆的建设等都需要大量资金投入；优质品种的选育、推广，生态高效栽培技术和产品开发等缺乏资金扶持；企业产品开发缺乏资金保障；保护基地建设投入太少。其一，各类资金整合不够，效益不明显。其二，专项资金杯水车薪，远远无法满足保护与传承的基本需求，更谈不上保护与传承工作达到一个新高度、新层次。根据敖汉旗农业遗产保护中心主任徐峰介绍，目前，国家、自治区、赤峰市对敖汉旱作农业系统每年都没有下拨专门经费，仅敖汉旗平均每年投入500万元左右用于保护与发展，其中，保护（品种保护、生态保护、非遗保护等）占20%，发展占80%，主要用于小米产业化。其三，吸引外界投入的机制不足，支持乏力。

三是考核评价机制存在不足。敖汉旱作农业系统保护与传承能否真正落到实处，关键在各级领导干部。目前，考核评价机制不健全，导致一些领导干部急功近利：下大力气保护敖汉旱作农业系统，虽然有利大局、有利长远，但这是功成未必在我的“潜绩”，政绩难以很快彰显；不仅可能是“潜绩”，甚至可能影响GDP增长、得罪一些人，变成吃力不讨好的“负绩”。

四是队伍建设有待加强。其一，从管理层面看，虽然成立了敖汉旗农业遗产保护中心（副科级全额事业单位），但参与保护与传承的专业、业余队伍总量严重不足，层次不高，特别是专业人员匮乏。敖汉旗农业遗产保护中心仅有3人（虽有5个编制，但其他部门超标、也无法招到合适的人才），农业局副局长徐峰（2015年以“遗产保护管理经验分享”获得“全球重要农业文化遗产保护与发展贡献奖”）兼任主任，农业局其他业务站、乡农业站协助保护和传承工作，全旗总共70—80人，大部分人员是边学习、边工作，队伍数量与质量无法满足需要。其二，从教育角度看，赤峰市高职高专、职业学校还没有开设相关专业、课程，没有形成可持续的人才支持体系。其三，从民间组织层面看，暂时还没有社会组织、志愿者加入保护与传承工作。其四，从企业层面看，相关企业缺乏营销、策划人才，市场开拓能力弱，产品竞争力低，导致企业发展缓慢。

4. 敖汉旱作农业系统传统生态观念文化与生态文明观建设存在的问题。一是村民自下而上的积极性未能充分调动。政府层面（自治区、赤峰市、敖汉旗）看，敖汉旱作农业系统保护与传承还没有真正纳入到各级政府主要工作的视野，除了农业、文化等少数职能部门外，大多数职能部门既不了解，也不关心敖汉旱作农业系统保护与传承工作。尽管有少数部门参与，也因为缺少专项资金和明确的工作要求，很难全面落实保护与传承工作。从村民角度看，虽然村民永远是保护与传承的最大最后主体，但由于是“弱势主体”，在政府这个“强势主体”面前，只有听其摆布的份，加上收入较低等原因，获得感不强，保护与传承的积极性不高，也不十分主动自觉。如通过我们对敖汉旗义务教育阶段学生问卷调查及走访村民活动显示，85%以上的学生对敖汉旱作农业系统了解不够，90%以上的村民缺乏自觉保护与传承意识。

二是忽视农耕信仰保护与传承。敖汉旗旱作农业系统中包含多个特有的非物质文化遗产，如呼图格沁、撒灯、皮影戏等这些传统的农民表演形式，并不是单纯意义的曲艺表演，更是一种农耕信仰，在生产生活中扮演着重要角色，如今，很少看到它们的影子，甚至为大多数年轻人所不知。据新惠镇扎赛营子村村支书王国军介绍，该村目前已经没有人会表演呼图格沁、撒灯、皮影戏。

三是生产技术和耕作方式面临严峻挑战。随着农业机械化程度越来越高，特别是当前农村劳动力外出打工就业的增多（全旗27万成年人，有10万人次外出打工），传统旱作农业耕作技艺及耕作方式面临失传、绝迹。调研发现，其一，敖汉旗农业机械化使用率已近6成，并相继推广机械化双垄覆膜、半覆膜、免间苗等技术，提高产量，而代表先民智慧结晶的传统农业生产技术、耕作方式基本上被取代，传统农耕器具大多被丢弃或闲置。其二，一方面，在耕地表面覆盖塑料薄膜可以抑制土壤水分蒸发，减少地表径流，蓄水保墒，提高地温，培肥地力，改善土壤物理性状，起到蓄水保墒、提高水的利用率，促进作物增产的良好效果，如地膜覆盖一般可节水15%—20%，增产10%—20%；[①] 另一方面，残留的白色薄膜、黑色薄膜如何完全彻底清理也是一个严重问题，有的村民让其在地里自生自灭，成为重要污染源，无疑会污染土壤，进而影响产品的生态质量。其三，为了片面追求小米生产的面积，小米种植基本上不轮作，导致土壤肥力下降、抵抗病虫害的能力不足。其四，乡村农家肥处理是一个值得注意的问题。在露天堆肥的传统方式已经行不通，如果能够让农家肥在乡村振兴战略下既能够保存，又不影响乡村生态环境，亟须找到一个两

① 白艳莹、闵庆文：《内蒙古敖汉旱作农业系统》，中国农业出版社2015年版，第47页。

全其美的办法，而不是简单禁止了事。

（三）敖汉旱作农业系统传统生态文化与生态文明建设问题产生的原因

敖汉旱作农业系统传统生态文化与生态文明建设问题产生的原因较多，有来自国家、自治区、赤峰市、敖汉旗方面的，有来自敖汉旱作农业系统本身的，有的互为因果，突出地表现在以下六个方面。

1. 理论支撑不够。总体上看，我国学界对全球农业文化遗产的研究还处于摸索、探索阶段，研究群体偏小，研究还不深入不全面，还没有形成系统科学的理论体系。在实践中自然缺乏正确、科学的保护与传承理论指导，导致保护与传承出现各种偏差。在关于处于民族地区的全球重要农业文化遗产的研究成果中，关于敖汉旱作农业系统的研究成果最少，也最不系统。敖汉旱作农业系统的研究严重不够，处于起步阶段。

一是到2017年8月底，内蒙古还没有专门的研究机构参与敖汉旱作农业系统保护传承。由于受管辖权和行政界限的影响，如果所在地区没有从事相关研究的机构，该区的农业文化遗产地的保护与发展自然将受到影响，难以获得及时而有效的理论与科技支撑。虽然2017年9月成立了由闵庆文研究员负责的农业文化遗产保护团队，但由于团队人数极少（10—15人，其中敖汉旗3人），恐怕难当如此大任。

二是关于敖汉旱作农业系统的研究成果极少。著作方面，笔者在"读秀"检索到"敖汉旱作农业系统"著作仅1部，即白艳莹、闵庆文主编《内蒙古敖汉旱作农业系统》（中国农业出版社2015年版），分旱作农业之起源、五谷杂粮之精品、生态服务之多样、传统文化之丰富、传统技术之独特、保护发展之未来等6章，进行了初步研究。论文方面，在"读秀"检索到关于"敖汉旱作农业系统"的相关论文和介绍性文章共有16篇，研究价值较大的相关论文仅有4篇，其中相关研究的有两篇：孙雪萍、闵庆文、白艳莹、Anthony M. Fuller的《传统农业系统环境胁迫应对措施分析——以中国农业文化遗产地为例》（《资源与生态学报（英文版）》2014年第4期）；闵庆文、何露、孙业红、张丹、袁正、徐远涛、白艳莹的《中国GIAHS保护试点：价值、问题与对策》（《中国生态农业学报》2012年第6期）。前者提出，敖汉旱作农业系统的种植结构以与当地水分条件匹配较好的谷黍等耐旱型作物为主，通过降低承灾体（农作物）的脆弱性，较好地在承灾体一环实现了防灾减灾的目的，实现了干旱半干旱地区农业生产与缺水环境的共存。后者对敖汉旱作农业系统的历史起源、系统组成、全球重要性进行了分析。专门研究的有两篇，海澄的《生态样本内蒙古敖汉旱作农业系统》（《乡镇论坛》2017年第18期）；徐峰的《敖汉小米品牌培育的对策研究》（《松州学刊》2016年第2期）。

2. 管理体制的问题。此前，敖汉旗全球重要农业文化遗产申报由文广局负责，申报之后的管理却由农业局负责。全球重要农业文化遗产保护与发展涉及农业、环保、旅游、文物、质监等多个部门，仅农业局负责就难以满足全球重要农业文化遗产保护和发展的需要。同时，遗产地农产品生产程序复杂、质量要求高，对工作人员的协调配合、监督检测等能力提出较高挑战。全球重要农业文化遗产本应由国家、地方政府负责，但事实是农业部门负责，级别太低，至少导致两个严重后果。一是虽然敖汉旱作农业系统是内蒙古全区唯一一个全球重要农业文化遗产，但却无法纳入自治区、赤峰市、敖汉旗政府的主流视野，没有作为中心任务去实施，更不可能成为一把手工程。加上各项任务压力之下，即使想保护与传承也是有心无力，独木难支。二是统筹力不够，自然地，各方面投入如优惠政策、财力、人力等也就严重不足。一方面，敖汉旗是国家扶贫开发重点旗县，经济比较落后，“造血力”严重不足，投入有限；另一方面，“输血力”不够。既然是保护，就离不开国家、自治区大力投入，否则，就没有把保护彻底落到实处。

3. 农业现代化冲击。2017年，全旗认定旗级家庭农场75家，全旗合作社达到2602家，经济合作组织覆盖率、优质农畜产品就地加工转化率、土地流转率分别达到46.3%、57%和32.7%。完成土地整治20万亩，实施膜下滴灌105万亩。农机总动力达到71万千瓦，综合机械化水平达到75%。[1] 理论上看，虽然农业现代化与传统农业并不矛盾，可以并存，可以相互依存，互相补充和支撑。但实践中如果处理不好，就容易导致“一重一轻”，逐渐挤掉传统的生存空间，甚至消灭传统。农业现代化，一是对观念的冲击，给村民带来观念的巨大变化，甚至误以为传统就是落后，就应该抛弃。二是对组织形式的冲击，导致组织形式的变化，往往组成合作社和引进企业进行企业化操作。三是对地貌的冲击，对坡改地、小块平地整成大块平地的要求，因为宽阔平地更适合机械化全过程操作。四是机械化对传统生产方式、耕作方式的影响，导致原有方式基本不用，也严重影响相关的传统技术保护与传承。五是人力需求大为减少，为外出务工提供了时间机会。六是对非物质文化遗产的需求不强烈，甚至不再需要以往的风俗习惯、民间表演等。七是杂交种的推广、化肥和农药的使用等现代农业技术都对传统黍与粟产生了很大影响，加上现代城市化与工业化的冲击，黍与粟的传统技术与文化趋于消失。引进品种的单产水平相对于传统品种高许多，同时随着现代育种、耕种技术的发展，引进品种的单产水平呈不断提高趋势，从而种植引进品种比种植传统品种经济收益更高。

4. 传统品种投入产出比例失衡。传统粟和黍品种生产萎缩的主要原因是苗期管理劳动强度大，难以规模化、集约化生产。以谷子为例，谷子是小粒半密植作物，精量播种困难，多分散在丘陵山区，机械操作困难；谷子籽粒小，顶土能力弱，千百年来我国谷子生产采用大播种量（15—22.5 千克/公顷），保证全苗，然后再通过人工间苗达到适宜留苗密度的栽培方式；加上普通谷子品种缺乏适宜的除草剂，谷田除草靠人工作业，而人工间苗、除草导致人工劳动繁重。谷子生产不能适应现代集约化栽培，严重制约了谷子的规模化栽培。

5. 生计方式选择多元化的冲击。传统社会，村落比较集中、稳定，生计方式比较单一，选择机会也不多，外出务工较少。现代化背

---

① 于宝君：《政府工作报告——在敖汉旗第十七届人民代表大会第二次会议上》，http：//www. aohan. gov. cn/zhengwu/ghjh/29284. html。

景下，交流交融机会增多，生计方式较多，选择机会增多，外出务工增多且普遍，由于收入更高、开阔视野、政府鼓励等原因，加上农业劳动量大、苦累交加、生产效率较低，吸引敖汉旗近50%青壮年外出务工，导致敖汉旗农村青壮年“空巢”现象。2017年，全旗农村劳动力转移就业11.6万人（次）。[①] 如2017年金厂沟梁镇有组织开展劳务输出，年劳务输出1.5万人次。[②]

6. 工矿企业较多。仅2017年敖汉旗就实施3000万元以上项目20个，完成投资44.2亿元，23家规模以上企业开工生产。矿产冶金业稳步发展，全年生产黄金5吨。新惠工业园区基础设施逐步完善，四家子工业园区、兴隆洼油页岩综合利用循环经济园区初具雏形。[③] 一方面，工矿企业对农村劳动力具有较大吸引力；另一方面，工矿企业的污染导致周围地区的农民种植并不符合无公害化要求，农产品质量不断降低。

三 新时代敖汉旱作农业系统传统生态文化与生态文明建设的耦合

新时代，在乡村振兴战略与生态文明建设视域下，如何让敖汉旱作农业系统保护与传承在查漏补缺的基础上更上一层楼，并与生态文明建设同步发展，互惠互利，是自治区层面、赤峰市和敖汉旗层面亟须解决的主要问题。

（一）敖汉旱作农业系统传统生态物质文化与生态文明物质建设的路径

1. 努力维护地理环境原貌。一是禁止坡改地。为了彻底落实党

---

① 于宝君：《政府工作报告——在敖汉旗第十七届人民代表大会第二次会议上》，http：//www.aohan.gov.cn/zhengwu/ghjh/29284.html。

② 邓相奇：《金厂沟梁镇政府工作报告》，http：//www.aohan.gov.cn/zhengwu/ghjh/29284.html。

③ 于宝君：《政府工作报告——在敖汉旗第十七届人民代表大会第二次会议上》，http：//www.aohan.gov.cn/zhengwu/ghjh/29284.html。

的十九大报告提出的“加大生态系统保护力度”精神，在敖汉旱作农业系统核心区域立即终止坡地改平地活动，并逐步恢复已经改变的地理环境原貌，为旱作农业系统留下完整的生存地理系统。二是联手打造。就自治区、赤峰市层面看，应尽快打造成自治区级、市级农业产业园，联手敖汉旗周边旗县，建立赤峰市旱作农业系统产业联盟，一起打造旱作农业系统，既方便做大做强做精，也能够达到整片保护的目的，解决“孤岛”问题。

2. 加大传统种质资源保护与传承力度。一是进一步开展传统品种的搜集、整理、建档、存储等静态保护工作，特别是加紧抢救即将濒临消失的传统品种。二是采取各种补贴措施，鼓励村民在适当范围全部种植，进行活态传承。为确保繁育成功，各种数据真实可靠，应实施无缝隙田间跟踪管理，做好各品种从播种到成熟的全程记录，建立全国首家旗县级旱作农业种质资源基因库。三是选取品质好、产量高、抗病能力强、适应敖汉旗气候、土壤种植的品种，通过试验田种植进行良种繁育，并逐步在全旗推广。四是建立各类标准的农产品生产基地。在遗产地开展以无公害农产品为最低产品质量标准的品种种植和加工；在示范区建设有机农产品生产基地，按照有机标准开展有机传统品种的种植和加工；在产业发展区发展优质高产谷子、杂粮等生态旱作农产品。农业部门和企业要对基地进行指导，对基地环境效应进行监测、评价和监督。五是把敖汉旗建成世界谷种研发输出基地。依托中国农业大学、中国农业科学研究院等院校科研优势及敖汉旗农业文化遗产保护与小米产业发展院士专家工作站，建设敖汉旗谷子育种制种基地，完善谷子品种试验和种子繁育设施条件，建立谷子品种安全保障体系。支持谷子加工企业组建谷子遗传育种培育中心，培育适合敖汉旗气候条件和栽培水平的敖汉自主品牌谷子品种。

3. 持续延伸以谷子为代表的杂粮产业链。随着人们生活水平提高，食品消费已经由“吃饱”向“吃出健康”“吃出营养”转变。敖汉旗应进一步积极争取与各级相关部门合作，面对消费群体，研发小米产品，延伸产业链。

产品加工方面，应紧紧依托全球农业文化遗产品牌，大力实施

“名牌战略”，科学制订旱作农业系统总体规划和各项产业具体规划，更好地保护与传承敖汉旱作农业系统。努力将敖汉旗建成“全球重要农业文化遗产地产品生产加工基地、中国绿色有机杂粮农产品生产输出基地、世界谷种研发输出基地”。建立健全“企业 + 合作社 + 基地 + 农户”发展模式，在销售初级产品的同时，鼓励企业发展精、深加工，以开发敖汉小米营养米粉为重点，研制以小米为原料的药品、化妆品、小米蛋白、小米油、膳食纤维、营养粉、方便食品等。结合全旗旅游产业发展，推广农家小米饭、小米粥、风干牛肉二米饭等特色佳肴。

进一步扩大市场销路。国内市场方面，通过新闻发布会、产品推介会、农博会、交易会以及旗内各种会议等多种平台，宣传促销名优小米产品，不断提高小米产品的社会知名度和市场竞争力；充分利用信息网络技术，深入与阿里巴巴开展合作，启动敖汉小米中心仓建设，采取“互联网 +”形式，扶持以敖汉小米为主的杂粮电商企业，实现生产者、经营者与消费者由“面对面”到“键对键”的转变，使销售渠道更加直接、便捷。开辟“从基地到餐桌”的直供市场绿色通道，让敖汉小米实现“五进”（直接进机关、进食堂、进学校、进超市、进企业），实现以销售促生产、以生产促基地的良性循环，加快电商脱贫样板县建设进程。国际市场方面，可以大力借助中蒙“3 + 3”区域合作的契机，进一步打开敖汉小米走向国际市场的大门。

4. 进一步发展旅游休闲观光农业。一是坚持“谷子当作景观种、小米当作药材用”原则，建设具有敖汉地方特色的田园综合体，打造错落有致的生态农业梯田、颜色各异的杂粮种植带、风趣十足的耕作体验区，形成以农业为基础，以农民为主体，以观光休闲为主题的旱作农业景观。二是相比南方梯田、古茶园等全球重要农业文化遗产的观赏性而言，敖汉旱作农业系统的观赏性不强，旅游利用可以主要依托其他遗产。如进一步开发兴隆洼史前文化旅游区、赵宝沟国家级史前遗址景区等以农业文化遗产为主题的旅游区；结合杂粮种植区的特征，建设错落有致的生态农业梯田、颜色各异的杂粮种植带、风趣十足的耕作体验区和原生态采摘区，吸引广大游客前来旅游观光。

（二）敖汉旱作农业系统传统生态制度文化与生态文明制度建设的对策

1. 完善相关法律法规。国家层面，新时代建立健全全球农业文化遗产保护地体系是一项复杂的系统工程，是一项复杂的改革任务，是对原有职能和利益的重大调整，需统筹使用科学、技术、工程、资金、管理、立法等多种手段方能成功。一是研究制订新时代有关全球农业文化遗产的法律法规，明确全球农业文化遗产的功能定位、保护目标、管理原则和管理主体，特别是明确“保护第一”的原则，同时把全球农业文化遗产纳入我国生态保护区，进行双保护，毕竟全球农业文化遗产本身就是一个优良的生态农业系统，生态系统一旦遭到破坏，全球农业文化遗产也就不复存在。与此同时，研究制订全球农业文化遗产相关产品特许经营等配套法规，做好现行法律法规的衔接修订工作。二是尽快成立全球农业文化遗产主管部门。效仿国家公园管理体制，建立统一事权、分级治理全球农业文化遗产的管理体制，具体包括：整合和改革全球农业文化遗产相关管理职能，由一个部门统一行使全球农业文化遗产保护地管理职责；合理划分中央和地方事权，构建主体明确、责任清晰、相互配合的全球农业文化遗产中央和地方协同管理机制；严格管控规划建设活动，除不损害全球农业文化遗产原住民生产生活设施改造和自然观光、科研、教育、旅游外，禁止其他开发建设性活动等。第一，尽快编制新时代全球农业文化遗产保护地规划，合理确定全球农业文化遗产保护地空间布局，自上而下地根据保护需要有计划、有步骤地推进工作。第二，全球农业文化遗产的划定范围要合理适度，要因地制宜。尽量避免将非国有土地划入，确实因为保护需要而必须纳入的部分，应尽可能解决土地权属问题，避免因为村民在不知情的情况下被纳入全球农业文化遗产，为今后的管理和执法留下隐患。第三，尽快制订全球农业文化遗产功能分区、基础设施建设、社区协调、保护补偿等相关标准规范和资源调查评估、巡护管理、生物多样性监测等技术规程，确保全球农业文化遗产的可持续建设和运营质量。

地方（自治区、赤峰市、敖汉旗）层面，把保护与传承敖汉旱作农业系统作为自治区、赤峰市、敖汉旗的一把手工程，像保护生态系统一样保护敖汉旱作农业系统。进一步强化谷子标准化生产，建立完善小米品牌相关的系列标准，指导企业和基地提高生产科技含量，提升小米档次和水平。出台敖汉旗农产品“三品一标”认证奖惩办法，强化认证后的监督管理，引导认证（登记）产品由数量型向质效型转变，不断提高敖汉旗农产品质量安全水平。以打造有机、绿色、无公害产品为目标，规范使用“敖汉小米”国家地理标志，健全产品质量安全风险评估、产地准出、市场准入、质量追溯、退市销毁制度，对产品实施安全分级管理，建立谷子生产标准体系。以生产经营企业为单位，对种子培育、春耕播种、田间管理以及收获、加工、包装全过程记录，通过信息平台形成企业二维码，真正达到追根溯源的目的。采取最严格的监管措施，确保敖汉小米的产品质量。进一步发挥小米行业协会的作用，继续加强行业自律性管理，发挥市场、信息、人才的优势，掌握行业发展趋势，打造品牌，拓展市场，促进敖汉小米产业健康快速发展。

2. 创新投入机制。一是创新整合机制。国家、自治区、赤峰等相关项目资金及生态项目、扶贫项目要进一步向遗产地倾斜，并定期评估其效果。二是加大专项资金投入力度。特别是国家、自治区、赤峰应当给予较大数量的专项资金支持，以便更好地保护与传承。敖汉旗政府要逐年提高工作经费，用于敖汉旱作农业系统保护与传承的日常管理。三是自治区、赤峰市、敖汉旗政府应积极出台各种优惠政策，进一步加大优惠力度，努力吸引国内外资金，共同保护与传承敖汉旱作农业系统。

3. 完善考核评价机制。党的十九大报告指出：“完善干部考核评价机制”“旗帜鲜明为那些敢于担当、踏实做事、不谋私利的干部撑腰鼓劲。”为此，要坚定各级领导干部保护与传承敖汉旱作农业系统的决心，进一步完善激励和约束并重的考核评价机制，切实做到奖罚严明。像对待生命一样对待敖汉旱作农业系统，搞得有声有色，这样的领导干部就可以“挂红花、当英雄”；对那些“说起来很响亮，做起来挂空挡”，不顾敖汉旱作农业系统盲目决策、造成严重后果的领导干部，则要及时亮出黄牌、红牌，实行终身追责。

4. 创新队伍建设机制。创新队伍建设机制，为敖汉旱作农业系统保护与传承工作推向深入打下人才基础。一是创新规划机制。赤峰市、敖汉旗应根据敖汉旱作农业系统保护与传承实际情况，分析现有队伍结构特点，发现存在的问题，科学制订人才培养、培训、引进、机制改革等近期目标和中长期规划，避免在人力资源配置中的盲目性。二是创新培养机制。市级层面，利用赤峰市高职高专、职业学校开设相关专业、课程，培养保护与传承敖汉旱作农业系统所需各个类型各个层次的人才。三是创新培训机制。通过培训，丰富工作人员的专业知识，提高敖汉旱作农业系统保护与传承工作水平。为年轻有为、专业素质较强的人才外出深造学习创造条件；邀请客座教授定期或不定期进行学术交流；请年老村民讲授敖汉旱作农业系统生产、耕作方式等。相关职能部门要通过多渠道、多形式培训，如采取科技赶集、举办培训班、发放科技小册子及宣传单等方法，深入田间地头、网络报纸宣传、手机短信实用信息发布等形式，开展农民科学种植培训，不断提高农民的科技素质。四是创新治理机制。深化内部人事制度改革，引进现代化的治理制度、理念、机制，真正做到用科学的制度约束人、超前的理念塑造人、竞争的机制激励人。同时，出台政策，调动社会组织、志愿者的积极性，扩大保护与传承的队伍。鼓励赤峰市、敖汉旗的学校师生利用节假日主动参与调研、抢救非物质文化遗产等保护与传承工作；鼓励企业积极建立高层管理人员和技术骨干到知名企业学习、考察、培训通道，为企业发展提供强有力的人才支撑。①

（三）敖汉旱作农业系统传统生态观念文化与生态文明观建设的思路

1. 遵循知识传习规律，与村办小学等农村教育单位合作，实施针对农民的思想意识干预，开办乡村社区成人学校，让农民学到一些

---

① 詹全友：《内蒙古敖汉旱作农业系统的保护与传承研究》，《贵州民族研究》2019年第1期。

实用的农业生产技能和致富本领，让他们成为保护与传承的主体力量；借鉴国外经验，与中小学教育结合，将敖汉旱作农业系统传统生态文化编入特色乡土教材，在中小学开设敖汉旱作农业系统保护与传承课程，使中小学生成为本土农业传统生态文化知识的传习者，从小就形成尊重、保护遗产的意识。按照“西有红色城川、东有绿色敖汉”的功能定位，加快敖汉干部学院基础建设，完善现场教学点设施，让干部学院成为党员干部党性教育的重要载体，成为展示农耕文明、乡村振兴、民俗文化的对外窗口，成为传承“不干不行、干就干好”敖汉精神的高端平台。[①]

2. 借助文化下乡活动，唤醒群众的文化自觉。文化部门借助文化下乡等手段，制作并发放电教材料，宣传敖汉旱作农业系统。农业技术部门将敖汉旱作农业系统保护与发展现代生态农业的要求切实落实到日常工作中，在农技知识普及中加入敖汉旱作农业系统的内容，选取成功的宣传宣讲活动形成常态化机制。

3. 鼓励非物质文化遗产保护与传承。一是全面保护优秀农耕文化遗产。除对有物质形态的农耕文化遗产登记造册并评价征集外，对记忆性的非物质文化形态的农耕文化遗产，采取访谈、录音、录像等方式进行数字化集成。通过抢救性保护，让独具敖汉特色的农耕文化成为敖汉的底色，演绎成乡村振兴的不竭资源和永续前进的“动力源”。二是利用敖汉旗旱作农业系统公园项目的推进机遇，大力挖掘传统生态观念文化，通过表演、生产展示保护传承。加强对非物质文化遗产的提炼、申报和传承。深入挖掘本地区特色文化，搜集提炼升华当地的民间故事。大力鼓励敖汉旗中小学开展呼图格沁、撒灯、皮影戏等保护与传承活动，定期组织表演、比赛等。大力鼓励村民进行保护与传承活动，特别是在重要节气举行祭祀仪式。继续开展有关敖汉小米歌曲、诗词、散文、摄影等作品创作征集，为小米产品注入文化元素，提升品位。三是深入挖掘农耕文化蕴含。全面保护文物古迹、传统村落、传统建筑和农业遗迹，将农耕文化与现代旅游相结

---

① 锦川、庞逸男：《第五届世界小米起源与发展会议在我旗隆重召开》，http：//aohan. gov. cn/news/now/36394. html。

合，打造以敖汉小米为主的乡村旅游，让农耕文化传播有载体，充分挖掘敖汉旱作农耕文化的独特魅力，丰富农村群众的农耕文化生活。策划和实施“开耕节”“祈雨节”“开镰节”“敖汉小米丰收节”等，吸引更多的游客体验耕作、观赏美景、品尝美食、购买产品。

4. 大力鼓励使用传统生产技术和耕作方式。一是在核心区域，通过建立健全生态补偿、传统品种种植补偿等多元化补偿机制，鼓励农户不使用化学合成的农药、化肥、除草剂等，综合应用农耕技术，传承轮种、套种、人工点种、人工除草、施农家肥等传统耕作方式，使用春种、夏锄、秋收等传统农业生产工具，确保以粟和黍为代表的旱地作物的绿色天然本质。二是进一步与中国农业大学等高校合作，研究应用旱地栽培、精准播种、测土配方施肥、病虫害防治等专业技术，推进谷子种植良种良法全覆盖。同时，鼓励农户、合作社彻底清理残膜，避免污染环境。这样，通过传统农耕技术与现代耕作技术相融合，实现精准作业、智能控制、抗灾减灾、稳产增效的目标。

参考文献

一 著作类

白艳莹、闵庆文：《内蒙古敖汉旱作农业系统》，中国农业出版社2015年版。

本书编写组：《马克思主义基本原理概论（2018年版）》，高等教育出版社2018年版。

本书编写组：《毛泽东思想和中国特色社会主义理论体系概论（2018年版）》，高等教育出版社2018年版。

陈文华：《长江流域茶文化》，湖北教育出版社2004年版。

从江县地方志编纂委员会：《从江县志》，贵州人民出版社1999年版。

多金荣：《县域生态经济研究》，中国致公出版社2011年版。

李国文：《天地人——云南少数民族哲学窥秘》，云南人民出版社1992年版。

廖国强、何明、袁国友：《中国少数民族生态文化研究》，云南人民出版社2006年版。

闵庆文：《农业文化遗产及其动态保护前沿话题》，中国环境科学出版社2010年版。

闵庆文、钟秋毫：《农业文化遗产保护的多方参与机制——“稻鱼共生系统”全球重要农业文化遗产保护多方参与机制研讨会文集》，中国环境科学出版社2006年版。

裴盛基、淮虎银：《民族植物学》，上海科学技术出版社2007年版。

石磊、刘志高、曾灿、董颖：《区域生态文明建设的理论与实践——

宁波北仑案例》，浙江大学出版社 2014 年版。
苏国文：《芒景布朗族与茶》，云南民族出版社 2009 年版。
汪宁生：《西南访古卅五年》，山东画报出版社 1997 年版。
王清华：《梯田文化论——哈尼族生态农业》，云南大学出版社 1999 年版。
杨庭硕等：《民族、文化与生境》，贵州人民出版社 1992 年版。
杨庭硕等：《生态人类学导论》，民族出版社 2007 年版。
于成学：《生态产业链多元稳定与管理理论与实践》，中国经济出版社 2013 年版。
袁正、闵庆文：《云南普洱古茶园与茶文化系统》，中国农业出版社 2015 年版。
张丹、闵庆文：《贵州从江侗乡稻 - 鱼 - 鸭系统》，中国农业出版社 2015 年版。
张力军、肖克之：《小黄侗族民俗——博物馆在非物质文化遗产保护中的理论研究与实践》，中国农业出版社 2008 年版。
郑晓云：《水文化与生态文明——云南少数民族水文化研究国际交流文集》，云南教育出版社 2008 年版。
中共中央文献研究室：《十八大以来重要文献选编》上，中央文献出版社 2014 年版。
朱慧珍、张泽忠等：《诗意的生存：侗族生态文化审美论纲》，民族出版社 2005 年版。
[法] 列维 - 斯特劳斯：《野性的思维》，李幼蒸译，商务印书馆 1987 年版。
[美] 奥德姆：《生态学基础》，孙儒泳等译，人民教育出版社 1981 年版。

二　期刊类

曹幸穗：《农业文化遗产的“濒危性”》，《世界遗产》2015 年第 10 期。
崔海洋：《试论侗族传统文化对森林生态的维护作用——以贵州黎平县黄岗村个案为例》，《西北民族大学学报》（哲学社会科学版）

2009 年第 2 期。
郭永鹏：《敖汉旗谷子“一增七推两提早”高产栽培技术》，《中国农技推广》2014 年第 12 期。
韩荣培：《“饭稻羹鱼”——水族传统农耕文化的主题》，《贵州民族研究》2004 年第 2 期。
何金龙：《普洱景迈山古茶林考古》，《大众考古》2015 年第 8 期。
贺凯彤：《“有牛哥”与他的“复古”农业》，《农家书屋》2017 年第 1 期。
胡锦涛：《高举中国特色社会主义伟大旗帜 为夺取全面建设小康社会新胜利而奋斗——在中国共产党第十七次全国代表大会上的报告》，《中国人大》2007 年第 20 期。
黄绍文、黄涵琪：《世界文化遗产哈尼梯田面临的困境及治理路径》，《学术探索》2016 年第 10 期。
黄泽：《试论民族文化的生态环境》，《广西民族研究》1998 年第 2 期。
纪洪彦、杨颖、崔福和：《“稻田养鱼模式”是实现水稻绿色食品生产的有效途径》，《农业环境与发展》1995 年第 2 期。
姜爱：《近 10 年中国少数民族传统生态文化研究述评》，《北方民族大学学报》（哲学社会科学版）2012 年第 4 期。
焦雯珺、闵庆文、成升魁、张丹、杨海龙、何露、刘珊：《基于生态足迹的传统农业地区可持续发展评价：以贵州省从江县为例》，《中国生态农业学报》2009 年第 2 期。
焦雯珺、闵庆文、成升魁、甄霖、刘雪林：《生态系统服务消费计量——以传统农业区贵州省从江县为例》，《生态学报》2010 年第 11 期。
角媛梅、张丹丹：《全球重要农业文化遗产：云南红河哈尼梯田研究进展与展望》，《云南地理环境研究》2011 年第 5 期。
李达仁：《中国农民丰收节，让全社会共享丰收快乐》，《村委主任》2018 年第 10 期。
李辅敏：《生态文明贵州建设视域下的贵州少数民族生态伦理价值探析》，《贵州民族研究》2008 年第 4 期。

龙初凡、孔蓓：《侗族糯禾种植的传统知识研究——以贵州省从江县高仟侗寨糯禾种植为例》，《原生态民族文化学刊》2012 年第 4 期。
陆琼：《守护梯田家园我们还应做什么?》，《世界遗产》2014 年第 9 期。
录丽平、仝佳音、马玉清、吕才有：《云南景迈古茶园病虫害调查及其防治》，《安徽农业科学》2014 年第 34 期。
罗康隆、谭卫华：《侗族社会的“鱼”及其文化的田野调查》，《怀化学院学报》2008 年第 1 期。
罗康志、潘永荣：《糯稻》，《人与生物圈》2008 年第 5 期。
罗康智：《论侗族稻田养鱼传统的生态价值——以湖南通道阳烂村为例》，《怀化学院学报》2007 年第 4 期。
毛家艳、龚静、潘永荣：《鸭》，《人与生物圈》2008 年第 5 期。
毛佑全：《哈尼族原始族称、族源及其迁徙活动探析》，《云南社会科学》1989 年第 5 期。
闵庆文：《哈尼梯田的农业文化遗产特征及其保护》，《学术探索》2009 年第 3 期。
闵庆文：《哈尼梯田农业类遗产的持久保护和持续发展》，《世界遗产》2014 年第 9 期。
闵庆文：《农业文化遗产及其保护》，《农民科技培训》2012 年第 9 期。
闵庆文、张碧天：《中国的重要农业文化遗产保护与发展研究进展》，《农学学报》2018 年第 1 期。
闵庆文、张丹：《侗族禁忌文化的生态学解读》，《地理研究》2008 年第 6 期。
潘永荣：《鱼》，《人与生物圈》2008 年第 5 期。
齐丹卉、郭辉军、崔景云、盛才余：《云南澜沧县景迈古茶园生态系统植物多样性评价》，《生物多样性》2005 年第 3 期。
任华丽、崔保山、白军红、董世魁、胡波、赵慧：《哈尼梯田湿地核心区水稻土重金属分布与潜在的生态风险》，《生态学报》2008 年第 4 期。
史军超：《红河宣言——保护与发展梯田文明全球宣言》，《红河探索》2010 年第 6 期。
田成有、朱勋克：《云南多民族法文化的认同与变迁》，《贵州民族研究》1998 年第 3 期。
田红：《喀斯特石漠化灾变救治的文化思路探析——以苗族复合种养生计对环境的适应为例》，《中央民族大学学报》（哲学社会科学版）2009 年第 6 期。
田红、麻春霞：《侗族稻鱼共生生计方式与非物质文化传承与发展——以贵州省黎平县黄岗村为例》，《柳州师专学报》2009 年第 6 期。
王东昕：《解构现代“原始生态智慧”神话》，《云南民族大学学报》（哲社版）2010 年第 4 期。
王中宇：《社会系统与生态系统——观察生态问题的另类视角》，《新华文摘》2010 年第 13 期。
吴正彪：《人与自然关系和谐的典范——贵州省从江县岜沙社区苗族村寨调查报告》，《原生态民族文化学刊》2009 年第 1 期。
邢雪娥：《论哈尼族传统村规民约对梯田保护的作用》，《红河学院学报》2016 年第 1 期。
徐嘉怿：《特色魅力古茶山——澜沧县景迈古茶园》，《云南农业》2018 年第 6 期。
严国泰、马蕊、郑光强：《哈尼梯田文化景观世界遗产保护的社区参与研究》，《中国园林》2017 年第 4 期。
杨海龙、吕耀、闵庆文、张丹、焦文珺、何露、刘珊、孙业红：《稻鱼共生系统与水稻单作系统的能值对比——以贵州省从江县小黄村为例》，《资源科学》2009 年第 1 期。
杨丽坤：《学习党的十九大报告关于生态文明建设新论述》，《政工学刊》2017 年第 12 期。
袁国友：《中国少数民族生态文化的创新、转换与发展》，《云南社会科学》2001 年第 1 期。
曾芸、王思明：《稻田养鱼的发展历程及动因分析——以贵州稻田养鱼为例》，《南京农业大学学报》（社会科学版）2006 年第 3 期。
詹全友：《贵州从江占里民族团结进步活动创建现状及对策研究》，

《贵州民族研究》2015年第6期。

詹全友、龙初凡：《贵州从江侗乡稻鱼鸭系统的生态模式研究》，《贵州民族研究》2014年第3期。

詹全友：《内蒙古敖汉旱作农业系统的保护与传承研究》，《贵州民族研究》2019年第1期。

张灿强、闵庆文、田密：《农户对农业文化遗产保护与发展的感知分析——来自云南哈尼梯田的调查》，《南京农业大学学报》（社会科学版）2017年第1期。

张灿强、闵庆文、张红榛、张永勋、田密、熊英：《农业文化遗产保护目标下农户生计状况分析》，《中国人口·资源与环境》2017年第1期。

张丹、成升魁、杨海龙、何露、焦雯珺、刘珊、闵庆文：《传统农业区稻田多个物种共存对病虫草害的生态控制效应——以贵州省从江县为例》，《资源科学》2011年第6期。

张丹、闵庆文、成升魁、刘某承、肖玉、张彪、孙业红、朱芳：《传统农业地区生态系统服务功能价值评估——以贵州省从江县为例》，《资源科学》2009年第1期。

张丹、闵庆文、成升魁、王玉玉、杨海龙、何露：《应用碳、氮稳定同位素研究稻田多个物种共存的食物网结构和营养级关系》，《生态学报》2010年第24期。

张丹、闵庆文、孙业红、龙登渊：《侗族稻田养鱼的历史、现状、机遇与对策——以贵州省从江县为例》，《中国生态农业学报》2008年第4期。

张凯、闵庆文、许新亚：《传统侗族村落的农业文化涵义与保护策略——以贵州省从江县小黄村为例》，《资源科学》2011年第6期。

张永勋、刘某承、闵庆文、袁正、李静、樊淼：《农业文化遗产地有机生产转换期农产品价格补偿测算——以云南省红河县哈尼梯田稻作系统为例》，《自然资源学报》2015年第3期。

郑江义：《生态部落 岜沙苗寨》，《理论与当代》2013年第3期。

《中共中央 国务院关于加快林业发展的决定》，《中华人民共和国国务院公报》2003年第27期。

《中国省域生态文明状况评价报告（2017）》，《中国生态文明》2017年第6期。

周颖虹、康忠慧：《苗族传统生态文化初探》，《贵州文史丛刊》2006年第3期。

朱良文、王竹、陆琦、何依、唐孝祥、靳亦冰、杨大禹、谭刚毅、翟辉：《贫困型传统村落保护发展对策——云南阿者科研讨会》，《新建筑》2016年第4期。

R. McC. 内亭、张雪慧：《文化生态学与生态人类学》，《世界民族》1985年第3期。

三 报纸类

《把乡村振兴战略作为新时代“三农”工作总抓手 促进农业全面升级农村全面进步农民全面发展》，《人民日报》2018年9月23日。

曹松林：《让“母亲山”美丽永驻——元阳县实施观音山省级自然保护区保护纪实》，《红河日报》2018年7月4日。

陈清：《加快探索生态产品价值实现路径》，《光明日报》2018年11月2日。

陈润儿：《满足人民日益增长的优美生态环境需要》，《人民日报》2018年9月3日。

陈文华：《浅谈元阳民族农耕文化保护与传承》，《红河日报》2017年2月3日。

陈文华：《元阳非物质文化遗产保护传承中的经验与做法》，《红河日报》2018年3月3日。

陈效卫：《各美其美 美美与共》，《人民日报》2018年7月20日。

刀琼芬：《靠品质赢得信任茶》，《普洱日报》2018年8月29日。

刀琼芬：《普洱茶不仅是养生茶也是救命茶》，《普洱日报》2018年8月29日。

杜力洪·阿不都尔逊：《推进生态文明建设大美新疆》，《新疆经济报》2012年12月25日。

鄂竟平：《推动河长制从全面建立到全面见效》，《人民日报》2018年7月17日。

付颖：《变着“花样”卖茶叶》，《普洱日报》2018 年 8 月 29 日。
顾仲阳、张莹：《念好“山字经”唱活“林草戏”》，《人民日报》2018 年 9 月 2 日。
何学林：《元阳：聚力百日攻坚 擦亮梯田名片》，《红河日报》2018 年 5 月 17 日。
季征：《项目推广应用产生直接经济效益 165.85 亿元》，《云南日报》2018 年 6 月 28 日。
贾治邦：《深化对绿水青山就是金山银山理念的认识》，《人民日报》2017 年 9 月 10 日。
姜峰：《69 名村官 学了啥？有啥用?》，《人民日报》2017 年 6 月 26 日。
李聪华、卢智泽：《擦亮哈尼家园靓丽名片——绿春县推进生态文化旅游融合发展纪实》，《红河日报》2017 年 11 月 18 日。
李函潞、赵梦芸：《邦崴：千年过渡型古茶王开采》，《普洱日报》2018 年 4 月 4 日。
李慧、张颖天、高平：《库布其治沙密码：与沙漠共舞》，《光明日报》2018 年 8 月 7 日。
李立章：《为南部地区发展“把脉问诊”——“云南社科专家红河南部行”调研咨询活动侧记》，《红河日报》2017 年 8 月 31 日。
李奕澄：《普洱打造“立体生态茶园”示范区》，《云南日报》2018 年 9 月 2 日。
李奕澄、沈浩：《云南普洱茶国际博览交易会闭幕》，《云南日报》2018 年 8 月 29 日。
李梓毓：《保护哈尼古歌，红河在行动》，《红河日报》2017 年 10 月 23 日。
廖智若愚：《将有机进行到底》，《普洱日报》2018 年 8 月 29 日。
廖智若愚：《提升茶品质 抵制假茶品》，《普洱日报》2018 年 8 月 29 日。
刘鹏：《青海：生态先行 绿色惠民》，《光明日报》2015 年 12 月 9 日。
刘绍容、廖智若愚：《茗聚普洱——从“茶博会”探寻各州（市）茶产业发展》,《普洱日报》2018 年 8 月 28 日。
卢英:《者东:采茶工活跃茶山日工资达 200 元》,《普洱日报》2018 年 4 月 4 日。
吕慎、李丹阳:《生态脱贫看毕节》,《光明日报》2018 年 7 月 8 日。
吕慎、吴德军:《稻花香里有鱼鸭——贵州从江稻鱼鸭共生的水乡智慧》,《光明日报》2017 年 3 月 21 日。
毛兴华:《从群众利益出发 推进社会事业大发展——元阳县强化社会保障服务民生工作纪实》,《红河日报》2017 年 9 月 22 日。
毛兴华、何可:《“绣”出一条脱贫致富路——元阳县攀枝花乡民族刺绣产业发展一瞥》,《红河日报》2017 年 9 月 4 日。
毛兴华:《凝聚磅礴力量 决战脱贫攻坚——元阳县脱贫攻坚工作综述》,《红河日报》2017 年 11 月 18 日。
毛兴华:《行稳致远展宏图——元阳县经济社会发展综述》,《红河日报》2017 年 11 月 18 日。
毛兴华:《元阳:团结和谐谱新篇》,《红河日报》2018 年 3 月 26 日。
毛兴华:《元阳推进劳务输出助力脱贫攻坚》,《红河日报》2017 年 12 月 16 日。
孟荣涛:《弘扬传统文化中科学的生态理念》,《内蒙古日报》2016 年 5 月 27 日。
闵庆文、张丹:《从江侗乡稻鱼鸭系统 传统生态农业的样板》,《农民日报》2013 年 5 月 10 日。
《普洱市古茶树资源保护条例》,《普洱日报》2018 年 4 月 4 日。
任维东:《别让开发热潮毁了普洱茶山》,《光明日报》2018 年 4 月 28 日。
任维东:《实现“美丽目标”还需动真碰硬》,《光明日报》2018 年 8 月 11 日。
盛玉雷:《实现环境治理现代化——守护我们的蓝天绿水③》,《人民日报》2018 年 7 月 9 日。
市文体局:《普洱市“非遗”项目的保护与传承》,《普洱日报》2018 年 8 月 29 日。
孙刚:《洋洞村的“千牛同耕”景象》,《人民日报》2018 年 10 月

8 日。
万玛加、高平、王建宏：《宁夏中宁枸杞的千年古今》，《光明日报》2018 年 9 月 20 日。
万玛加：《一碗拉面的故事》，《光明日报》2017 年 9 月 28 日。
王博喜莉：《第十三届中国云南普洱茶国际博览交易会在普洱举办》，《普洱日报》2018 年 8 月 27 日。
王博喜莉：《铸法治利剑 护一叶之绿》，《普洱日报》2018 年 5 月 4 日。
王承吉、卢磊、吕禾：《一带一路共享普洱——第十三届中国云南普洱茶国际博览交易会掠影》，《普洱日报》2018 年 8 月 27 日。
王东京：《绿水青山怎样成为金山银山》，《人民日报》2018 年 9 月 10 日。
王干：《以系统思维推进生态文明建设》，《人民日报》2018 年 2 月 9 日。
王海荣：《守望枸杞家园》，《光明日报》2018 年 9 月 20 日。
王娇、李杰：《国家级稻渔综合种养示范区落户元阳》，《红河日报》2018 年 3 月 2 日。
王廷泽：《推进普洱景迈山古茶林申遗工作》，《普洱日报》2018 年 3 月 16 日。
王文超：《民间文化中的生态观》，《光明日报》2017 年 8 月 4 日。
卫星：《加快建设普洱茶文化之源 打造全球知名普洱茶大品牌——在第十三届中国云南普洱茶国际博览交易会暨首届国际普洱茶产业发展大会上的致辞》，《普洱日报》2018 年 8 月 27 日。
吴富水：《红河县举行盛大开秧门活动》，《红河日报》2018 年 4 月 23 日。
习近平：《决胜全面建成小康社会 夺取新时代中国特色社会主义伟大胜利——在中国共产党第十九次全国代表大会上的报告》，《人民日报》2017 年 10 月 28 日。
徐元锋：《小茶叶如何提档升级——来自云南省普洱茶产业的调查》，《人民日报》2016 年 3 月 26 日。
杨理显：《黎平：洋洞侗寨创建生态牛耕文化景区》，《黔东南日报》

2017 年 6 月 7 日。

杨倩:《我科学家实现灯盏花素人工生物合成》,《人民日报》2018 年 2 月 6 日。

杨天慧:《元阳旅游业实现跨越发展》,《红河日报》2018 年 7 月 12 日。

杨天慧:《元阳:让哈尼梯田可持续发展》,《红河日报》2018 年 7 月 14 日。

于文轩:《生态文明入宪,美丽中国出彩》,《人民日报》2018 年 4 月 17 日。

余谋昌:《适应生态文明的哲学范式转型》,《人民日报》2017 年 11 月 27 日。

原因:《哈尼梯田的星夜与云晨》,《光明日报》2018 年 6 月 15 日。

岳晓琼:《产业融合成就梯田别样美》,《云南日报》2018 年 1 月 19 日。

《云南省红河哈尼族彝族自治州哈尼梯田保护管理条例》,《红河日报》2012 年 6 月 30 日。

《云南省澜沧拉祜族自治县古茶树保护条例》,《普洱日报》2018 年 1 月 5 日。

张长:《南糯山茶与南糯山人》,《光明日报》2018 年 8 月 24 日。

张枨、吴勇、寇江泽:《科学治沙,支撑绿色成长——内蒙古库布其沙漠治理经验报道之三》,《人民日报》2018 年 8 月 8 日。

张凡:《“绿富同兴”的生态经济学——库布其治沙的思考(上)》,《人民日报》2018 年 8 月 15 日。

张国锋:《内蒙古敖汉旗生态立旗 绿色永恒》,《中国水利报》2017 年 12 月 8 日。

张国营:《第十三届中国云南普洱茶国际博览交易会在普洱落幕》,《普洱日报》2018 年 8 月 29 日。

张国营:《第十三届中国云南普洱茶国际博览交易会在普洱落幕》,《普洱日报》2018 年 8 月 29 日。

张俊黎、李旭:《我州对〈红河州哈尼梯田保护管理条例〉实施情况开展执法检查》,《红河日报》2016 年 8 月 2 日。

张珂嘉：《创造有品种特性的品牌茶》，《普洱日报》2018 年 8 月 29 日。

张珂嘉：《让“凤凰窝”的价格和价值成正比》，《普洱日报》2018 年 8 月 29 日。

张珂嘉：《找准焦点做营销》，《普洱日报》2018 年 8 月 29 日。

张蕾：《给全国生态状况“问诊把脉”》，《光明日报》2018 年 10 月 8 日。

张蕾：《景迈山：用茶叶与自然对话》，《光明日报》2018 年 2 月 10 日。

张诗韵：《传承普洱茶历史 弘扬普洱茶文化》，《普洱日报》2018 年 8 月 29 日。

张诗韵、张国营：《人有情怀 物有市场》，《普洱日报》2018 年 8 月 29 日。

张勇：《云南：绿色发展已成经济转型新坐标》，《光明日报》2018 年 5 月 1 日。

赵永平：《我国四处工程入选世界灌溉工程遗产》，《人民日报》2018 年 8 月 15 日。

镇沅县委宣传部：《老乌山：举办“茶叶开采节”》，《普洱日报》2018 年 4 月 4 日。

郑舒文：《茶界大咖“茶博会”分享云茶产业创新成果》，《普洱日报》2018 年 8 月 27 日。

《中共中央国务院印发〈乡村振兴战略规划（2018—2022 年）〉》，《人民日报》2018 年 9 月 2 日。

中华人民共和国国务院新闻办公室：《青藏高原生态文明建设状况》，《人民日报》2018 年 7 月 19 日。

《中华人民共和国宪法修正案》，《人民日报》2018 年 3 月 12 日。

周仕兴：《灵渠：贯通长江珠江两大水系》，《光明日报》2018 年 8 月 19 日。

朱永新：《加强生态教育 助力美丽中国》，《人民日报》2018 年 8 月 17 日。

四　网站类

《敖汉简介》，http：//aohan. gov. cn/about/ahjj/。

《敖汉旗旱作农业系统公园建设项目》，http：//aohan. gov. cn/a bout/csjs/36697. html。

《敖汉旗人民政府办公室关于成立敖汉旗老哈河上游生态保护和环境整治“三年行动计划”工作指挥部的通知》，http：//www. aohan. gov. cn/zhengwu/ghjh/31600. html。

《敖汉旗人民政府办公室关于印发〈敖汉旗农村牧区人居环境整治工作实施方案〉的通知》，http：//www. aohan. gov. cn/zhengwu/ghjh/31629. html。

《敖汉旗首个院士专家工作站揭牌成立》，http：//www. aohan. gov. cn/Article/Detail/88989。

从江县农业局：《全国农业专家赴我县考察稻鱼鸭复合系统及禾文化》，http：//www. congjiang. gov. cn/xwpd/cjyw/201710/t20171026_2793520. html。

邓相奇：《金厂沟梁镇政府工作报告》，http：//www. aohan. gov. cn/zhengwu/ghjh/29284. html。

《关于授予内蒙古自治区赤峰市敖汉旗“再造秀美山川先进旗”的决定》，http：//www. forestry. gov. cn/main/4818/content－796826. html。

《贵州黔东南州稻鱼鸭复合系统产业联盟大会在从江县召开》，http：//www. shuichan. cc/news_ view－337956. html。

和爱红：《2017年元阳县政府工作报告——2018年1月11日在元阳县第十五届人民代表大会第二次会议上》，http：//www. yy. hh. gov. cn/xxgk/zfgzbg/201801/t20180117_ 169222. html。

虎遵会：《云南普洱景迈山古茶林正在申报世界文化遗产》，http：//yn. people. com. cn/n2/2018/0322/c378439－31372522. html。

虎遵会：《云南普洱：立法为古茶树撑起“保护伞”》，http：//www. puernews. com/jdpe/1852582629377051768。

黄伟英：《农村清洁风暴行动重在落实和坚持》，http：//tougao. 12371. cn/gaojian. php? tid＝670831。

姜莹、李文强：《邦崴千年过渡型古茶树开采 为普洱茶节做准备》，http：//www.puernews.com/jqlb/lcxx/04628263507363893982。

锦川、庞逸男：《第五届世界小米起源与发展会议在我旗隆重召开》，http：//aohan.gov.cn/news/now/36394.html。

李青松：《四家子镇政府工作报告》，http：//www.aohan.gov.cn/zhengwu/ghjh/29284.html。

农业农村部国际交流服务中心：《全球重要农业文化遗产概览（一）》，http：//journal.crnews.net/ncgztxcs/2018/dssq/hq/99194_20180709105954.html。

欧里香、吴晋：《从江：多措并举打好农村清洁风暴行动攻坚战》，http：//www.qdnwm.gov.cn/index.php?m=content&c=index&a=show&catid=19&id=23627。

潘开明：《从江：侗乡稻鱼鸭复合系统高产岜扒示范点显成效》，http：//jiangsu.china.com.cn/html/2016/gznews_0815/6959515.html。

潘龙岩：《从江县村规民约升级版走出“文化自信”之路》，http：//www.gzmzfzw.com/article/28851.html。

《尚重洋洞：“千牛同耕”重现古老农耕画卷》，http：//www.lp.gov.cn/rrlp/lydt/201805/t20180522_3272795.html。

孙晶晶：《“千牛同耕”延续千牛农耕文明——贵州省黎平县第八届乡村旅游节苗乡侗寨春耕纪实侗族纪实》，http：//www.sohu.com/a/143125176_422330。

谭春：《云南澜沧为“古茶王”上五千万保险，将聘专家成立保护委员会》，https：//www.thepaper.cn/newsDetail_forward_2145786。

《我旗编制实施污染防治攻坚战“三年行动计划”》，http：//www.aohan.gov.cn/zhengwu/ghjh/29519.html。

吴德军：《从江：“稻花鱼”丰收》，http：//www.congjiang.gov.cn/xwpd/cjyw/201810/t20181017_3236661.html。

县政法委：《从江县三举措打造村规民约“升级版”》，http：//www.congjiang.gov.cn/xwpd/cjyw/201901/t20190115_3386252.html。

县政府办：《从江县“六项整治”改善农村环境》，http：//www.congjiang.gov.cn/xwpd/cjyw/201810/t20181017_3236660.html。

县政府办、县旅发中心：《从江县“四措施”大力发展民族文化旅游业》，http：//www.congjiang.gov.cn/xwpd/cjyw/201901/t20190117_3387960.html。

于宝君：《政府工作报告——在敖汉旗第十七届人民代表大会第二次会议上》，http：//www.aohan.gov.cn/zhengwu/ghjh/29284.html。

《重要农业文化遗产管理办法》，http：//www.moa.gov.cn/gk/tzgg_1/gg/201509/t20150907_4818823.htm。

后　记

本书从2013年搜集资料、调研以及写作至今，已经四易其稿，定稿之余，有以下几点需要说明：

本书是教育部人文社会科学研究一般项目“少数民族传统生态文化与民族地区生态文明建设研究”（批准号：13YJA850021）的结题成果。在此，衷心感谢教育部的大力支持，由于有比较充足的经费支持，才能使本课题能够顺利完成并结题。

本书获得中南民族大学“马克思主义学院学科建设经费资助”。在此，非常感谢中南民族大学前校长雷召海研究员和副校长、博士生导师段超教授的大力支持，非常感谢中南民族大学马克思主义学院博士生导师李资源教授的大力帮助，非常感谢中南民族大学民族学与社会学学院柏贵喜教授、李安辉教授的积极支持，非常感谢中南民族大学马克思主义学院院长杨金洲教授和其他相关领导、教师的大力支持。没有学校和学院提供各方面的资助，本书是不可能出版的。

衷心感谢中国社会科学出版社领导与编辑的关心，特别感谢田文编审的全程支持和相关工作人员的辛勤付出。

衷心感谢所有为该书提供资料的专家学者，衷心感谢在调研过程中提供了许多帮助与资料的以下领导与村民：

首先，感谢时任贵州省黔东南州从江县民族宗教事务局局长敖家辉先生。他不仅提供了不少第一手资料，还作向导，带笔者去岜沙村、占里村、小黄村调研，感谢接受调研的占里村村民及当时的村小学正副校长、感谢岜沙村和小黄村的村民。

其次，感谢时任内蒙古自治区赤峰市农牧科学研究院院长李志明研究员、时任赤峰市敖汉旗农业局副局长兼敖汉旗农业遗产保护中心主任徐峰先生和新惠镇扎赛营子村村支书王国军先生等，他们既提供了丰富的资料，并带我们走访村民，考察太空品种研究试验区、敖汉旗旱作农业系统品种保护基地等。

再次，感谢云南省红河州元阳县民政局哈尼梯田管理局的领导，既带我们考察了哈尼梯田三大著名景区（坝达、多依树以及老虎嘴）、访谈了村民，也提供了一些文本资料，如《红河哈尼族传统民居保护修缮和环境治理导则》《核心区85个村寨基本情况统计表》等。

最后，感谢云南省西双版纳州勐海县布朗山乡班章村老曼娥自然村的村民，他们不仅热情地请笔者喝茶、回答问题、带笔者考察古茶树，而且还赠送两袋采自自家茶树且自己加工的茶叶，使笔者深切地感受到了布朗人浓浓的好客情怀。

作　者

2019年3月